物联网全栈开发原理与实战

……吴志辉 ◎ 编著

人 民 邮 电 出 版 社

北 京

图书在版编目（C I P）数据

物联网全栈开发原理与实战 / 吴志辉编著. -- 北京:
人民邮电出版社, 2022.4
ISBN 978-7-115-57882-2

Ⅰ. ①物… Ⅱ. ①吴… Ⅲ. ①物联网－系统开发
Ⅳ. ①TP393.4②TP18

中国版本图书馆CIP数据核字(2021)第229996号

内 容 提 要

物联网应用系统的开发需要“全栈”开发人员。从底层的智能传感器硬件设计开发、通信程序开发、服务程序设计、Web 网站到移动应用开发都需要使用多种技术和编程语言，对人才的要求比较高。

本书就底层设备的嵌入式开发、设备无线组网设计、网络通信传输设计、监控服务器设计、云端服务器设计、移动应用开发都做了全方位的介绍，用一个个实例把整个物联网应用系统串连起来，使用了多种开发语言、开发工具、设计技巧和方法，完整描述了一个复杂的“物联网设备监控平台”的设计和诞生。

本书适合物联网工程专业的本科生、研究生阅读，对有志于复杂物联网应用系统开发的设计师，特别是全栈设计师，本书也有较高的参考价值。

◆ 编　　著　吴志辉
责任编辑　李永涛
责任印制　王　郁　胡　南

◆ 人民邮电出版社出版发行　　北京市丰台区成寿寺路 11 号
邮编　100164　　电子邮件　315@ptpress.com.cn
网址　https://www.ptpress.com.cn
北京联兴盛业印刷股份有限公司印刷

◆ 开本：787×1092　1/16
印张：17.25　　2022 年 4 月第 1 版
字数：454 千字　　2022 年 4 月北京第 1 次印刷

定价：79.90 元

读者服务热线：(010)81055410　印装质量热线：(010)81055316
反盗版热线：(010)81055315
广告经营许可证：京东市监广登字 20170147 号

前言

时光荏苒，再过几年我就到退休年龄了。因为年纪的关系，过去的经历总像放电影一样在我脑海中呈现。

20 世纪 90 年代，我从北京大学毕业，怀揣着化学硕士证书，被分配到湖南化工职业技术学院从教。那时，正是化工行业不景气的时候，除了教学，我也在想其他出路。可由于“贫穷限制了想象”，我错过了国家鼓励南下创业的机会。此时，世界银行贷款支持的项目的“春风”吹到了学校。购买了一批 286 个人计算机后，学校终于有了计算机机房。回想起在学校时，我学过 BASIC 和 FORTRAN 语言，毕业论文还用到了 FORTRAN 程序计算实验结果，就决定改行学计算机程序设计。1992 年，我在辽宁丹东参加了一个化工行业的学术会，会上展示了美国化工生产的一个模拟系统，该系统是使用 BASIC 语言写的，要卖 2 万美元。这更加坚定了我要从事计算机程序设计的决心。

那时的计算机图书还没有现在这么多，其中比较多的是有关 C 语言的。好在当时 Borland C 出现了，于是我就从它学起。

一个偶然的机会，朋友介绍我给电视台做自动播出系统，于是我用 C 语言写了第一个真正商业化的程序，赚了 3000 元，比当时一年的工资还多。狠下心，我花 5000 多元买了台 386 计算机——500MB 硬盘、4MB 内存、DOS 操作系统，虽然花了小两年的工资，但我还是很开心的。

由于我终究不是计算机专业毕业的，因此只能自己去看书学习基础知识。好在我有了自己的计算机，实践起来比较方便。当时我经常学到晚上 12 点，学到的东西很多，有五笔打字系统、打字比赛系统、化学反应模拟系统等。慢慢地，我开始用 FoxPro 给一些企业、电视台做收费管理系统。其间，宝兰公司的 Delphi 开发语言开始流行，于是我又开始用 Delphi 做程序设计。

1996 年，我决定停薪留职出去闯荡一下。长达 4 年的时间，我在长沙、珠海、深圳等地工作，虽然很辛苦，但开发能力还是提高了不少。2000 年年初，我又回到湖南，与几个朋友一起经营一家小公司，专为铁路行业服务，生产小配件，开发检测设备、自动控制设备，编写的应用系统有几十个。

可小企业生存很艰难，又遇到“非典”，公司盈利非常少，导致股东意见不合。2008 年，我离开了公司，进入湖南工业大学计算机学院，又重新成为一名教师。7 年的“创业”期间，我的大学同学出国创业、进入政府部门任职、下海创业成功的占了大多数。与他们相比，我总感到自己太不起眼了。不过回想一下，离开公司前，公司为国家纳税 400 多万元“真金白银”，也算是为国家做了些许贡献。

我在湖南工业大学的主要工作任务就是教学，主要教授的课程有软件工程、系统分析、信息系统、物联网技术与平台等。由于教学的需要，我逐渐开始用 C#、Java 编写程序。其间，我写了不少系统程序，一直被用户使用，如至今仍被上百家广播电台使用的“多路音频自动播出系统”，被几十家小电视台使用的“图文字幕视频自动播出系统”等。

2014 年，学校创建物联网工程专业，于是我在物联网系一直工作到现在。

物联网工程是个全新的专业，很多专业课程是新开设的，任课教师也要经过培训和自学才能上课。无线传感器网络与应用、移动应用程序开发、RFID 原理、嵌入式 Linux 网络系统开发，这些课程我都教过。对于很多知识，我也要从零开始学习，为了更好地掌握与硬件相关的知识，我自己从天猫购买设备，熟悉设备功能，并自己开发程序。

从事物联网教学多年，我有了不少感悟，也踩过不少坑。我把它们写出来，希望可以使后面的人少走些弯路。

物联网应用系统的开发，确实需要“全栈”开发人员。从底层的智能传感器硬件设计开发、通信程序开发、服务程序设计、Web 网站到移动应用开发，都需要使用多种技术和编程语言，对人才的要求是比较高的。现在网上流传的使用某某语言“全栈”开发的资料很多，我认为大部分是不可取的，是误人子弟的。所谓的“全栈”开发，也大多局限在 Web 应用系统设计上，难以与物联网“全栈”开发相提并论。物联网应用系统极其复杂——尽管底层硬件配置越来越高，但不可能使用一种程序设计语言来满足所有应用开发的需要。

我在从事物联网工程专业的本科教育时发现，课程内容主要集中在基础理论知识的学习，实验课也只是用以对基本原理的验证而已。一周的课程设计或综合实训，很难让学生完成一个像模像样的系统开发。所谓的一个月的生产实习，也解决不了什么大问题。加上学生的学习任务也很重，无法腾出更多精力来专心做一个物联网应用系统。但一个本科生，至少需要体验一个完整物联网应用系统开发的全流程，并参与其中，才会获得深刻的认识，动手能力才会真正有所提高。

由于各种基础知识的学习时间段不同，在教授某门课程时，我也不好让学生去设计一个完整的物联网应用系统，但是设计部分且相对完整的子系统是可以的。

所以，设计一个良好的应用项目，既能满足物联网教学各阶段的学习要求，又能循序渐进，最终完成大部分教学要求。这是值得探索的。

为此，我编写这本有关物联网应用系统的图书时，既要满足教学知识的要求，又要有一定的现实意义和价值，还能拓展学生的想象力、创新思维能力。

在阅读本书之前希望读者能了解以下几点。

1. 物联网本科教学的要求

目前各大院校的物联网专业开设的专业课程，大都包含单片机原理、传感器原理、无线传感器网络、RFID 原理、通信技术、云计算、移动应用开发等。因此，全栈开发项目应该是一个涉及底层传感器、传感器网络、无线通信、互联网通信、云平台、移动应用等技术内容的物联网应用系统。

2. 程序设计语言的要求

本科物联网工程专业开设的计算机语言课，主要有 C/C++、Java，可选修 C#、Python、JavaScript。全栈开发项目可以使用各种程序设计语言，便于提升学生使用开发语言的能力。同时，精心设计每个子系统，使每个子系统都可以分别用多种语言来实现，以便喜爱不同语言的学生都可以加入开发项目中。

3. 硬件条件的要求

在练习时，可以使用从淘宝/天猫上购买的硬件，大部分的价格都不超过 3 位数，还包括开发工具和技术资料。

4. 应用系统的选择

我之所以选择用“物联网设备智能监控系统”，是因为这个系统是从我的智能家居系统扩展而来的，且实现了绝大部分功能，已经是一个完整的应用系统，不间断在线运行时间超过 4 年。该系统稳定、可靠，使用方便，基本满足了上述 3 个方面的要求。

“物联网设备智能监控系统”稍加改造、扩展，可应用于物联网众多行业，如智能农业、智慧工厂、智能大厦、智能家居、智能医疗、智能安防。

正文中会详细描述该系统的结构和开发过程。所有子系统的源代码，都收录在本书的配套资源中。但如果用于企业软件、商业软件、付费软件等开发，须得到笔者本人的同意并支付一定费用。

5. 适合学习的人群

本书为物联网本科生量身打造。学完 C 语言，就可以参与该系统的开发。对有志从事物联网应用开发的 IT 人员，本书也具有一定的参考价值，特别是在企业、公司研究部门从事软件开发的人员。如果是自学物联网系统开发的人员，以下是推荐必须要学完的课程，或者需要具备相应的能力：C 语言程序设计、Java 程序设计、C#程序设计、JavaScript 程序设计、软件工程。

学习该系统的开发会是一个先苦后甜的过程。我用 3 年时间设计、完善了该系统，如果感兴趣的话，它应该值得用半年时间去学习。

本书可作为物联网专业综合实习/实训的实验指导书，也可整理成专业课程的课程设计教材，当然还需要花时间将本书的案例分解为一个一个的实验或小项目。

学习并掌握了该系统的设计，可以帮助读者在物联网应用开发方面更上一层楼。让我们开始吧！

由于时间仓促及笔者的水平所限，书中内容难免有误，还请读者不吝斧正，联系邮箱：liyongtao@ptpress.com.cn。

吴志辉

2021.8

目录

第 1 章

物联网设备智能监控系统原理

由于应用行业不同，各种物联网应用系统的形态可能有很大差异，但核心结构是一样的。物联网是万物互联的网络，特别是众多的传感器信息收集终端（如温度传感器）或执行机构（如电冰箱、空调）。之所以说是万物，是因为其数量极其庞大。根据行业统计，2021 年，全球物联网终端设备至少为 200 亿台。如一个 4 口之家的城市家庭，拥有的设备可能有 4 台智能手机、无线路由器、一个或多个冰箱、洗衣机、电饭煲、微波炉、空调、空气净化器、扫地机器人、煤气报警器、门磁报警器、智能摄像头、热水器，以及多达两位数的智能开关等。这些设备通过各种方式接入家庭局域网或互联网，与监控中心相连。用户通过手机等移动设备对这些设备进行监控或智能管理。

图 1-1 所示是普遍认可的物联网应用系统的四层结构示意图。

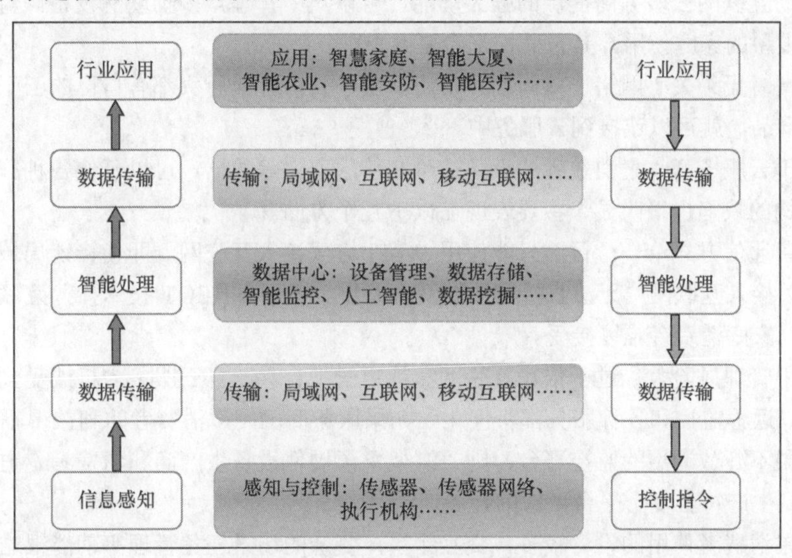

图 1-1　联网应用系统的四层结构

- 信息感知层：主要涉及信息的采集和设备的控制，与硬件设备密切相关，也是物联网海量数据的源泉。主要技术有广义上的传感器信息采集、局部设备无线组网传输。

- 数据传输层：负责信息/指令的安全可靠传输。
- 智能处理层：对采集的信息进行各种操作处理，为应用系统提供基本的服务功能。行业数据处理一般放在应用层，以减轻数据中心的负担。
- 行业应用层：使用数据对行业要求进行精心的管理，满足各种应用的需求。

需要澄清的一个误区是：物联网应用系统不一定要架设在互联网上，在局域网中也是可以运行的。信息感知设备不一定是单一的设备，可以是多个设备组成的“传感器网络”。

在物联网领域，也有科技企业、专家提出了边缘计算，期望在信息感知层、数据传输层和智能处理层之间插入边缘计算，就近提供最近端服务，也为数据中心提供计算数据。

1.1 物联网设备监控系统的结构

目前，国内外主流的一些物联网生态系统以云服务为中心。海尔 U-Home、阿里智能、苹果 HomeKit、华为 HiLink 等物联网监控系统（智能家居为主）都采用该方式。其特点是，家居设备采用 Wi-Fi 通信方式，通过家庭网关或移动基站接入云端服务器；智能手机等客户端程序，从互联网同样接入云端的服务器，从而实现移动端远程设备监控，如图 1-2 所示。

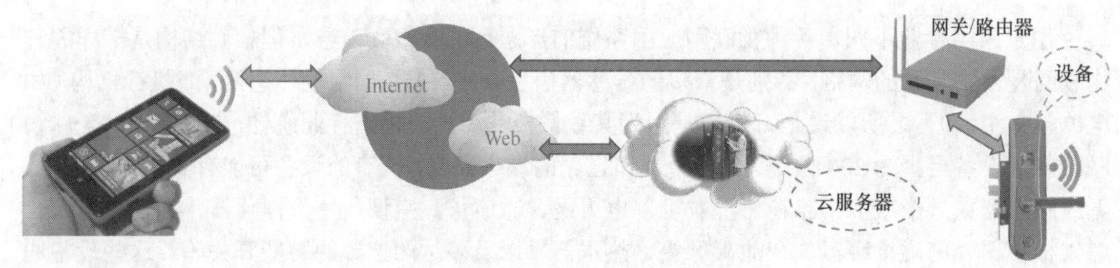

图 1-2 监控平台在云端的物联网监控系统结构示意图

这种结构的优势在于以下几个方面。

（1）借助互联网云服务商提供的强大功能，可以集中管理众多物联网设备。特别适合于单件“智能”设备的家庭使用，其云监控平台是共享的。

（2）消费者无须关心网络连接问题和费用。由于目前行业巨头都有自己的云平台，消费者一旦购买其产品，就可以连接到云服务中。

（3）便于云服务商收集消费者的设备信息和使用习惯等数据，可以延伸各种服务。

这种结构的缺陷也很明显，主要表现在以下几个方面。

（1）设备通信方式单一，目前只能使用 Wi-Fi 方式接入互联网。即使接入局域网，最终也必须通过网关接入互联网，无法直接在局域网内监控。使用 NB-IOT 技术接入互联网，会产生一定的费用，家庭消费者难以接受。

（2）集中管理风险大。过于依赖互联网和特定云平台，一旦云服务宕机或受到黑客攻击，影响面极大，远程监控和各种服务都将停止。如果服务商倒闭，消费者的利益得不到保障。

（3）如果不开放通用的监控平台，则“绑架”了硬件设备生产商和消费者。迫使硬件厂商为同一个产品生产符合多个平台要求的设备。

（4）如果消费者使用的设备较多、交互频繁，复杂的场景任务管理等功能很难实现，无法满足消费者对智能监控高度自动化服务的要求。

（5）消费者隐私、设备安全难以保障。在安全和隐私越来越被关注的社会，该问题越发突出。

鉴于这种架构的缺陷，一些企业把监控平台的部分功能移植到了专用的智能网关设备中，以期减轻云服务的压力和提供本地服务，如小米、华为的专用智能网关设备；但依然会迫使消费者购买价格不菲的网关设备，有些甚至打起了使用客厅电视机充当监控中心的主意。

从实际使用物联网智能监控（如智能家居）的角度考察，大部分的设备操控是在企业、组织、家庭内部进行的，只有出门在外才需要通过互联网进行设备监控。因此，把监控平台设立在组织机构局域网内部是明智的。这样为设备的多样性接入、安全管理、任务定制、智能监控，都提供了强有力的保障。图 1-3 所示是全栈开发项目实现的智能设备监控系统的结构示意图。其中，连接到云端服务是可选的。

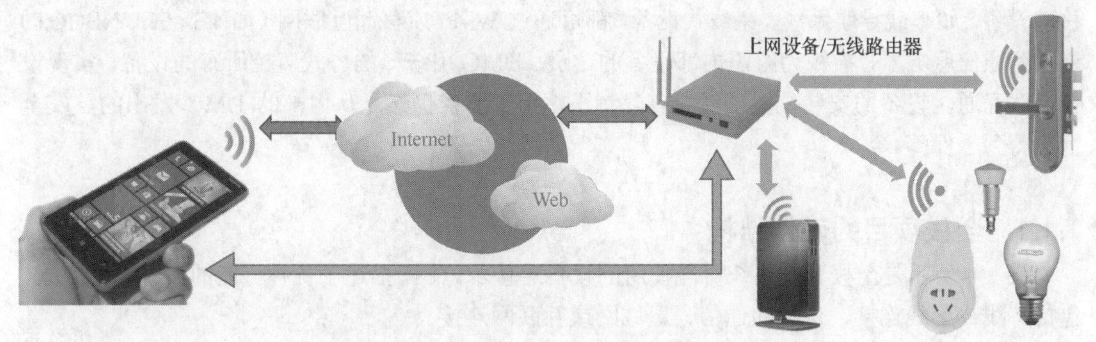

图 1-3 监控平台在局域网内部的监控系统结构示意图

这种结构具有很多特点和优势。

（1）设备连接的多样性。

设备可通过 Wi-Fi 接入局域网后连接到设备监控平台（Device Monitor Center，DMC）使用 TCP/IP 协议；也可通过 USB、RS232、有线以太网等直接连接到监控中心，甚至通过远距离的 485 通信方式连接。这保证了传统已有设备的智能化升级改造，无须硬件的重新设计和改造，只需简单改写部分程序代码即可，成本极低。这对传统工厂的智能化改造十分重要。

（2）对路由器或网关设备没有特殊要求。

企业、家庭使用已有的网络结构可满足监控平台的搭建和使用，省心、省力、省费用。

（3）可使用成本低廉的低功耗平板电脑安装监控平台系统。

甚至可以使用价格低于某些品牌的智能网关设备。如果监控设备众多，且监控中心提供众多的服务，也可以使用高配计算机或服务器。

（4）监控平台（中心）是一套多功能的软件系统。

不在操作系统级别进行硬件的管理，兼容性强。理论上，任何可连接计算机的设备（包括程序等虚拟设备），都可为其设计监控驱动程序，从而纳入平台的监控之下。软件的升级、维护、功能扩展都很方便。

（5）本地、互联网皆可进行智能监控。

在组织机构内部，移动监控 App 直接连接到监控平台进行监控，速度快、安全性高。如果需要从互联网监控，则可购买云服务商提供的虚拟机，在其中安装通信服务程序，充当远程客户端与监控平台的通信桥梁，仅此而已，并无其他功能，从而保证了系统的安全性。对虚拟机配置的要求不高，如使用阿里云最基本的几百元/年的云服务器，可部署 4 个云通信服务程序。消费者可自由选择不同的服务商。由于通信服务程序不保存任何设备和消费者的信息，因此可随时迁移到其他服务商的云平台中。当然，也可在云服务器上搭建数据中心和 Web 服务，满足行业的需求。这种场景下，DMC 实际上就是一个边缘服务器。

这也为互联网服务商提供了广大的市场。互联网服务商可利用其强大的资源为千万级别的家庭搭建特色的通信服务（目前主流云平台通过大规模消息队列服务提供物联网设备监控的信息交换）。

在使用互联网监控时，本全栈开发的项目使用了华为的云虚拟机，并且为开发者提供了一个测试通信服务器，但对连接客户端数量做了限制。开发者最好自己购买一个云虚拟机。如果是在校学生，可申请9元/年购机。

（6）设备也可直接连接到云通信服务器。

我们设计的通信服务程序也实现了全栈项目核心技术的3个协议（见1.2节）。这样，很多移动设备，如车载导航系统、穿戴式设备，都可通过Wi-Fi或移动互联网（如4G、5G、NB-IOT）连接到通信服务器，被视为组织内部设备的一员。DMC用统一的方式监控所有的设备，实现设备互联互通。设备的安装位置已经没有限制了，由于监控仍然是从内部的DMC发出的，安全性也得到了保障。

1.1.1 全栈项目的硬件结构

图1-4所示是全栈开发系统可能使用的设备连接示意图，描述了各种可能的设备连接方式，包括有线或无线连接、进程间通信、局域网或互联网连接。

从图1-4的设计可以看出：监控平台是以“设备监控系统”为单元来连接设备的，单件设备监控只是一种特例；一个“设备监控系统”可以容纳众多的子系统，子系统容纳具体的设备。目前众多的Wi-Fi智能设备通过局域网连接到DMC，而蓝牙等无线设备可以直接连接到DMC。对于有线连接的设备，则必须直接连接到DMC所安装的计算机上，如串口通信连接线、并口连接线、USB连接线、网线等。

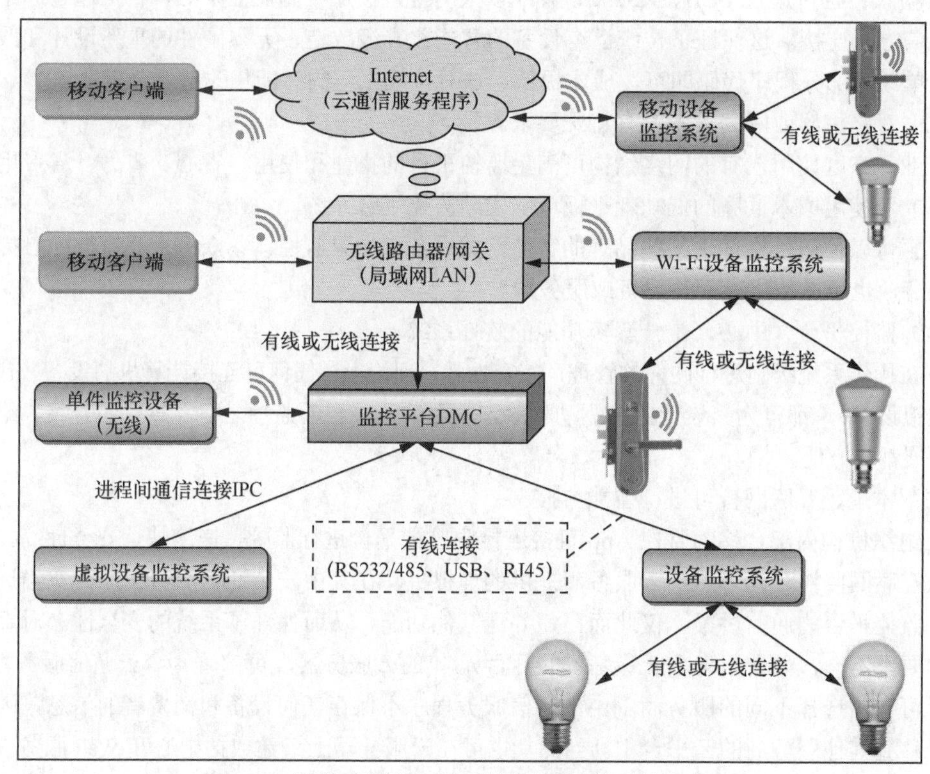

图1-4 物联网监控平台硬件结构及通信连接示意图

移动客户端，既可从互联网接入 DMC，也可从局域网接入 DMC 进行监控。出于安全考虑，必要时 DMC 也可断开互联网连接，全部在组织内部运行。

由于在本地部署监控中心，多样化的通信得以实现，因而不会过度依赖互联网，安全和可靠性得以加强。

1.1.2 全栈项目的系统软件结构

物联网应用系统结构中，监控中心或监控平台是核心组成之一，是万物互联的控制中心。设计良好的软件结构是监控平台稳定、可靠运行的关键技术，对监控的实时性、可用性、可扩展性至关重要。目前主流物联网智能监控生态系统，都是基于直连云平台服务，通信方式比较单一。

图 1-5 展示了全栈项目结构中，各个设备或程序间的通信方式。

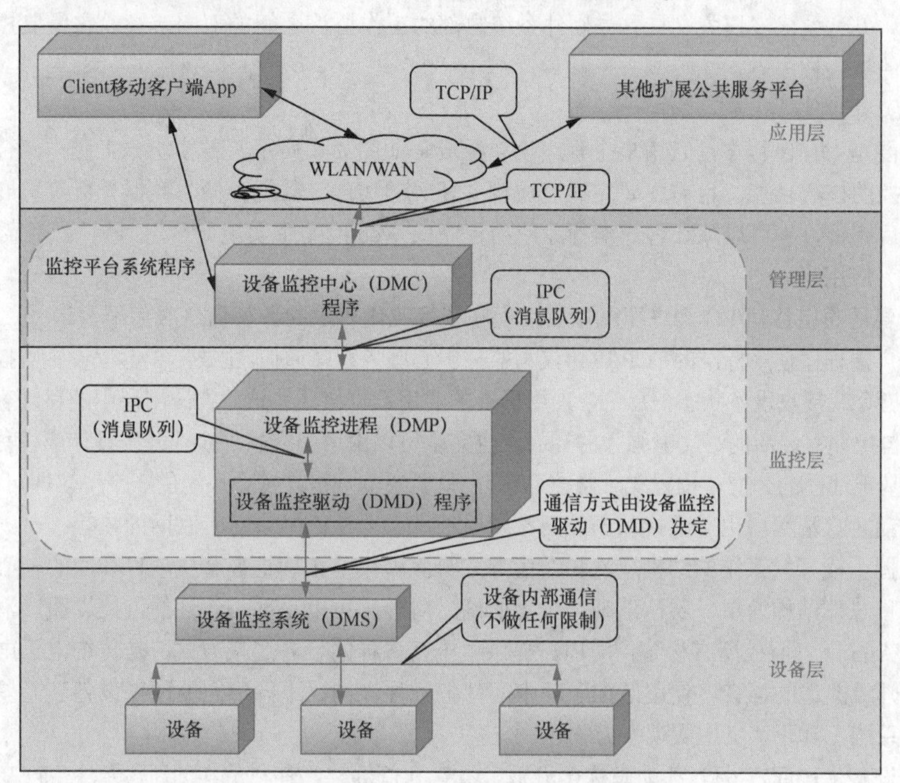

图 1-5 监控平台软件结构及通信方式示意图

软件结构总体分为 4 个层次：设备层、监控层、管理层和应用层。

监控平台系统程序主要由两部分组成：设备监控中心（DMC）程序和多个设备监控进程（Device Monitor Process，DMP），它们之间使用消息队列进行双向通信。

（1）设备层。

硬件厂商可根据全栈系统提供的协议、模板和自身的硬件环境，自由编写设备监控驱动（Device Monitor Driver，DMD）程序。没有任何硬件上的约束，内部通信自由选择。系统监控的响应速度与此处的通信有较大关系。

（2）监控层。

由多个设备监控进程 DMP 组成。每个 DMP 由两部分组成：管理程序和设备监控驱动模块。它们之间也使用消息队列双向通信。DMP 进程中的 DMD 是动态加载的，在管理层中的设备监控中心（DMC）程序启动一个设备监控进程 DMP 时，传递设备监控驱动相关信息给设备监控进程，DMP 启动后，再加载监控驱动（DMC）程序。

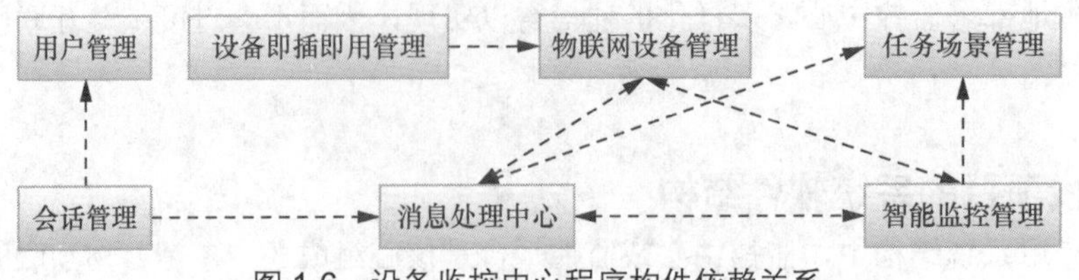

图 1-6 设备监控中心程序构件依赖关系

处在监控层的设备监控驱动 DMD 是真正与设备监控系统交互的程序模块。通信方式由硬件设备系统决定，在设备监控驱动程序中实现底层的通信交互（如 RS232、Wi-Fi、IPC）。

设备监控驱动程序是一个软件中间件 DMM（Device Monitor Middleware，实例化后就是 DMD），实现系统核心协议与具体硬件系统内部的工作协议之间的双向转换。它是监控平台监控设备的核心程序。

（3）管理层。

主要是 DMC 程序，它由多个程序模块组成，如图 1-6 所示。各模块分工协作，合作实现设备监控的核心功能。目前主要完成监控相关任务的实现。数据存储、数据分析等扩展功能，留待以后完善，也可以放在客户端行业应用程序或 Web 网站中实现。

（4）应用层。

主要是通用移动/PC 客户端监控应用程序和行业化要求的各种信息服务平台。

客户端程序使用标准的TCP/IP协议与监控中心服务程序通信。主要用于远程设备监控——发送监控指令或接收设备状态信息等，使用标准的通用数据格式协议。在应用层中的移动客户端程序，可自由编写灵活的、功能强大的界面，也完全可以由第三方软件企业开发设计成各种服务平台（如基于地图的公交车位置实时监控系统），只要通信规范，符合系统的 3 个协议即可。

移动客户端程序也可直接从局域网接入监控中心，从而减少对互联网的依赖。

掌握全栈开发系统的结构层次和通信方式、流程，是正确把握全栈项目开发的轴心所在。

项目总体结构简单，层次清晰，分工明确。对外，可以呈现一致性的监控界面，消费者只需一个 App 就可监控所有设备；对内，提供了丰富多样的设备连接方式，是传统电子电气设备智能化升级改造的福音。使用监控驱动中间件把各种异构、不同形态的硬件设备，无差别地接入监控系统，真正意义上实现了万物互联。

对设备生产商，“标准”协议完全开放，没有利益绑架，有利于其创新、专注生产高质量设备，从而可以让成千上万的中小微企业加入物联网设备的生产行业中。只有消费者和生产者都加入这个行业，物联网设备智能监控（如智能家居）的春天才会真正到来。

1.2 核心技术

任何系统，只要涉及数据通信和交换，都需要协议。只有遵守共同的协议，才能无障碍地交换数据。我们的目标是，制定一个通用的协议，实现真正的设备互联互通。看起来似乎不可能，将成千上万的设备、无数的通信方式和数据格式整合成通用的描述确实很难。但通过多年的实践，终于有所收获。系统目前制定了 3 个核心协议。系统实际运行证明，这些协议有效解决了物联网设备监控的难题。下面将详细介绍系统的 3 个协议，只有理解了其中的设计理念，才有可能痛快淋漓地编写核心代码，应用开发才会得心应手。

1.2.1 通用设备描述协议

万物互联的底层是千差万别的设备，它们有着各自的使命和任务。有采集各种数据的传感器设备，如温湿度、车速、光照度、开关的状态、空气污染指数、燃气浓度等，描述方式数以万计，是大数据的发源地；有些设备是执行机构，可按设定的程序指令工作，满足人类生活或工作的需要，如各类电器开关、热水器、扫地机器人、电子门锁、电动窗帘等；有些设备是前两者的混合体，既可采集数据，又可根据采集的数据，按设置的要求自动工作，如空调、冰箱、电饭煲、智能电梯等。这些设备由不同的硬件设备厂商设计生产，使用了不同的工艺和技术，导致对这些设备的监控都有特殊的技术要求，而物联网应用的普及，如智能工业、智能农业、智能安防、智能家居、智能医疗等，都需要的最根本、最基础的要求，就是实现万物互联。只有实现万物互联，才易于获取大数据，实现对设备的统一监控，实现高度的自动化控制，人工智能才有生存的意义。缺失这个根基，物联网无从谈起，万事皆成空想。

对设备的描述有不少的"标准"和协议。IEC61804 是国际电工协会 IEC 制定的电子设备描述语言规范标准。笔者个人认为，该标准在物联网设备的描述方面仍然有不足之处，过于烦琐复杂。本项目不采用该标准描述设备。

IEEE 1451 标准对传感器设备的描述，在"智能变送器接口模块"（Smart Transducer Interface Module，STIM）描述中，定义了电子数据表格 TEDS，但对其属性类型没有做规定，缺乏通用性，因此，本项目也没有采用。

电子产品编码 EPC 系统使用 PML 实体标记语言（Physical Markup Language）描述自然物体、过程和环境。这种方式同样缺少属性描述规则，且对设备控制没有太多的帮助。我们也没有使用该 XML 规范来描述物联网设备。

由于需要接入物联网，这里的设备是指具有 MCU 或 CPU 处理器，且具有通信功能的"智能"设备（通信方式可以多样化，没有限制）。这里先分析一下有关设备的一些术语。

（1）简单设备和复杂设备。

简单设备，一般是使用低成本的单片机作为控制中心的设备，功能较为单一，专注完成特定的任务，如专门采集各种数据的传感器设备、控制电源开关的电气设备。这些设备数量庞大、应用广泛，升级这些传统设备，是接入物联网的必经之路。如何低成本实现需求是值得认真研究的。

复杂设备，从功能角度而言具有多样性。在通信界面，可与其他设备或计算机进行数据交换，甚至具备设备组网功能，从而形成设备系统，完成复杂的工作任务，如当前火爆的智能音箱、智能门锁等。

理论上，不管以何种方式，只要能实现与监控平台相连，就可以实现设备互联互通，并不需要设备之间直接相连。

（2）智能设备和非智能设备。

设备的智能，没有明确的定义。从单一设备的视角而言，具有数据采集、处理、自动控制工作状态的设备，都是智能设备，也是人们通常期待的解释。从物联网的视角看，要求其实不高，具备与监控平台通信，能接收指令工作的简单或复杂设备皆可视为智能设备，其"智能"的范围被转移到了整个监控平台上。由功能强大的监控平台，负责数据的处理和设备间的协同工作。所以在物联网，非智能设备应该是指无法联网的设备，而不是从单件设备功能的角度去考虑。单件设备的"智能"不管如何强大，终究是个信息孤岛，无法协作完成更多复杂的任务。

（3）设备描述的分类。

设备作为物联网系统最底层的数据源，目前缺少一个合理的描述协议。纵观目前一些主流物联网监控生态系统，也提供了开发者平台，其对设备的描述不尽相同，大多采用 JSON 结构描述其结构和功能，如阿里的 AIoT、华为的 HiLink 协议，但都缺少一个灵活的、通用的描述。这导致设备开发商的同一功能的产品无法应对不同平台的要求，或者为了在不同平台上运行自己的设备，设计复杂，成本上涨，稳定性下降，因而无法吸引大多数开发商为其打造专用设备。这实际上是绑架了设备开发商。目前很多平台对设备的描述，主要是从设备功能上进行描述。

1. 基于设备功能的描述

它按照设备实现的功能来分类。这是从消费者的角度看待设备，是最直观的描述方式。如 ZigBee 联盟推出的智能家居规范，目前支持 30 多种产品，如开关类、灯光类、传感器类、窗帘类等，规定了每种设备的主要功能和交互规则。这样的设备描述规则，无法满足市场上成千上万种不同功能设备的描述需求，更无法满足兼容未来无穷无尽设备的需求，其生态系统会处在无休止的、不停的变化之中，用户体验自然不佳。

如何设计一个通用的设备描述协议，能满足目前众多设备的描述需求，更能解决未来任何复杂设备的系统接入难题，无疑是万物互联的根本所在。

（1）基于电气设备的特点及使用范围分类。

这是从厂商生产设备的范围角度出发的分类方法，图 1-7 描述了智能家居行业对产品的分类的表达，最终也归结于设备功能分类。这种方法没有从本质上抽象设备描述，同样无法适应未来复杂设备的描述。

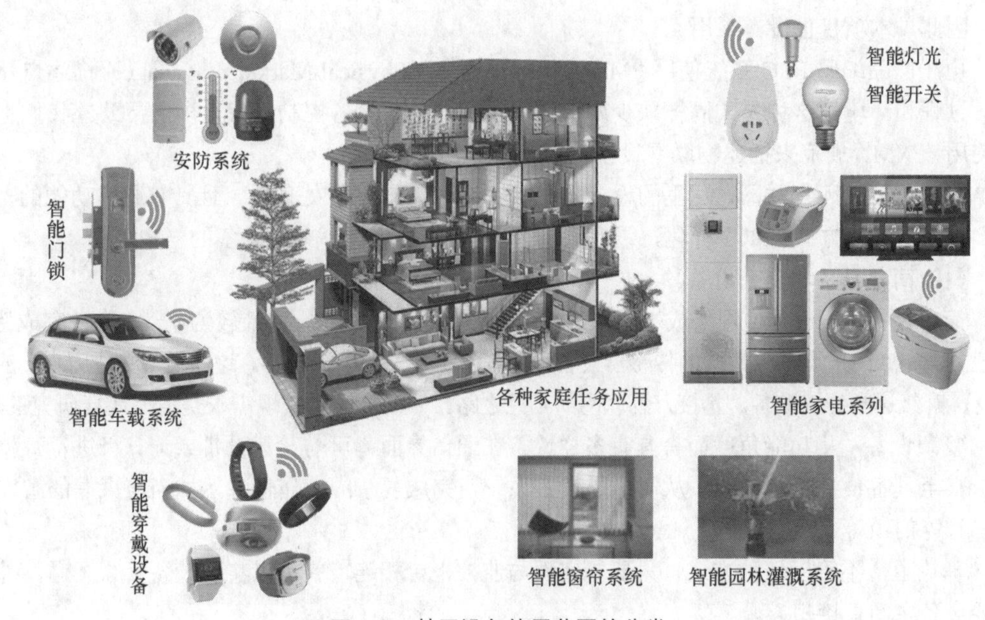

图 1-7 基于设备使用范围的分类

（2）基于智能设备的通信方式分类。

要实现设备互联互通，必须有一个设备管理和监控中心或平台（没有分析过区块链技术是否可以打造无中心的监控系统）。设备连接到监控平台的通信方式，总体可分为有线通信和无线通信两类。传统的单总线、I^2C、RS232、485、基于电缆或光纤的以太网等，都是成熟的通信技术。而在物联网前端的设备，目前更注重于无线通信，可解决大量设备布线难的问题，目前广泛使用的 Wi-Fi、蓝牙、ZigBee、NB-IoT、Lora、3G/4G/5G 移动通信等，都属于无线通信技术。未来还可能出现或使用更多的无线通信技术，如超宽带技术、量子通信等。这种分类方式只是描述了通信特征，并没有描述设备的具体功能，而使用者往往只关心设备的使用功能，而忽视其后台的通信机制。所以通信方式并不是设备的核心描述内容。

2. 基于数据驱动的设备描述

从大量的实践和分析中，我们可以获得高度抽象的设备描述方法。设备功能最终一定是以特定的数据表现出来的。如电源开关的开、闭功能，可以用 1 和 0 两个数字（Digital Data）表达，体现有、无或通、断等状态，我们称之为数字量开关设备 Digital Device。这类设备几乎占据了设备总数量的半壁江山，很多复杂设备几乎都集成了大量的数字设备。

煤气浓度检测、播放器音量大小调节，这些功能最终体现出来的是一个模拟量数值（Analog Data），我们称之为模拟量设备 Analog Device。

有些复杂设备的功能，其数据描述不能使用简单的数字或数值。例如，摄像头获取的是一幅图像数据，由大量的字节组成；3D 物件由成千上万的三维坐标点组成。这类较复杂的设备，我们称之为流媒体设备 Stream Device。

这种用数据替代功能的描述方法，我们称之为基于数据驱动的设备描述方法 4D（Data Drive Device Description），简称为 4D 设备描述协议。

4D 这种高度抽象的描述把无穷无尽的设备功能简化为有限的三大类设备。由于设备有输入输出的概念，4D 进一步把设备分为 6 种，如图 1-8 所示，其用接口规约描述设备的组成结构。

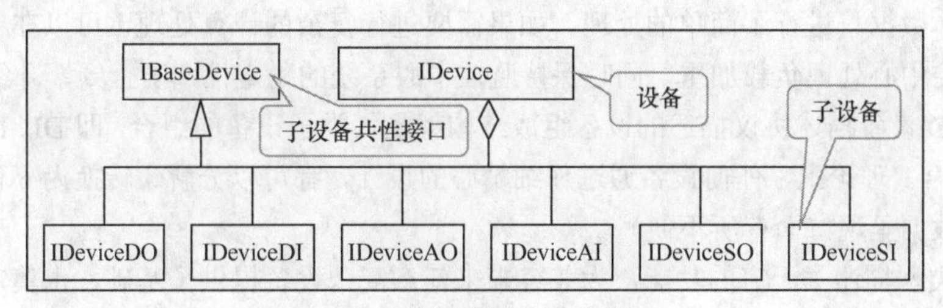

图 1-8 设备的结构描述类图

基于数据驱动的设备的各种概念介绍如下。

（1）设备 IDevice。

IDevice 是由设备厂商生产的硬件设备或软件开发商设计的程序系统（以下称为虚拟设备）。它负责完成设备具体功能的实现，如智能音箱完成语音的识别。它由下面描述的 6 种子设备组成。

（2）数字量输出子设备 IDeviceDO。

数字量输出（DigitalOutput）设备（DO），是从使用者角度来看的，它对外输出数字信号，就可以控制设备工作。常见的智能开关设备，输出 1 或 0，就可以开、关电源；音乐播放器输出 1 或 0，就可以启动或停止播放音乐。如果这些数字指令来源于监控平台，就可以实现远程控制。DO 子设备一般是控制机构。

（3）数字量输入子设备 IDeviceDI。

数字量输入（DigitalInput）设备（DI），是从使用者角度来看的，它采集数字信号进入设备内部保存，代表了数字设备的工作状态，如红外探测器是否检测到有动物通过，可以用 1 或 0 来标识。采集的数字数据，如果传输到监控平台，就实现了远程设备监视。

（4）模拟量输出子设备 IDeviceAO。

该类设备与数字量输出子设备类似，不同之处在于数据的表达，其使用数值来反映功能。如智能灯光的亮度，可以使用 0～100 的一个数值来代表。输出 100，表示开启最大亮度照明；而输出 0，几乎没有亮度。4D 用数值代表功能，保证了兼容未来任何复杂设备的描述。

（5）模拟量输入子设备 IDeviceAI。

该类设备与数字量输入子设备类似，不同之处在于数据的表达，其使用数值来反映功能。PM2.5 传感器采集的数据用一个数值代表大气污染指数；穿戴式智能手表采集心跳速率，也是用一个模拟量数据反映一个健康指标。这些数据传输到监控平台，经过分析处理，可以控制其他报警设备工作。该类子设备一般是数据采集设备。

（6）流媒体输出子设备 IDeviceSO。

流媒体设备相对复杂。4D 用字节流来反映其功能。这也是唯一不能穷尽的数据类型。根据当前科学技术发展状态，一些常用的功能数据类型可以抽象出来，因此，在流媒体设备描述中，有子分类的描述，如文本、图像、文件、视频、音频、坐标集合等。设备使用流数据进行工作，就称为流媒体输出（SO）设备，如语音助手，可接收文本信息指令，然后朗读文字，说明它具备一个 SO 设备。

（7）流媒体输入子设备 IDeviceSI。

如果设备采集或计算得到的数据是复杂的字节流信息，那么这种设备应被称为流媒体输入设备（SI），如摄像头采集图像得到图像数据，表明它拥有一个 SI 设备；如果它能进行人脸识别，计算得到人的身份证文本信息，就间接拥有了另一个文本类型的 SI 设备。全栈项目的监控中心对流媒体数据只进行了简单的处理。如果需要进行复杂的计算处理，可以在专用客户端进行，避免监控中心处理负载加重，同时保持监控中心系统的稳定性，防止频繁升级。

总之，4D 设备描述协议描述的设备组成结构就是 6 类子设备的组合，即 DI、DO、AI、AO、SI、SO 的集合。理论上，任何设备通过仔细精心的设计，都可以分解、转换为 6 种子设备的集合（尽管在数据呈现方面有所不便）。

有限的类型描述了无穷的功能，为兼容未来任意复杂设备提供了基础，也奠定了万物互联的基石。读者应该将其理解掌握，因为后续的开发都围绕该核心技术展开。

为了大规模物联网设备监控的管理、实施的方便性，全栈项目系统又进一步引入了设备管理对象。图 1-9 所示是以监控系统为基本设备管理对象的结构图。

注意： 4D 协议的描述都是用抽象的接口进行的。可以用任何支持接口技术的程序设计语言实现。C#、Java 实现的版本，参见后续章节。

（8）监控系统接口 IMonitorSystemBase。

监控中心可以启动多个 DMP 来监控不同的系统。用一个唯一的识别号 DMID 来描述监控平台管理的监控系统。DMID 由监控平台负责分发。一般地，同一厂家生产的系列产品，使用相同的通信协议，监控系统使用同一设备监控驱动程序就可以监控这些设备。一个设备监控系统在一个进程中管理，使用一个设备监控驱动程序。

例如，一个智能大厦的监控平台，可监控灯光设备系统、消防安全系统、门禁系统、语音广播系统、电梯系统等。一个监控系统，由多个设备系统组成。

（9）设备系统接口 IDeviceSystemBase。

该类接口用于描述监控系统中特定用途的子设备系统的集合，主要是为了管理的方便而设置的。例如，智能大厦的灯光监控设备系统，可以分为室外照明子系统、一层照明子系统、二层照明子系统等。在监控平台的一个监控进程中，用一个 DSID 号来标识设备系统。

（10）子设备系统接口 ISubDeviceSystemBase。

该类接口描述具体设备的集合。一般用于同一目标的设备，方便集中管理。如室外灯光子系统，由几十个不同的智能开关构成。在监控进程的某设备系统中，用一个 SSID 号来标识子设备系统。

（11）设备接口 IDevice。

该类接口体现功能的物理硬件或软件产品。它由一个或多个 6 类子设备组成。在某个子设备系统中，用一个 DID 号来标识设备。

（12）子设备接口 IDeviceXX。

该类接口体现设备某个具体功能。功能可以是硬件实现的，如物理的电子开关；也可以是程序设计出来的“虚拟”功能，如传感器采集数据的频率周期、在线工作时长等。在设备内部，用一个 SDID 号来标识子设备。子设备是真正实现设备功能的地方。

因此，在监控平台，一个子设备的身份用 5 个数字+类型来唯一标识：DMID.DSID.SSID.DID.SDID.TYPE，其中 TYPE 是子设备的类型。注意：这些特定的标识号，将会频繁出现在后续的各种对象的定义中，以后不做过多介绍。

下面将详细讨论图 1-9 中各个接口的设计内容，它是系统的核心思想。

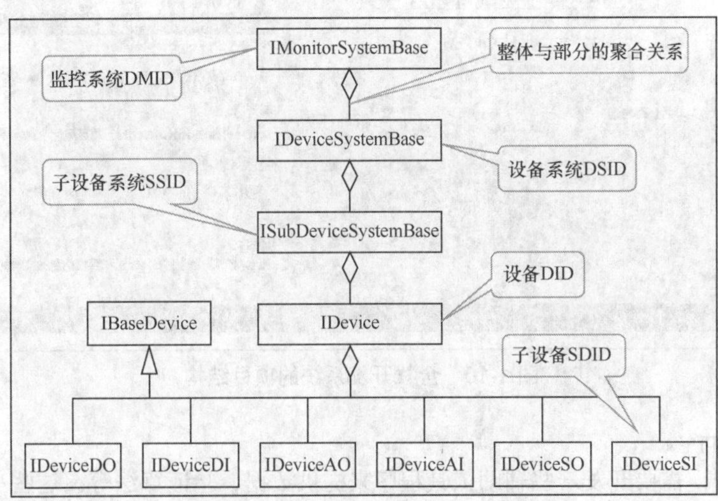

图 1-9　监控系统的结构描述类图

3. 工程项目开发环境和结构

在讨论前，先搭建项目工程开发环境，将通过简要的代码来讲解。由于监控中心是核心部分，使用设备接口描述协议管理设备，所以先搭建监控中心的开发环境。可以使用安装了 Linux 系统的设备作为监控中心，也可以使用 Windows 系统的计算机作为监控中心，两者的开发环境和工具有所不同。笔者本人偏爱 Windows 平台，所以使用了微软的 Visual Studio 2017/2019 作为开发工具。这也是考虑到可以使用的计算机大都安装 Windows 系统，这样可以方便用户安装使用。

微软开发工具 Visual Studio 2017/2019（后续简称 VS）可从微软官网下载，具体安装过程请读者自行参考一些网络教程。

刚使用 VS 的读者，需要花点时间熟悉 VS 的功能和操作使用。此类图书很多，请先掌握基本的使用方法。

首先建立整个工程的框架结构。图 1-10 所示是全栈开发系统的项目结构。

（1）CommAssembly 目录。

系统用到的一些通用的程序模块，编译结果是 DLL 程序集。

（2）Drivers 目录。

硬件设备的监控驱动程序项目存放目录。对于非“标准”的设备（没有在程序中实现核心协议的设备），都要编写一个协议转换程序。全栈开发系统展示了其是如何为各种不同通信方式的设备开发监控驱动程序的（参见第 8 章）。

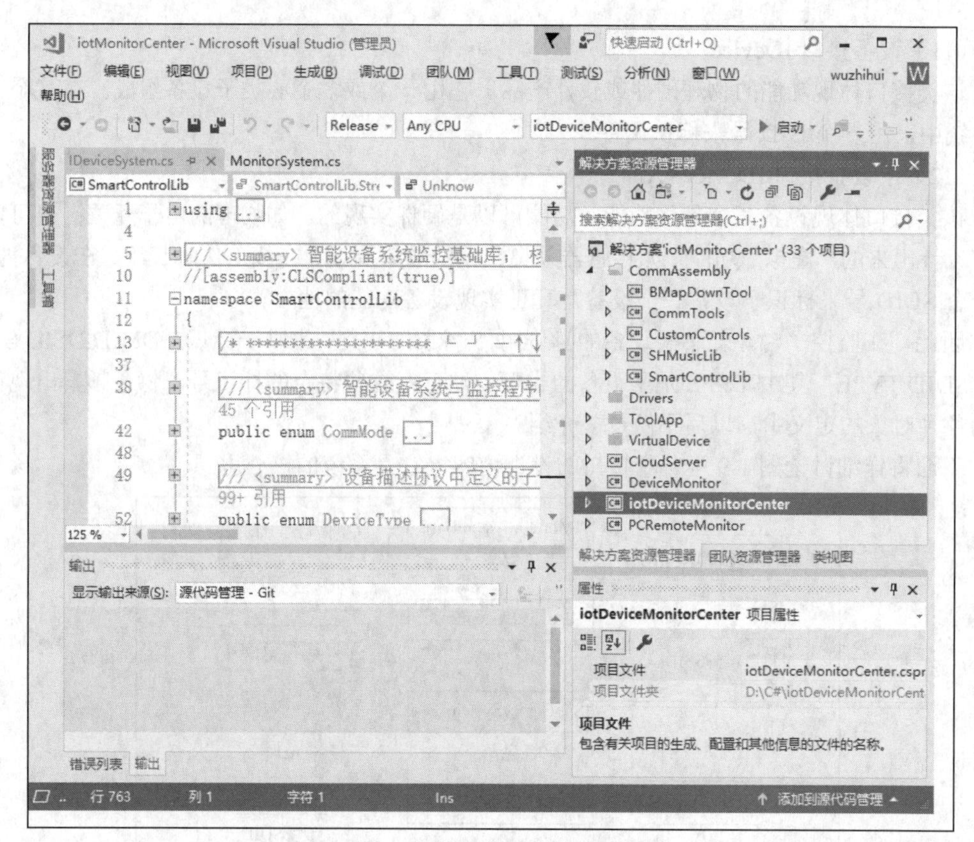

图 1-10 全栈开发系统的项目结构

（3）Tool App。

开发过程中，需要开发一些辅助工具程序来提供数据、验证算法等。这些小项目集中存放在该目录下。工程完成后，可以删除。

（4）VirtualDevice 目录。

一些程序作为虚拟设备接入监控平台。这些程序可有效扩展监控平台的功能，如语音播报程序、计算机时钟监控程序、邮件发送程序、短信发送程序、摄像头拍照程序等。笔者没有提供这些程序的源代码。不过学习完全栈项目后，读者可以自己开发出类似程序。

工程根目录下的 4 个项目分别如下。

- CloudServer：云通信服务器程序。
- DeviceMonitor：设备监控进程程序。
- iotDeviceMonitorCenter：监控中心管理程序。
- PCRemoteMonitor：PC 客户端监控程序。

Android 客户端监控程序是在谷歌 Android Studio 上开发的，参见后续章节介绍。

设备描述协议在智能控制库项目 SmartControlLib 中描述，该项目的结构如图 1-11 所示。

在 Devices 目录下的 IDeviceSystem.cs 文档中，完整定义了图 1-9 所示的所有接口。其属性和方法的设计，考虑了它们的通用性，以设计属性为主。接口的方法是通用的，主要以属性的读写、存储为主。而设备的操作单独放在另外一个接口文档 IMethod.cs 中描述。这也是经过多次惨痛的教训而重新设计的。最早的版本中，设备的操控方法也被设计在设备接口 IDevice 中，结果在具体实现各种不同设备类的时候，发现代码大都相同，没有必要重复编写，还容易出错，于是进行了重构，移到一个单独的接口中。

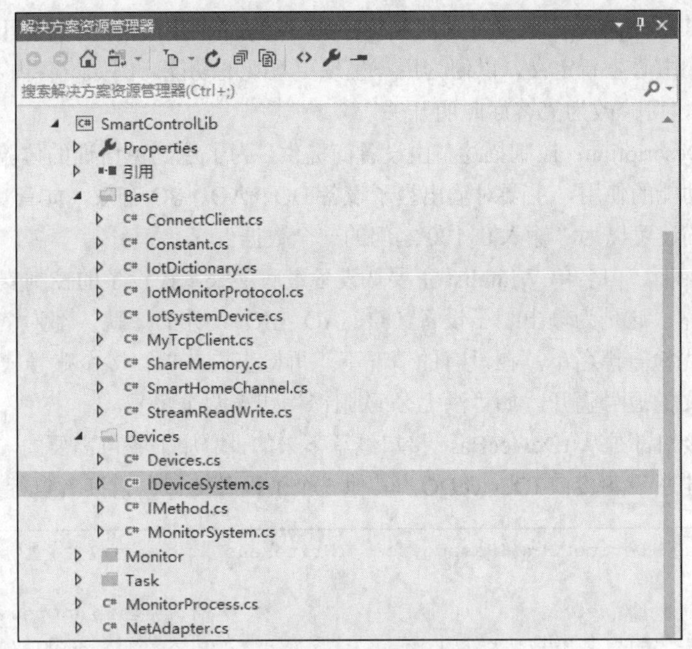

图 1-11 智能控制库项目的目录结构

首先从最底层的 6 类子设备接口介绍。由于这些子设备都具有一些共性，所以又抽象出一个共性的 IBaseDevice 接口。详细代码参见本书配套资源中的源代码。

4. IBaseDevice

```
public interface IBaseDevice                          //基础子设备公共接口
{
DeviceType DeviceType { get; set; }                   //子设备类型:只能是 6 类子设备中的一类
ushort ParentID { get; set; }                         //设备父类的 ID
ushort SDID { get; set; }                             //原来的 ID,子设备编号: 0---65535
   Double X { get; set; }                             //X 坐标（经度）
   Double Y { get; set; }                             //Y 坐标（纬度）
   Double Z { get; set; }                             //Z 坐标（高度）
   int Tag { get; set; }                              //一个通用的保留指针
   string UnitName { get; set; }
   string FunctionDescription { get; set; }//子设备功能的文字描述: 如客厅顶灯开关
   string ControlDescription { get; set; } //子设备操作的文字描述: 告诉使用者如何使用该功能
   string Blacklist { get; set; }//黑名单: 出现在列表中的用户，无法控制该子设备，但子设备功能正常
   string Whitelist { get; set; }                     //白名单: 只有在列表中的用户，才能控制该子设备
}
```

坐标信息像身份信息一样，是一类主要的信息。很多物联网监控系统都需要定位监控，因此它是必不可少的属性，用 *X*、*Y*、*Z* 坐标表示。

子设备类型拥有一个枚举数据 DeviceType 来标识，如下所示。

```
public enum DeviceType : byte                        //智能设备类型定义:只有 6 种设备
{
DI = 0, DO = 1, AI = 2, AO = 3, SI = 4, SO = 5, Unknow = 99
//数值量输入输出子设备，模拟量输入输出子设备，流媒体输入输出子设备
}
```

- SDID：一般代表该类子设备的标号，由设备生产商决定。
- UnitName：数据的计量单位，如温度℃、质量 g、浓度 mol/L。没有计量单位的为空。主要针对模拟量设备设计。

- FunctionDescription：子设备功能描述，如“温度”“开关”。由设备开发商决定，但可以在监控中心重新定义，以便为用户呈现更直观的功能。例如设备内部原来定义为“1号开关”，可修改为“客厅照明开关”。
- ControlDescription：控制描述，由设备商提供。为了达到免培训的体验，通过文字详细描述该功能的使用，主要对输出型子设备 DO、AO、SO 有效，如音量控制 AO 设备，其控制描述可以为“输入 0~100 之间的一个数据”。

黑名单 Blacklist、白名单 Whitelist 主要从设备最底层来掌控设备的控制安全性，防止非法远程控制设备工作。这是为输出型子设备 DO、AO、SO 设计的。默认都为空，即不受限制。目前监控中心优先检查黑名单，在没有的情况下，再检查白名单。多个账号（用户名）出现在名单中时，以英文的逗号隔开。如“洪七公,欧阳锋”代表两个账号。

6 个子设备接口都是从 IDeviceBase 接口继承下来的，增加了各自需要的一些新属性。下面详细介绍数字输出子设备接口 IDeviceDO。其他 5 个子设备接口，请读者自行参阅源代码。

```
public interface IDeviceDO : IBaseDevice, IWriteReadInterface//数字量输出 DO 设备接口
{
DOType DoType { get; set; }                              //开关类型：常开 Open 和常闭 Close 2 种
PowerState PowerState { get; set; }                      //开关电源状态，DoType 和 PowerState
                                                           共同决定 DO 子设备的接通或断开状态
      bool ON { get; }                                   //true 表示接通，false 表示断开
      string PictureON { get; set; }                     //接通时的图形文件名
      string PictureOFF { get; set; }                    //断开时的图形文件名
      event DigitalDataChangedOnDigitalDataChanged;//当数据变化时，通知应用程序的事件
      string ToString();
 }
```

总共新增加了 5 个属性和一个事件。

DOType：对开关量设备，有两种工作模式——常开和常闭。因此定义了枚举类型，代码如下。

```
public enum DOType : byte                                //DO 开关类型
{
    Open, Close                                          //常开和常闭开关
}
```

接触过各种实际开关设备的人员，都很熟悉这两种工作方式。

- 常闭开关：设备控制机构不供电时，开关是“接通”的；供电时，开关“断开”。
- 常开开关：设备控制机构不供电时，开关是“断开”的；供电时，开关“接通”。通常人们认为的开关，就是这种开关设备。

PowerState：设备控制机构是否供电。它是由设备中的（嵌入式）程序控制的，也由一个枚举数据表示，如下所示。

```
public enum PowerState : byte                            //开关的控制机构电源工作状态
{
PowerON, PowerOFF
}
```

ON：一般用户使用设备，只关心开关是否“通”“断”，并不关心控制机构是否供电，因此设计了这个只读属性。它由 DoType 和 PowerState 属性共同决定，是个计算字段。ON 为真时，开关接通；为假时，开关断开。

PictureON：开关接通时，用于显示其状态的图形文件。默认为空。

PictureOFF：开关断开时，用于显示其状态的图形文件。默认为空。

OnDigitalDataChanged：定义了一个事件，当设备状态有“变化”时，触发该事件。主要为方便监控应用程序设计使用。也可以考虑去掉。

该事件类型定义如下。

```
public delegate void DigitalDataChanged(DataChangedEventArgs<bool> e); //数字量处理
                                                                        方法的代理
public class DataChangedEventArgs<T> : EventArgs//定义数据变化的事件类，包含2个数据：发送者
                                                和具体内容（泛型）
{
public DataChangedEventArgs(object sender, T data)
{
    Sender = sender;
    Data = data;
}
public Object Sender { get; private set; }
public T Data { get; private set; }
}
```

6类子设备还都继承了一个接口IWriteReadInterface。该接口定义了两个方法，用于把子设备的信息写入字节流，或者从字节流中读取属性值。该接口定义如下。

```
public interface IWriteReadInterface                  //读写对象的接口，方便对象的文件存储
{
void WriteToStream(BinaryWriterbw);                   //把对象写入流中
void ReadFromStream(BinaryReaderbr);                  //从流中读取数据
}
```

5. IDevice

它是6类子设备的集合，实现完整的设备功能，是使用者眼中的“物理实体”。但4D描述协议只定义了其结构，实现了该结构的软件系统，也可以视之为“设备”，一般称为虚拟设备。在下面的设计中，可以看到6个列表数据，代表6类子设备。

```
public interface IDevice : IWriteReadInterface        //某智能监控的设备定义接口
{
ISubDeviceSystemBase owner { get; set; }              //上级父类接口，便于向上路由
ushort SSID { get; set; }                             //归哪个子设备系统管理
ushort DID { get; set; }                              //设备 ID
Double X { get; set; }                                //X坐标（经度）
Double Y { get; set; }                                //Y坐标（纬度）
Double Z { get; set; }                                //Z坐标（高度）
int Tag { get; set; }                                 //通用指针
bool Used { get; set; }                               //是否启用，保留，暂时不用
string DeviceName { get; set; }                       //如调光开关
string PositionDescription { get; set; }              //设备位置信息文字描述，如客厅
string IEEEOrMacAddress { get; set; }                 //设备 IEEE 或 MAC 地址
string Memo { get; set; }                             //备注信息，用于扩展
List<IDeviceDI> DIDevices { get; set; }               //数字量输入子设备
List<IDeviceDO> DODevices { get; set; }               //数字量输出子设备
List<IDeviceAI> AIDevices { get; set; }               //模拟量输入子设备
```

```
List<IDeviceAO> AODevices { get; set; }           //模拟量输出子设备
List<IDeviceSI> SIDevices { get; set; }           //字节流输入子设备
List<IDeviceSO> SODevices { get; set; }           //字节流输出子设备
                                                  //以下定义一些必备的方法
IdeviceDO NewDeviceDO();                          //建立 DO 新子设备
IdeviceDI NewDeviceDI();                          //建立 DI 新子设备
IdeviceAO NewDeviceAO();                          //建立 AO 新子设备
IdeviceAI NewDeviceAI();                          //建立 AI 新子设备
IdeviceSO NewDeviceSO();                          //建立 SO 新子设备
IdeviceSI NewDeviceSI();                          //建立 SI 新子设备
string GetState(DeviceType DeviceType);//某类子设备所有状态的文字描述，便于应用程序显示设备信息
void Clear();                                     //清空 6 类子设备
string ToString();
}
```

对于这些定义，其后的注释做了简单描述。几个属性介绍如下。

- Owner：ISubDeviceSystemBase 接口类型，指向 SSID 所代表的父类接口（见图 1-9）。
- DeviceName：由设备厂商决定，但接入监控中心后，可以修改成用户喜欢的名称。
- PositionDescription：设备安装的位置描述，一般为空。在接入监控中心后，可以修改成用户摆放设备的实际位置名称，如“儿童卧室”，可方便应用程序分类查找设备。
- IEEEOrMacAddress：设备的 IEEE 或 MAC 唯一地址码。在设备系统内部，当设备识别号 DID 无法自动生成唯一识别码时，可用该数据辅助生成唯一 DID（厂商自己算法决定）。没有 IEEE 或 MAC 地址码的设备，一般为空字符串。
- GetState：该方法用于获取某类子设备的状态数据，以通用的字符串格式表示。在本全栈开发项目中，约定如下。
    - DO、DI 类设备：用 1 和 0 的字符串表示。如 4 路开关 DO 设备，字符串“1010”表示第一和第三个开关接通，第二和第四个开关断开。
    - AO、AI 类设备：用英文逗号隔开的数值字符串表示。如温湿度传感器 AI 设备，“25.3,67”表示温度 25.3 度，湿度 67%。
    - SO、SI 类设备：由于有着较多的子分类，目前只对“TEXT”子分类的表示做了约定，文本字符串用英文“*”号隔开。如播放器的歌单与歌单内容，是两个“TEXT”子分类的 SI 设备，如“邓丽君歌曲，童安格歌曲*甜蜜蜜、忘不了、我只在乎你”，表示有两个歌单，当前歌单中有 3 首歌。

6. ISubDeviceSystemBase

这是设备的集合。通常，监控系统中，同一个区域有多个相同的设备组成一个子设备系统，以方便管理。如室外路灯子设备系统，由十几个智能开关组成。下面的设计描述了它的基本属性和必须具备的方法。

```
public interface ISubDeviceSystemBase             //智能子设备系统基础接口
{
IDeviceSystemBase owner { get; set; }             //父类接口
ushort DSID { get; set; }                         //归哪个设备系统管理
string Description { get; set; }                  //如神龙城监控子设备系统-电源开关子系统
string ParentDescription { get; set; }            //上一级系统的简要描述
ushort SSID { get; set; }
Double X { get; set; }                            //X 坐标（经度）
Double Y { get; set; }                            //Y 坐标（纬度）
```

```
Double Z { get; set; }                          //Z坐标（高度）
int Tag { get; set; }
List<IDevice> Devices { get; set; }             //所有设备列表：最主要属性管理其下所有设备
                                                //方法接口：主要解决数据读写、存储问题
void WriteToStream(BinaryWriterbw);             //子设备系统所有数据写入数据流
void ReadFromStream(BinaryReaderbr);            //从数据流中恢复子设备系统所有信息
byte[] GetBytes();                              //子设备系统所有数据用字节数组表示
void ReadFromBuffer(byte[] buffer);             //从字节数组中恢复子设备系统所有信息
void Clear();
IDeviceNewDevice();                             //建立新设备
}
```

最主要的属性是列表对象 Devices，代表该子设备系统管理的所有设备。

7. IDeviceSystemBase

设备系统是一个纯粹的管理对象，用于分类不同工作目的的子设备系统。例如办公大楼的设备系统，有照明控制子设备系统、空调控制子设备系统等。

```
public interface IDeviceSystemBase                       //智能设备系统基础接口
{
IMonitorSystemBase owner { get; set; }
ushort DMID { get; set; }                                //属于哪个监控进程管理
string Description { get; set; }                         //神龙城监控设备系统
ushort DSID { get; set; }                                //设备系统识别号，由监控中心程序赋予
Double X { get; set; }                                   //X坐标（经度）
Double Y { get; set; }                                   //Y坐标（纬度）
Double Z { get; set; }                                   //Z坐标（高度）
int Tag { get; set; }
List<ISubDeviceSystemBase> SubDeviceSystems { get; set; }//所有子设备系统列表，是监控系统
                                                            管理的主要对象
//方法接口：主要解决数据读写、存储问题，与 ISubDeviceSystemBase 相同
void WriteToStream(BinaryWriterbw);
byte[] GetBytes();
void ReadFromStream(BinaryReaderbr);
void ReadFromBuffer(byte[] buffer);
void Clear();
SubDeviceSystemBaseNewSubDeviceSystem();                 //建立新子设备系统
}
```

最主要的属性是列表对象 SubDeviceSystems，代表该设备系统管理的所有子设备系统。

8. IMonitorSystemBase

监控中心 DMC 的管理对象是监控进程 DMP，DMP 使用设备监控驱动程序 DMD 来与硬件设备交互。IMonitorSystemBase 是 DMD 与硬件交互的基本单元，如图 1-5 所示。它由多个设备系统 IDeviceSystemBase 组成。需要注意的是，为简化管理和安全起见，本开发项目的 DMP 只使用一个 DMD 来与设备交互，所以组成该监控系统的物理设备，必须都是使用同一通信方式和协议的设备（一般由同一个厂家生产）。而使用不同协议的硬件构成的监控系统，使用另外一个 DMP 管理。当然，DMC 也允许使用相同协议的硬件构成的监控系统，使用多个 DMP 进程管理。

其接口定义如下。

```
public interfaceIMonitorSystemBase                //一个监控系统基础接口：可监控多个设备系统
{
//属性接口
```

```
IMonitorSystemMethod iMonitorSystemMethod { get; set; }
string Description { get; set; }                           //神龙城监控设备系统
string FileName { get; set; }                              //信息存储文件
ushortDMID { get; set; }                                   //设备系统识别号，由监控中心程序赋予
Double X { get; set; }                                     //X坐标（经度）
Double Y { get; set; }                                     //Y坐标（纬度）
Double Z { get; set; }                                     //Z坐标（高度）
int Tag { get; set; }
CommModeCommType { get; set; }
bool bServer { get; set; }                                 //设备系统是否为通信服务端
List<IDeviceSystemBase> DeviceSystems { get; set; } //所有被监控的设备系统列表
//方法接口
void SaveToFile();
void ReadFromFile(string filename);
void WriteToStream(BinaryWriterbw);
byte[] GetBytes();
void ReadFromStream(BinaryReaderbr);
void ReadFromBuffer(byte[] buffer);
void Clear();
IMonitorSystemBase Copy();                                 //复制到另外一个监控系统，作为数据备份
IdeviceSystemBase NewDeviceSystem();                       //建立新设备系统
}
```

方法接口与前述接口的设计类似，主要是属性的读写、存储。

有以下几个主要的属性。

- iMonitorSystemMethod：把对硬件设备的监控方法单独设计为一个接口，简化了监控处理的复杂性，方便编写设备监控驱动。该接口的描述见后面的章节。
- FileName：DMP作为一个独立的监控进程，其管理的设备信息独立放在一个目录下，设备信息也单独存放在一个文件中。文件名为monitorSystem.iot。监控中心DMC的目录结构如图1-12所示。

其中，iotmonitorsetXXX的文件夹用于存储一个DMP所需的信息，其后的XXX序号，就是该DMP的监控识别号DMID。

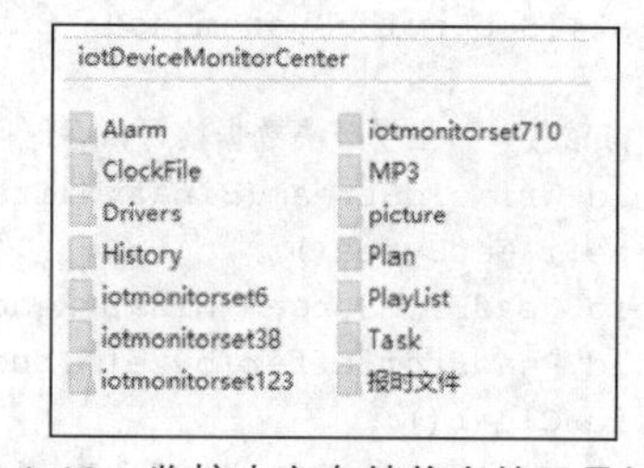

图1-12 监控中心存储信息的目录结构

CommType：通信方式。开发项目目前设计支持的有市面最常见的几种通信方式，定义在一个枚举类型中，如下所示。

```
public enumCommMode : byte
{
RS232 = 0, SHAREMEMORY = 1, TCP = 2, TCPFree = 3, ZIGBEE = 4, BLUETOOTH = 5,
CLOUD = 6,                                              //通过云端连接
UNKNOW = 99
}
```

- RS232：工业现场使用较多的成熟可靠的有线通信方式，包括485通信。
- SHAREMEMORY：共享内存进程间通信IPC。通过USB连接监控中心，或者在DMC中运行的虚拟设备，可以使用该通信方式。
- TCP：使用标准的Socket技术的通信方式，且要求协议符合本开发项目制定的标准。本开发项目为该方式编写了通用的设备监控驱动。对无线设备，一般使用Wi-Fi连接。

■ TCPFree：使用标准的 Socket 技术的通信方式，但数据协议不符合本开发项目制定的标准，需要针对该“非标”设备单独开发 DMD（Device Monitor Driver）。

■ ZIGBEE：目前暂不支持。其实可通过 RS232 或 TCP 实现。

■ BLUETOOTH：目前暂不支持。主要考虑到目前蓝牙协议同一时间只能连接一个蓝牙设备，因此用处不大。

■ CLOUD：使用云端远程连接方式通信。其实就是 TCP 通信，但做了一些修改，方便远程设备通过互联网接入监控中心。

■ UNKNOW：无定义。

对于本系统支持实现了的通信方式，后续章节会对每类通信方式的设备驱动程序的开发做一个详细的案例介绍。

■ bServer：设备系统是否为服务器端设备，如果“是”（true），设备系统作为服务器端，监控进程 DMP 作为客户端去主动连接设备系统；“否”的话，DMP 作为通信服务端，设备系统作为客户端主动连接 DMP。只对 TCP 通信方式有效。

■ DeviceSystems：DMP 管理的所有设备系统，由多个设备系统组成。

1.2.2 数据格式协议

整个监控平台内，多个进程之间、进程与设备之间，都进行着大量的数据交换。对于这些数据的格式，必须设计一个通用的数据结构，便于程序统一处理。目前，网络通信大都使用 XML 或 JSON 格式作为数据表达结构，后者由于其封装简单、冗余数据少，特别受监控系统开发平台的喜爱，华为、阿里等公司都使用 JSON 作为通信数据结构。

可扩展标记语言 XML，虽然数据表达能力强，但冗余数据多，导致通信数据包较大，因此在监控系统中使用得比 JSON 要少。但用键值描述数据的 JSON 类型，在表达复杂数据格式时也有不便之处，例如对字节数组的存储，需要转换为十六进制字符串。

全栈开发项目使用数据字典来描述通信数据包。其词条的内容为字节数组，可以表达任何格式的内容。

1. 数据字典类 IotDictionary

IotDictionary.cs 文档定义了数据字典类，如下所示。

```
public class IotDictionary
{
public Dictionary<string, byte[]>mDictionary = null;    //Java 可以使用 Vector 类型，参见
                                                          移动端 App 开发章节
Int32 flag = 0x5A5A5A5A;  //智能监控通信的标志，不是的则不处理
public IotDictionary(Int32 _flag)                        //构造函数
{
mDictionary = new Dictionary<string, byte[]>();
flag = _flag;
}
public void Clear()                                      //清除字典内容
{
if (mDictionary != null)
mDictionary.Clear();
}
public void AddNameValue(string name, byte[] value)     //原始增加词条方法
{
```

```
mDictionary[name] = value;
}
public void AddNameValue(string name, char[] value) //字符数组词条，UTF8 编码
{
mDictionary[name] = Encoding.UTF8.GetBytes(value);
}
public void AddNameValue(string name, string value) //字符串词条，UTF8 编码
{
mDictionary[name] = Encoding.UTF8.GetBytes(value);
}
public void AddNameValue(string name, Stream value) //流对象词条
{
byte[] buffer = new Byte[value.Length];
value.Read(buffer, 0, (int)value.Length);
mDictionary[name] = buffer;
}
public void DeleteName(string Name)                  //删除词条
{
if (mDictionary.Keys.Contains(Name))
mDictionary.Remove(Name);
}
public string GetValue(string Name)                  //获取词条内容：返回字符串
{
if (mDictionary.Keys.Contains(Name))
{
char[] s = Encoding.UTF8.GetChars(mDictionary[Name]);
return new string(s);
}
else return null;
}
public byte[] GetValueArray(string Name)             //获取词条内容：返回字节数组
{
if (mDictionary.Keys.Contains(Name))
return mDictionary[Name];
else return null;
}
public string[] GetNames()                           //获取字典词条名称集合
{
return mDictionary.Keys.ToArray();
}
public override string ToString()                    //字典内容用字符串显示，可根据需要改写
{
string result = mDictionary.Keys.Count.ToString()+" Items :";
foreach (string Name in mDictionary.Keys)
{
if (Name == "stream")
{
byte[] bs = GetValueArray(Name);
result += Name + string.Format("= 字节流数据：{0}字节\r\n", bs.Length);
}
else if (Name == "deviceinfo")
{
byte[] bs = GetValueArray(Name);
```

```
result += Name + string.Format("= 设备信息流: {0}字节\r\n", bs.Length);
}
else
{
result += Name + "=" + GetValue(Name) + "\r\n";
}
}
return result;
}
void WritwInt(Stream stream, int i)//写入一个整数到流对象中，以便在不同操作系统保持数据一致
{
stream.WriteByte((byte)((i >> 24) & 0xFF));
stream.WriteByte((byte)((i >> 16) & 0xFF));
stream.WriteByte((byte)((i >> 8) & 0xFF));
stream.WriteByte((byte)(i & 0xFF));
}
public byte[] GetBytes()                          //根据编码返回便于发送的字节数组
{
MemoryStream stream = new MemoryStream();
                                                  //1. 写入标志
WritwInt(stream, flag);
                                                  //2. 写入一个占位符，表示整个字节流的长度为 4 字节
WritwInt(stream, 0);
                                                  //3. 写入字典词条数量
WritwInt(stream, mDictionary.Count);
foreach (string Name in mDictionary.Keys)  //写入每个词条
{
byte[] buffer = Encoding.UTF8.GetBytes(Name);
int len = (int)buffer.Length;
WritwInt(stream, len);                            //先写入长度
stream.Write(buffer, 0, len);                     //再写入数据
buffer = mDictionary[Name];
len = buffer.Length;
WritwInt(stream, len);                            //先写入长度
stream.Write(buffer, 0, len);                     //再写入数据
}
byte[] result = stream.ToArray();
int size = result.Length;
result[4] = (byte)((size >> 24) & 0xFF);   //修改占位符数据
result[5] = (byte)((size >> 16) & 0xFF);
result[6] = (byte)((size >> 8) & 0xFF);
result[7] = (byte)(size & 0xFF);
return result;
}
public string GetHexString()                      //转换为十六进制编码的字符串
{
byte[] buffer = GetBytes();
StringBuilder result = new StringBuilder(buffer.Length * 2);
for (int i = 0; i<buffer.Length; i++)
{
result.Append(buffer[i].ToString("X2"));
}
return result.ToString();
```

```
}
public static IotDictionaryConvertBytesToIotDictionary(string HexString, Int32 _flag)
{
byte[] buffer = new byte[HexString.Length / 2];
for (int i = 0; i<buffer.Length; i++)
{
buffer[i] = byte.Parse(HexString.Substring(i * 2, 2),
System.Globalization.NumberStyles.AllowHexSpecifier);
}
return ConvertBytesToIotDictionary(buffer, _flag);
}

static int ReadInt(Stream Stream)
{
int b1, b2, b3, b4;
b1 = Stream.ReadByte();
if (b1 < 0) b1 = b1 + 256;
b2 = Stream.ReadByte();
if (b2 < 0) b2 = b2 + 256;
b3 = Stream.ReadByte();
if (b3 < 0) b3 = b3 + 256;
b4 = Stream.ReadByte();
if (b4 < 0) b4 = b4 + 256;
return (b1 << 24) + (b2 << 16) + (b3 << 8) + b4;
}
public static IotDictionaryConvertBytesToIotDictionary(byte[] buffer, Int32 _flag)
{
if (buffer.Length < 8) return null;
MemoryStream stream = new MemoryStream(buffer);
                                                  //1. 读取标志
int len = ReadInt(stream);
if (_flag != len) return null;                    //非系统通信数据或乱码
                                                  //2. 读取数据总长
len = ReadInt(stream);
if (buffer.Length < len) return null;             //数据长度不对
                                                  //3. 读取词条数目
int size = ReadInt(stream);
if (size > 100) return null;                      //不能超过100个词条
int count = 0;
IotDictionary json = new IotDictionary(_flag);
while (count < size)                              //读取所有词条
{
count++;
len = ReadInt(stream);                            //词条名字长度
byte[] destBuffer = new byte[len];
stream.Read(destBuffer, 0, len);
String Name = Encoding.UTF8.GetString(destBuffer); //词条名字
len = ReadInt(stream);                            //词条内容长度
destBuffer = new byte[len];                       //词条内容
stream.Read(destBuffer, 0, len);
json.mDictionary[Name] = destBuffer;              //添加一个项
```

```
}
return json;
}
}
```

字典类中词条的增、删、改方法，比较容易理解。最关键的 2 个方法是实例方法 GetBytes 和静态方法 ConvertBytesToIotDictionary。前者把字典内容转换成字节数组，方便在网络传输；后者把字节数组转换为字典结构，用于把接收的网络数据转换成字典，便于程序处理。仔细观察代码结构，可以确定字典转换为数组的结构（见表 1-1）。

表 1-1 物联网设备监控平台通信数据包结构

第一部分	第二部分	第三部分	第四部分			
Flag 标志	数组全部长度	字典词条数目	N 个词条集合（以下是一个词条的结构）			
			词条名称长度	词条名称	词条内容长度	词条内容
4 字节	4 字节	4 字节（值为 N）	4 字节（Len1）	Len1 字节	4 字节（Len2）	Len2 字节

2. 物联网设备监控平台通信数据包结构

一个标准的通信数据包，其结构见表 1-1。

数据格式协议使用字典结构可以传递任意复杂的数据，通过 IotDictionary 对象处理起来方便可靠，通过标志和长度可验证其合法性。当然，也可增加校验部分，但为减少计算量，本开发系统没有增加该部分结构。

从转换方法中可以了解到，全栈项目对字符串处理约定都是采用 UTF8 编码方式处理。

在监控中心和客户端之间（DMC-CLIENT）、监控中心与监控进程之间（DMC-DMP）、监控进程与监控驱动程序之间（DMP-DMD）的通信（如图 1-5 所示），都是使用标准的字典结构，用统一的方式对设备进行监控的。

设备监控驱动与具体设备间的通信（DMD-DMS）可以是非标准的。但如果是标准的字典结构，我们称这些设备为标准兼容设备，使用已经设计完成的通用监控驱动就可以接入这些设备到监控平台。而“非标准”设备，则需要特定监控驱动程序起到翻译的作用。把平台的字典结构指令，解析为设备本地的指令格式，从而控制设备工作；或者把设备的状态数据转换为字典结构，然后传递给监控平台统一处理。

1.2.3 设备监控协议

设备通用描述协议只描述了设备结构。对设备的监控方法，也应该有通用的接口描述，包括监控内容和监控方法，以减少监控指令的复杂度，满足大部分通用监控要求。

1. IMonitorSystemMethod

为方便设备监控驱动程序的设计，本全栈开发项目把操控设备的方法定义成标准接口。根据监控系统的组成结构，设计了两个主要接口类，分别用于两个主要的设备层，定义在 IMethod.cs 文档中。把属性和方法分别定义在不同的接口类中，隔离了它们之间的紧密联系，在实现具体的设备监控驱动程序时，不变的属性处理部分就可以用通用代码实现，无需重复编写（见后面的介绍）。设备商只需关注设备监控的方法处理。

IMonitorSystemMethod 接口，就是在为监控系统 MonitorSystem 对象设计的方法。定义的内容如下，基本满足了设备监控的需要。

```
public interface IMonitorSystemMethod      //监控系统对象需要实现的方法
{                                           //只定义了7个方法
void InitComm(object[] commObjects);       //设置通信对象
void InitDeviceSystem();                    //监控系统的设备系统初始化
void Login(object[] loginParas);           //由父类完成登录方法。一般不用
void LoadSubDeviceSystems();                //设备变化时，需要重新装入监控设备的内容
IsubDeviceSystemMethod FindSubDeviceSystem(IsubDeviceSystemBase subDevSystem);
void ProcessDeviceSystemData(object sender,byte[] states);
void ProcessNotifyData(byte[] cmds);
}
```

（1）InitComm（object[] commObjects）。

设备监控驱动程序所需要的通信对象是由 DMP 产生，通过该方法传递给 DMD 的。DMP 需要在调用该方法之前，根据 DMD 的通信要求正确设置通信对象数组 commObjects。之所以放在 DMP 中实例化通信对象，是因为可以通过可视界面调节通信参数并保存；而 DMD 是以黑匣子方式运行的，不方便重新设置参数。项目设计的约定如下。

① 数组第一个通信对象 commObjects[0]是 RS232 通信对象 SerialPort。如果不是该类型通信方式，一般传递过来的是 NULL。DMD 只关心它需要的通信对象。

② 数组第二个通信对象 commObjects[1]是 TCP/IP 通信对象，有以下两种可能性。

a．如果设备系统为通信服务端（bServer 为真），commObjects[1]是一个客户端 socket 对象，已经用 MyTcpClient 类封装了（参见源代码），它是 DMP 建立的客户端通信对象，DMP 使用它去主动连接设备系统。

b．如果 DMP 为服务端（bServer 为假），commObjects[1]是 DMP 已经连接的客户端设备的通信对象列表，对应着每个设备系统 DeviceSystem。客户端设备的通信对象 ConnectClient 也已经在项目中封装实现（参见源代码）。

③ 数组的第三个通信对象 commObjects[2]是进程间通信对象 ShareMemory（参见源代码 ShareMemory.cs）。它是必需的，用于 DMP 与 DMD 之间的通信。

④ 数组的第四个通信对象 commObjects[3]是 DMP 进程的有关信息和状态的对象 SmartHomeChannel（参见源代码 SmartHomeChannel.cs）。DMD 可根据需要获取其中的一些信息。

（2）InitDeviceSystem()。

监控系统的设备系统初始化方法。对硬件结构固定的设备，DMD 需要详细描述所有子设备信息，一般在 DMD 的构造函数或 InitComm 方法中完成。对于动态加入的设备，需要在 ProcessDeviceSystemData 方法中处理，根据监控协议动态加入设备。

（3）Login（object[] loginParas）。

登录设备系统的方法。如果设备系统要求登录，DMP 在构建 DMD 后，需要调用该方法。传递的参数一般为账号与密码。如果无须登录，该方法为空代码。

（4）LoadSubDeviceSystems()。

监控系统是允许设备动态接入的。当设备变化时（会收到相应通知），就需要重新装入设备的信息。由于本全栈项目的设计是把设备放在子设备系统 ISubDeviceSystemBase 之中管理的，该接口方法的名字也就设计成 LoadSubDeviceSystems，而不是 LoadDeviceSystems 或 LoadDevices。

（5）IsubDeviceSystemMethod FindSubDeviceSystem（IsubDeviceSystemBase subDevSystem）。

我们设计接口类 IMonitorSystemMethod 并没有定义直接控制设备的方法。我们把操控设备的方法定义在 IsubDeviceSystemMethod 接口中。主要是因为不同设备厂商，监控设备的方法协议是不同的，无法用通用的代码事先编码完成。所以必须要通过 IsubDeviceSystemBase 来找到监控方法的实例才能真正操控设备。因此才有了该接口方法。

（6）ProcessDeviceSystemData（object sender,byte[] states）。

设备厂家实现的处理底层设备上传数据的方法，sender 一般是通信对象。该接口是 DMD 的核心功能。至少要完成数据的解析、翻译，使其成为标准协议格式数据，并上传数据给 DMP，最后到达监控中心。

（7）ProcessNotifyData（byte[] cmds）。

DMD 需要及时获取监控中心下达的指令，把“标准”指令翻译成具体设备可以识别的本地指令，从而监控设备。设备商必须根据内部的通信协议，编写正确的“翻译”代码。

2. ISubDeviceSystemMethod

子设备系统 SubDeviceSystem，是设备接入监控系统的基本单元。对设备的监控方法，也就定义在 ISubDeviceSystemMethod 接口类中，对应着子设备系统（它需要实现该接口）。下面是该接口类的定义。

```
public interface ISubDeviceSystemMethod                    //子设备系统需要实现的设备监控方法
{
//硬件设备商必须完成的监控设备的方法，必须在监控驱动程序的 SubDeviceSystem 类中实现！下面是 12 个获
取设备状态信息的方法
bool GetDOState(ushort did);                               //获取本设备 DO 输出状态信息的方法
bool GetDIState(ushort did);                               //获取本设备 DI 输入状态信息的方法
bool GetAOState(ushort did);                               //获取本设备 AO 输出数据的方法
bool GetAIState(ushort did);                               //获取本设备 AI 输入状态的方法
bool GetSOState(ushort did);                               //获取子设备 SO 输出数据的方法
bool GetSIState(ushort did);                               //获取子设备 SI 输入状态的方法
bool GetOneDOState(ushort did, ushortsdid);                //获取设备特定 DO 子设备状态信息
bool GetOneDIState(ushort did, ushortsdid);                //获取设备特定 DI 子设备状态信息
bool GetOneAOState(ushort did, ushortsdid);                //获取设备特定 AO 子设备状态信息
bool GetOneAIState(ushort did, ushortsdid);                //获取设备特定 AI 子设备状态信息
bool GetOneSOState(ushort did, ushortsdid);                //获取设备特定 SO 子设备状态信息
bool GetOneSIState(ushort did, ushortsdid);                //获取设备特定 SI 子设备状态信息
//3 个控制子设备工作状态的方法，只对输出子设备有效
void SendDO(ushort did, ushortsdid, bool On);              //对 DO 输出子设备发送指令
void SendAO(ushort did, ushortsdid, double[] value);       //对 AO 输出子设备发送指令
void SendSO(ushort did, ushortsdid, byte[] value);         //对 SO 输出子设备发送指令
}
```

6 个 GetOneXXState（ushort did, ushortsdid）方法：获取指定设备编号（did）中指定子设备编号（sdid）的状态数据。

在开发全栈项目的设备监控驱动程序的过程中，做了如下约定。

- DO 子设备：状态数据就是 PowerState 属性。参见源代码中 IdeviceSystem.cs 文档。设备收到该指令后，通常会把该状态数据发给监控驱动程序 DMD，由 DMD 转换为字符串“1”或“0”，加入通信字典中的“value”词条中；再上传到 DMP。以下子设备的通信过程是类似的，不重复介绍。
- DI 子设备：状态数据就是 HasSignal 属性。最终以字符串“1”或“0”传递到 DMC。

- AO 子设备：状态数据就是 AoValue 属性。最终把双精度浮点数以字符串的形式传递到 DMC。小数点位数由 DotPlace 属性决定。例如空调温度控制，最终表达为“25.5”的字符串。
- AI 子设备：状态数据就是 AiValue 属性。最终把双精度浮点数以字符串的形式传递到 DMC。小数点位数由 DotPlace 属性决定。例如经度坐标，最终表达为“119.231091”的字符串。
- SI 子设备：状态数据就是 SiValue 字节数组属性。由于流设备还有多种子分类，我们约定：对于“TEXT”类型的子设备，DMD 会转换为字符串上传；对于其他子分类，以字节数组原样上传。对于 SO 子设备，DMD 的处理方式一样。与 AI、AO、DI、DO 不一样的是，加入通信字典中的词条是“stream”词条，而不是“value”词条。
- 6 个 GetXXState（ushort did）方法：获取指定设备编号 did 的所有状态数据。
- DI、DO 子设备：是由“1”或“0”组成的字符串，如“1100”。
- AI、AO 子设备：是由数值字符串拼接的字符串，每个数值之间用英文逗号隔开，如“25.4,75.67,119.3214”表示 3 个模拟量子设备状态的数据。

SO、SI 子设备只对全“TEXT”子类的设备有效，各子设备的字符串之间用英文“*”号隔开，如“您好*2019-11-11*星期一”。对非“TEXT”类型的设备，该指令无效。只能使用单个子设备状态获取指令。

SendDO()方法，是控制具体 DO 子设备开、关工作的方法。第三个参数是控制参数。

SendAO()方法，是控制具体 AO 子设备工作状态的方法。注意：第三个控制参数是数值数组，意味着可以传递多个数值进行较复杂的控制。数值类型由设备商决定，大多情况下可能是一个 double 类型的数值。

本全栈开发项目没有使用整数、枚举和单精度浮点数类型，统一用双精度 Double 数据类型来描述模拟量数据。DMD 程序需要开发商自己去转换成需要的其他类型数据。

SendSO()方法，是控制具体 SO 流媒体子设备工作状态的方法。传递的控制参数是字节数组。这意味着可以传递任何数据，如文本、图像、文件等。

这 15 种接口方法，足以对设备进行全方位的监控，满足了通用监控的要求。

3. IotMonitorProtocol.cs

监控中心或移动 App，需要用统一的方式对设备下达监、控等各种指令。设备返回的信息也必须包含特定指令，表明信息的类型。

IotMonitorProtocol 类定义了目前支持的指令类型。指令用字符串表示，内容如下。

```
public class IotMonitorProtocol                          //物联网设备监控通信协议
{
public static string LOGIN = "500";                      //客户登录指令
public static string AppSTATE = "501";                   //获取所有 DMP 程序状态
public static string STARTApp = "502";                   //通知 DMC 启动或结束 DMP
public static string SHOWDMMUI = "503";                  //通知 DMP 显示或隐藏
public static string UPDATEPICTURE = "504";              //请求更新显示图片
public static string SHACTRL = "505";                    //给某个 DMP 系统的设备发指令
public static string DEVSTATE = "506";                   //获取或报告某个设备的状态数据
public static string GETTASK = "507";                    //获取智能监控的任务数据
public static string MENDTASK = "508";                   //修改智能监控的任务数据
public static string RUNTASK = "509";                    //通知 SHS 执行某个任务
public static string GETALARM = "510";                   //获取智能监控设置
```

```
public static string MENDALARM = "511";          //修改智能监控设置
public static string TEXT = "512";               //文本通知命令
public static string CAMERA = "513";             //有关摄像头操作
public static string SCREEN = "514";             //获取 DMC 屏幕图像
public static string SETALARM = "515";           //设防/撤防
public static string MESSAGE = "516";            //移动端留言给服务器
public static string NEWDEVICE = "517";          //有新设备接入通知
public static string MENDDEVICE = "518";         //修改智能监控的设备信息
public static string REBOOT = "519";             //重新启动监控中心的计算机
public static string CLIENTEXIT = "520";         //客户端退出
public static string ERRHINT = "521";            //通用错误信息提示
public static string TESTCONECTION = "522";      //通信测试是否连接
public static string ASKUSERINFO = "530";        //请求 DMC 的用户信息
public static string DEVICESYSTEMINFO = "531"; //子设备系统的详细信息
public static string MENDCLOUNDIP = "532";       //修改连接云服务器的地址和端口
public static string NEWCLIENT = "540";          //有新客户登录
public static string POSITIONCHANGED = "541";    //设备（不是子设备）位置有变化
}
```

目前定义了 20 多种常用指令。这些指令里作为监控通信数据字典中最重要的一个词条是“cmd”。cmd 不同时，携带的其他词条会不同。本全栈开发项目定义了表 1-2 中常用的一些词条。最重要的两个是获取设备状态信息的指令“506”和控制设备工作的指令“505”。其他指令都是一些辅助指令，帮助系统实现常用的业务功能。

约定：词条名称，全部小写；词条内容，除了字节数组外，全部用字符串表示数据。

表 1-2 物联网设备监控平台通信字典通用词条

词条名称	含义	通信对象、范围、说明
cmd	指令词条，必须有；代表数据包的意义；在 IotMonitorProtocol 类中定义	CLIENT ←→DMC ←→DMP ←→DMD
dmid	指定监控系统标识号	CLIENT ←→DMC ←→DMP ←→DMD
dsid	指定设备系统标识号	CLIENT ←→DMC ←→DMP ←→DMD
ssid	指定子设备系统标识号	CLIENT ←→DMC ←→DMP ←→DMD
did	指定设备标识号	CLIENT ←→DMC ←→DMP ←→DMD
sdid	指定子设备标识号	CLIENT ←→DMC ←→DMP ←→DMD
type	指定子设备类型	CLIENT ←→DMC ←→DMP ←→DMD
value	DI、DO、AI、AO 子设备的状态字符串	CLIENT ←→DMC ←→DMP ←→DMD
stream	SO 子设备的状态字节数组	CLIENT ←→DMC ←→DMP ←→DMD，用于登录时，传递用户信息表。其他情况视 cmd 而定
user	登录用户名	CLIENT←→DMC
password	登录密码	CLIENT←→DMC
login	登录返回值	1：要求重新登录；OK：登录成功
right	登录成功后返回的用户权限字符串	
cloud	远端通信服务器发来信息的标志	1/0/null（不存在）
rmtdev	是否为设备远程接入	有：表示通过云端通信服务器接入
description	设备系统等的描述信息	文本

续表

词条名称	含义	通信对象、范围、说明
dmm	专用 DMP 连接到云端标志	DMP ←→ cloud（云通信服务器）
dmc	DMC 连接到云端标志	DMC ←→ cloud
err	错误提示信息	CLIENT ←→DMC ←→DMP ←→DMD
text	错误提示信息	CLIENT ←→DMC ←→DMP ←→DMD
deviceinfo	设备系统接入时报告的设备信息	DMP←→ cloud（云通信服务器），DMP ←→DMD
rmtdevip	远程设备的 IP 地址	
state	DMP 的运行状态	1：在线运行；0：没有启动
start	启动或停止 DMP 的工作	
visible	显示或隐藏 DMP 进程	
pic	图像文件名	CLIENT ←→DMC
size	数据大小	
need	是否需要某种操作	1/0
act	控制设备工作的参数	CLIENT ←→DMC ←→DMP ←→DMD
task	场景任务名称	CLIENT ←→DMC，“插座 1B 打开.act”
index	传输数据的索引号	CLIENT ←→DMC
plan	总智能监控文件名	CLIENT ←→DMC，“Monitor.alm”
timetask	是否定时任务	CLIENT ←→DMC
alarm	具体监控报警文件名	CLIENT ←→DMC
set	设防/撤防	CLIENT ←→DMC
senderip	发送者 IP 地址	CLIENT ←→DMC ←→cloud
sourceip	源设备 IP 地址	CLIENT ←→DMC ←→cloud
x	坐标位置经度	DMC ←→DMP ←→DMD
y	坐标位置纬度	

根据需要，指令词条 cmd 携带了不同的其他词条。设计的原则就是，数据字典携带的信息必须是自我完备的、无状态的独立结构，不依赖于已有通信指令或后续指令。

通用的词条数量是有限的，可以防止过度膨胀带来的复杂性。出于特殊需要，也可以自行扩展词条，但只能在企业组织内部使用。监控中心也不会处理这些词条，除非我们重新改写了本项目的源代码，或者改写客户端代码来处理它们。

1.2.4 核心协议的实现

一个程序，如果完全实现了核心协议，就可以成为设备监控驱动程序。为方便使用，编译成 dll 链接库的形式。通过编写监控驱动程序，发现大量的代码是相同的。为减少开发工作量和难度，本全栈项目把不变的部分代码提前实现，并与核心协议编译成一个通用的程序：SmartControlLib.dll。设备商在开发自己的监控驱动程序时，只需引用该程序即可完成大部分工作，专心于具体设备的交互过程。解决方案中的 CommAssembly/SmartControlLib 项目，就是完成该任务的。

Devices.cs 和 MonitorSystem.cs 两个文档是最重要的实现文档。其他一些文档是辅助性的，内容也较多，请自行阅读。下面介绍 Devices.cs 实现的内容。

1. Devices.cs

文档代码较多，超过 2000 行代码。总体上看是实现了最底层的设备和子设备对象，如图 1-13 所示。Device 类实现了 IDevice 接口，结构如下（这是 C#版本，Java 版本见第 7 章）。

```
11    namespace SmartControlLib
12    {
13        // ====== 本文档实现完成C#语言的底层设备描述协议 =====// ...
          6 个引用
15        public class Device ...
522
523       /// <summary> 6个子设备的类定义
          34 个引用
526       public class DeviceDI ...
          30 个引用
832       public class DeviceDO ...
          28 个引用
1165      public class DeviceAI ...
          24 个引用
1472      public class DeviceAO ...
          33 个引用
1782      public class DeviceSI ...
          25 个引用
2111      public class DeviceSO ...
2416  }
```

图 1-13 设备相关类的实现

```
public class Device : IDevice
{
……
public string GetState(DeviceTypeDeviceType)…                    //获取某类设备的状态信息
public void ReadFromStream(BinaryReaderbr)…                      //对象数据从二进制流中读取
public void WriteToStream(BinaryWriterbw)…                       //设备信息写入二进制
……
}
```

Device 的属性很容易理解，主要关注 3 个方法。其中，属性读写方法的代码是重点。先来看写入方法。

```
public void WriteToStream(BinaryWriter bw)
{
StreamReadWrite.WriteShort(bw, SSID);                             //先写入设备本身有关属性
StreamReadWrite.WriteShort(bw, DID);
StreamReadWrite.WriteBoolean(bw, Used);
StreamReadWrite.WriteString(bw, DeviceName);
StreamReadWrite.WriteString(bw, PositionDescription);
StreamReadWrite.WriteString(bw, IEEEOrMacAddress);
StreamReadWrite.WriteDouble(bw, X);
StreamReadWrite.WriteDouble(bw, Y);
StreamReadWrite.WriteDouble(bw, Z);
StreamReadWrite.WriteInt(bw, Tag);
StreamReadWrite.WriteString(bw, Memo);
//以下写入 6 类子设备的信息
StreamReadWrite.WriteShort(bw, (ushort)DIDevices.Count);       //DI 子设备的数量
for (int i = 0; i<DIDevices.Count; i++)
{
IDeviceDI device = DIDevices[i];  device.WriteToStream(bw);
}
StreamReadWrite.WriteShort(bw, (ushort)DODevices.Count);       //DO 子设备的数量
```

```
for (int i = 0; i<DODevices.Count; i++)
{
IDeviceDO device = DODevices[i];  device.WriteToStream(bw);
}
StreamReadWrite.WriteShort(bw, (ushort)AIDevices.Count);    //AI 子设备的数量
for (int i = 0; i<AIDevices.Count; i++)
{
IDeviceAI device = AIDevices[i];  device.WriteToStream(bw);
}
StreamReadWrite.WriteShort(bw, (ushort)AODevices.Count);    //AO 子设备的数量
for (int i = 0; i<AODevices.Count; i++)
{
IDeviceAO device = AODevices[i];  device.WriteToStream(bw);
}
StreamReadWrite.WriteShort(bw, (ushort)SIDevices.Count);    //SI 子设备的数量
for (int i = 0; i<SIDevices.Count; i++)
{
IDeviceSI device = SIDevices[i];  device.WriteToStream(bw);
}
StreamReadWrite.WriteShort(bw, (ushort)SODevices.Count);    //SO 子设备的数量
for (int i = 0; i<SODevices.Count; i++)
{
IDeviceSO device = SODevices[i];  device.WriteToStream(bw);
}
}
```

程序流程十分简单。写入子设备的信息调用了子设备的写入方法。

读取数据的过程应该与写入的过程一一对应，不能有任何的顺序错误。具体请自行阅读代码。此方法虽然简单明了，但也有缺陷，就是升级比较麻烦，会造成前后版本数据格式的不一致，不能通用；如果考虑通用性，可以使用 XML 文档存储，但也有不安全因素，XML 文档很容易被修改；也可考虑使用数据库存储，设计一个通用的数据库操作接口完成该任务，但由于数据库操作较复杂，需要安装相应数据库系统，对普通使用者而言过于复杂，体验差，因此本全栈项目没有采用。考虑通用性的原因，计划下个版本改用 XML 文档或 JSON 文档。

需要注意的是，Device 类并没有实现操控子设备的方法。

6 个子设备的实现都是类似的，主要实现了属性的存储读写方法，如图 1-14 所示。

图 1-14　子设备类实现了属性的读写方法

由于把操控设备的方法转移到了上层的子设备系统 SubDeviceSystem 中，所以设备相关类的结构完全是确定的，系统可以提前把它编码实现。

2. MonitorSystem.cs

从图 1-9 的设计中知道，监控进程 DMP 是使用最上层的 ImonitorSystemBase 来管理整个设备的。对应地，需要实现这 3 个管理对象。我们发现，把设备的具体监控方法和数据处理方法放在接

口 IsubDeviceSystemMethod 和 ImonitorSystemMethod 之中后，这些对象完全是结构固定的管理对象，可以提前设计类来编码实现。在具体编写设备监控驱动程序时，继承这些类，再实现 IsubDeviceSystemMethod、IMonitorSystemMetho 接口即可完成设计。

图 1-15 所示是基础监控系统类 MonitorSystemBase 的结构，主要完成整个监控系统内设备属性的数据读写、存储。目前的设计是把数据存储在一个单独的二进制文件中。

```
public class MonitorSystemBase : IMonitorSystemBase, IWriteReadInterface
{
    接口属性实现
    12 个引用
    public MonitorSystemBase(string _filename)   //带参数的构造函数...
    0 个引用
    ~MonitorSystemBase()...
    23 个引用
    public void Clear()...

    #region 监控进程管理的设备系统的数据读写方法
    3 个引用
    public void ReadFromFile(string filename)  //从文件读入DeviceSystem对象的数据...
    27 个引用
    public void SaveToFile()    //MonitorSystem对象写入文件...
    42 个引用
    public void ReadFromStream(BinaryReader br) // 从流中读入SH对象的数据...
    44 个引用
    public void WriteToStream(BinaryWriter bw)   //设备系统对象写入流...
    3 个引用
    public byte[] GetBytes()...
    3 个引用
    public void ReadFromBuffer(byte[] buffer)...
    3 个引用
    public IMonitorSystemBase Copy()...
    #endregion
    11 个引用
    public IDeviceSystemBase NewDeviceSystem()...
    99+ 引用
    public override string ToString()...
}
```

图 1-15 基础监控系统类的实现

约定： DMP 用文件“monitorSystem.iot”来存储监控系统数据。各设备最近一次的状态数据被保存起来。需要注意的是，该类并没有实现设备的监控操作，而是放在设备监控驱动程序中实现，因为它们与具体设备有关。

类似地，图 1-16 所示是基础设备系统类的结构。

```
public class DeviceSystemBase : IDeviceSystemBase, IWriteReadInterface
{
    接口属性实现
    2 个引用
    public DeviceSystemBase(IMonitorSystemBase owner)  //通过依赖注入，实现调用父类分属性或方法...
    0 个引用
    ~DeviceSystemBase()...
    4 个引用
    public void Clear()...
    #region 监控进程管理的设备系统的数据读写方法
    42 个引用
    public void ReadFromStream(BinaryReader br) // 从流中读入DeviceSystem对象的数据...
    44 个引用
    public void WriteToStream(BinaryWriter bw)   //DeviceSystem对象写入流...
    1 个引用
    public byte[] GetBytes()...
    1 个引用
    public void ReadFromBuffer(byte[] buffer)...
    #endregion
    9 个引用
    public SubDeviceSystemBase NewSubDeviceSystem()...
    99+ 引用
    public override string ToString()...
}
```

图 1-16 基础设备系统类的结构

与基础监控系统类一样，GetBytes 和 ReadFromBuffer 方法可方便对网络通信数据进行转换处理。

图1-17所示是基础子设备系统类SubDeviceSystemBase的结构。可以看到，它实现了数据的读写操作。

```
public class SubDeviceSystemBase : ISubDeviceSystemBase, IWriteReadInterface
{
    接口属性实现
    3 个引用
    public SubDeviceSystemBase(IDeviceSystemBase owner)  //带参数的构造函数[...]
    0 个引用
    ~SubDeviceSystemBase()[...]
    3 个引用
    public void Clear()[...]
    #region 子设备系统数据读写方法:统一了!
    42 个引用
    public void ReadFromStream(BinaryReader br) // 从流中读入子设备系统的数据[...]
    44 个引用
    public void WriteToStream(BinaryWriter bw)  //子设备系统对象写入流[...]
    1 个引用
    public byte[] GetBytes()[...]
    1 个引用
    public void ReadFromBuffer(byte[] buffer)[...]
    #endregion
    11 个引用
    public IDevice NewDevice()[...]
    99+ 引用
    public override string ToString()[...]
}
```

图1-17 基础子设备系统类的结构

至此，监控驱动程序绝大部分不变的内容已经实现，系统核心协议也体现在其中。枯燥无味的部分结束了，接下来该进入系统的设计开发了。

提示： 本章是整个平台系统的底层基础和原理。建议花几天或几周的时间来完全理解其内容，这对于后续提高开发效率至关重要。

第 2 章

无线传感器网络应用设计

无线传感器网络（Wireless Sensor Network，WSN）是本科物联网专业的必修课，是物联网应用系统中智能感应层很重要的技术，涉及传感器数据采集、无线组网传输和应用。本章将结合全栈项目的开发，选择 3 个案例来讲解。

有关 WSN 的内容，读者可参考相关图书，需要学习 C 语言、基本的 ZigBee 组网原理、ZStack 协议栈及传感器原理后，再详细阅读本章内容。

如果是使用其他单片机或处理器采集数据（如 Arduino、树莓派），使用其串口或 Wi-Fi 模块连接到监控中心，学完单片机、传感器课程后，使用相关知识也可完成底层的数据采集和上传；但缺少组网传输功能，不能大规模采集数据传输，因为监控中心的通信资源是有限的。本全栈项目使用 ZigBee 无线组网技术实现数据传输。

本案例使用了 ZigBee 组网、串口通信、数据采集传输等具体技术，硬件结构如图 2-1 所示。

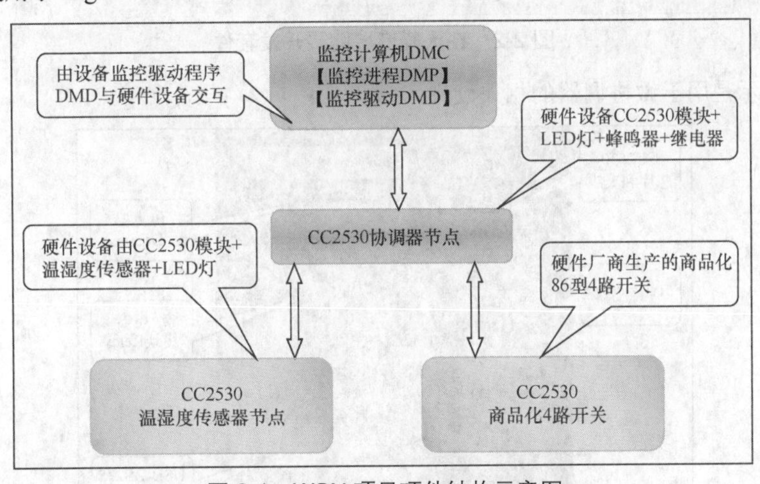

图 2-1　WSN 项目硬件结构示意图

项目要求如下。

（1）温湿度传感器节点与协调器节点组网，采集环境温、湿度数据，并周期性报告给协调器，协调器再上传到监控进程 DMP。

（2）协调器可接收 DMP 发来的获取状态的指令，返回传感器节点采集的温湿度数据或自身蜂鸣器、继电器、LED 灯的工作状态。

（3）可接收 DMC 发来的控制指令，控制蜂鸣器的响起或关闭、LED 灯开关、继电器开关。硬件的联动，交给监控中心去协调，尽量保持各硬件子设备的独立性。

（4）4 路开关面板，对这个商品化的产品，重新编写嵌入式程序，可独立工作，也可接收指令对 4 路电源开关进行控制。

开发工具和硬件设备如下。

开发 IDE：IAR Embedded Workbench 6.0（本科学生应该使用它做过实验）。

协议栈：ZStack-CC2530-2.5.1a（在配套资源中提供，需了解 ZStack 的主要结构和内容）。

硬件：CC-Debug 调试器 1 个、CC2530 模块 2 个、温湿度传感器 1 个、继电器模块 1 个、小蜂鸣器 1 个、USB 转 RS232 转换线 1 根。

硬件可通过网络购买（见图 2-2）。一套含两个节点的开发套件约 300 元人民币。不同套件中的 CC2530 模块是一样的，外围电路可能稍有不同，参考配套资源中的电路图资料，稍微修改程序代码即可通用。

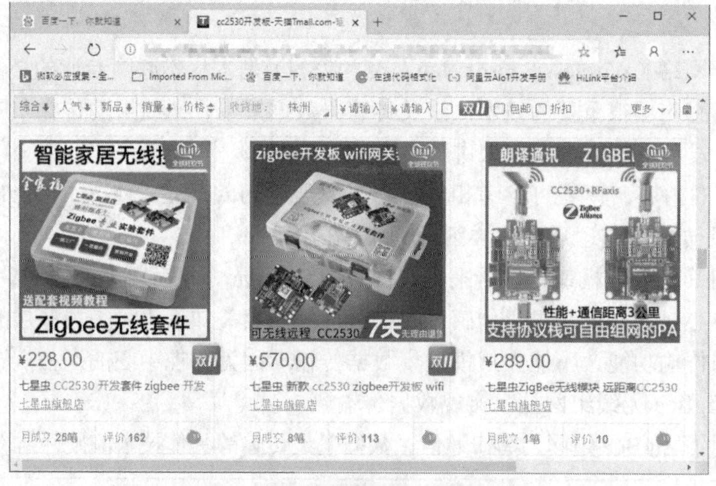

图 2-2 在天猫商城购买开发套件

图 2-3 所示是用于做协调器的相关硬件。

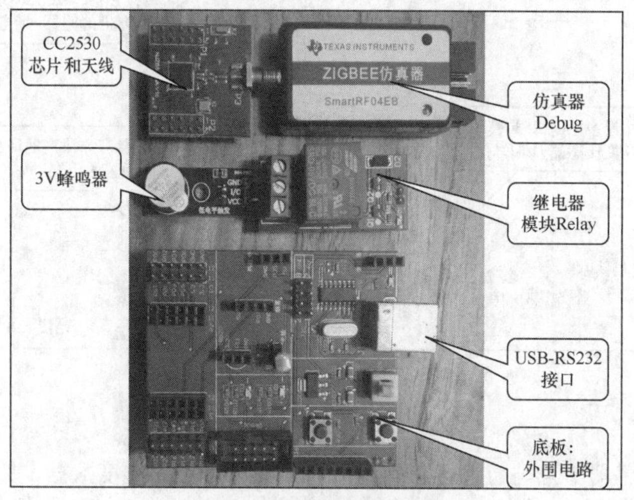

图 2-3 协调器节点硬件图

2.1 ZigBee 协调器节点设计

协调器的主要作用是 ZigBee 组网管理，兼具与外部设备（如 PC）的交互，具有“网关”的功能。开发项目程序是在 TI 公司提供 Sample 项目的基础上修改的。提供的项目具备了完整的组网通信功能，只需要修改配置文件即可满足我们的通信要求。修改的重点在于应用程序，以满足物联网设备监控的要求。

2.1.1 单片机通信协议的设计

首先需要设计的是设备的描述协议和控制协议。由于 CC2530 芯片集成的是 8051 增强型单片机，只有 256KB 存储器，因此使用 C 语言开发，尽量设计简单易用的通信协议。图 2-4 所示是协调器程序的结构，其中的 smprotocol.h 和 smprotocol.c 两个文档描述了底层系统使用的协议。由于该协议内容与监控中心定义的核心协议有所区别，需要为它们编写设备监控驱动程序才能接入监控中心。监控驱动程序的设计参见 8.2.1 小节。

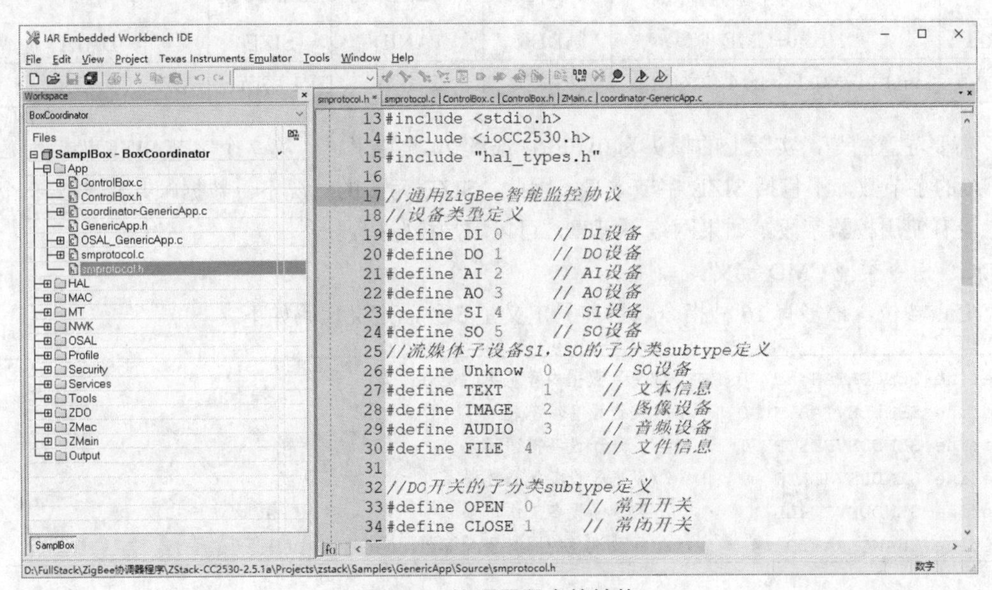

图 2-4 协调器程序的结构

1. smprotocol.h

该文档定义有关 ZigBee 设备类型常量、结构体和控制器协议结构的描述。

以下是有关设备类型的定义，与监控中心的核心协议基本一致，代码定义如下。

```
//通用 ZigBee 智能监控协议
```

A. 设备类型定义。

```
#define DI      0  //DI 设备
#define DO      1  //DO 设备
#define AI      2  //AI 设备
#define AO      3  //AO 设备
#define SI      4  //SI 设备
#define SO      5  //SO 设备
//流媒体子设备 SI、SO 的子分类 subtype 定义
```

```
#define Unknow  0  //SO设备
#define TEXT    1  //文本信息
#define IMAGE   2  //图像设备
#define AUDIO   3  //音频设备
#define FILE    4  //文件信息

//DO开关的子分类subtype定义
#define OPEN    0  //常开开关
#define CLOSE   1  //常闭开关
```

B．监控数据帧结构。

表2-1给出了监控协议的数据帧结构，在ZigBee网络内及其与DMD之间的通信使用该结构。

表2-1 监控数据帧结构

帧头	命令字节	16位地址	16位网络号	数据大小	内容
0xFF	0xF0+CMD	ADDR	PANID	SIZE	DATA
1字节	高4位为0xF，低4位为指令	2字节	2字节	1字节	SIZE（0～255）字节

需要注意的是，实际上的帧头为0xFFF，连续20比特“1”。第7个字节SIZE为后面数据DATA的字节数，不包括SIZE字节本身。因此，SIZE为2的情况下，数据帧共有7+2=9个字节。没有使用校验字段。如果网络不可靠，可以增加校验码。

C．指令类型CMD定义。

它占4位，最多有16种指令，目前只定义了5种，定义代码如下。

```
#define SENDDATAHead  0xFFF0//交互数据内容识头
#define SENDDEVTABLE  0     //发送设备信息表
#define SENDDEVDESCP  1     //发送子设备描述记录
#define SENDDEVSTATE  2     //发送子设备状态数据
#define SENDDEVCTRLL  3     //控制子设备工作指令
#define CHANGEPANID  4      //修改设备的网络号，需要NV_RESTORE编译开关支持
```

D．设备描述表。

用C的结构体描述整个设备的概况，代码如下。

```
typedef struct
{
  uint8 subdevices[6];        //6类子设备的数量描述
  uint8 description[24];      //设备简要描述，最多12个汉字，比如"通用ZigBee基站"
  uint16 PanID;               //16网络ID
  uint8 CC2530Address[8];     //64位IEEE地址：CC2530芯片
  uint8 WIFIAddress[6];       //6字节MAC地址：Wi-Fi芯片，暂时不用
} devicetable_t;              //设备功能描述结构体，46字节
```

其中的注释，都如代码表面传递的意思一致。

例子：subdevices[0]=2表示有2个DI设备；subdevices[1]=4表示有4个DO设备。

E．6类子设备的描述。

对每类具体子设备的描述，使用如下结构体。

```
typedef struct
{
  uint8 devicenumber;            //设备类型和序号
  uint8 unit[7];                 //度量单位文字描述，比如 mg/kg
  uint8 description[16];         //功能简要描述，最多 8 个汉字，比如"第一路开关"
  uint8 operation[16];           //操作简要描述，最多 8 个汉字，比如"输入控制温度"
  uint8 subtype;                 //子设备分类描述，主要针对 SI、SO 子设备
  uint8 dotNumber;               //AI、AO 子设备，数据小数点位数 0 ~ N
} devicedescription_t;           //子设备功能描述结构体，42 字节
```

devicenumber：成员变量表示子设备的类型和编号。表 2-2 为描述该字节的结构。

表 2-2 子设备描述字节的结构

Bit 7	Bit 6	Bit 5	Bit 4	Bit 3	Bit 2	Bit 1	Bit 0
子设备类型：000～110			子设备数量：最多 32 个（实际使用低 4 位）				

本系统只使用低 4 位，即实际子设备编号 0～15，第 5 位保留。

例子：devicenumber = 0x23（二进制 0010 0011），表示第四个 DO 子设备（从 0 开始编号）。

当低 5 位为 0x1F 时，代表所有子设备（不表示第 31 号子设备）。主要是为了编程方便，不需要去记忆到底有多少个子设备。

对于 DO 子设备，subtype 成员变量有常开和常闭之分；对 SI、SO 设备，要指定子分类。

对于 AI、AO 子设备，小数点成员 dotNumber，表示小数位数。

2. smprotocol.c

该文档定义了设备描述表和子设备描述体的指针变量，在设备初始化代码中，分配内存和填写具体内容，在组网或入网成功后，把这些数据发给 DMD。程序片段如下。

```
devicetable_t* deviceinfo;               //一个实际 ZigBee 硬件设备的 6 类子设备数量表
devicedescription_t* DODevices;          //DO 子设备描述
devicedescription_t* DIDevices;
devicedescription_t* AODevices;
devicedescription_t* AIDevices;
devicedescription_t* SODevices;
devicedescription_t* SIDevices;
```

还定义了几个方法，方便获取、设置子设备类型和编号，如下所示。

```
uint8 getdevicetype(uint8 adevice)      //获取设备的类型：高 3 位
{
    return adevice >> 5;
}
uint8 getdevicenumbers(uint8 adevice)  //获取设备的数量：低 5 位
{
    return adevice & 0X1F;
}
void setdevicetypeandnumbers(uint8 *adevice, uint8 type, uint8 numbers)
//设置子设备的类型和数量
{
    *adevice = (type << 5) + numbers;
}
```

这些协议是整个单片机监控系统的核心，是后续开发的基础，需要仔细理解。接下来进行应用程序的设计。

2.1.2 应用程序设计

协调器的主程序流程如图 2-5 所示。

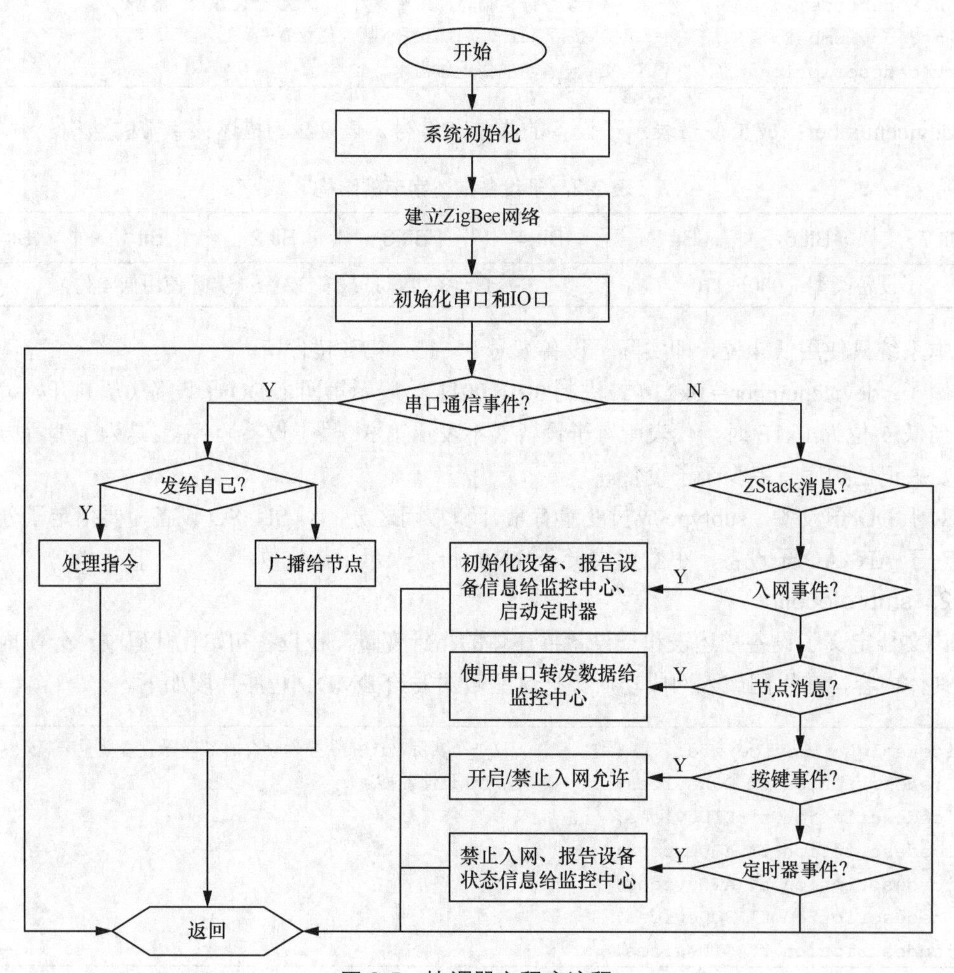

图 2-5 协调器主程序流程

系统初始化和组网管理在 ZSatck 协议栈已经实现（Sample 项目中的主程序 main 已经完成）。我们需要的是初始化应用程序需要的部分，在适当的地方插入我们的代码。

1. 设备及子设备的初始化

ControlBox.h 与 ControlBox.c 两个文档，用于描述协调器和实现实际设备。

ControlBox.h 文件定义了硬件设备 IO 口的实际接口。需要查看厂家提供的两个电路图，找到 IO 口对应的子设备，如图 2-6 所示。这两个文档——“NJZB5BB-V2014-5-1 底板.pdf”和“cc2530EM_ discrete_1_3_1-核心板原理图.pdf”在配套资源中提供。放在“ZigBee 协调器电路图”目录下。

提示： 虽然我们不做基础的电路板设计，但应该能看懂最基本的原理图。数字电路是计算机专业的一门课程，本科学生应该有看懂简单电路图的能力。代码片段见下页。

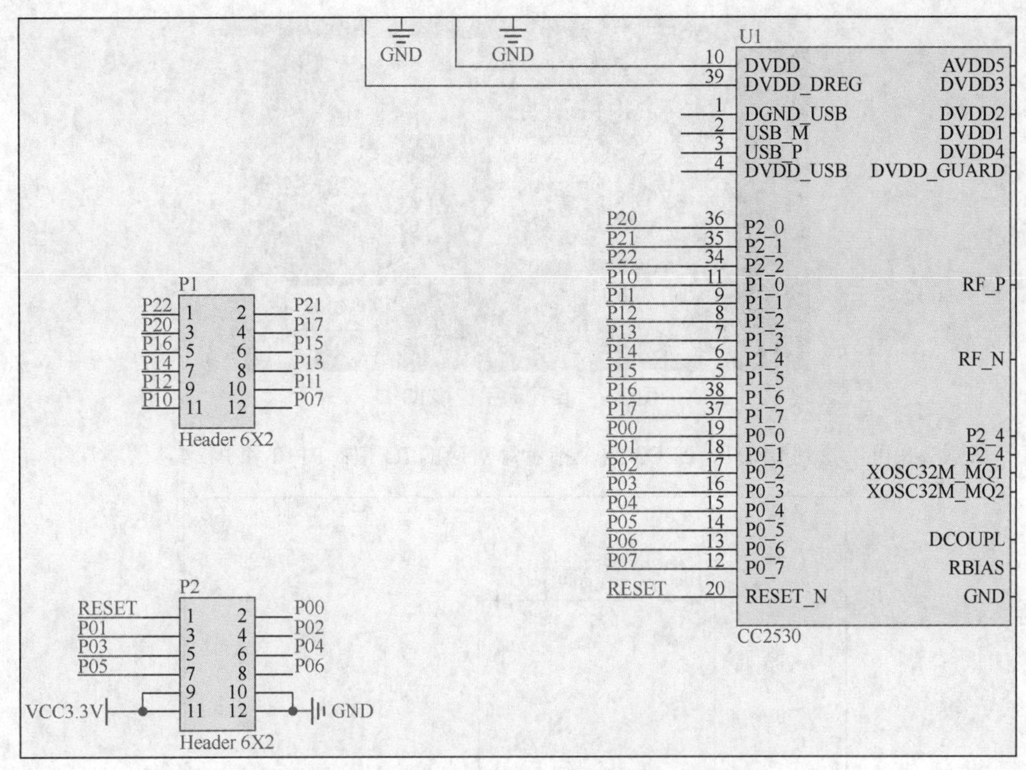

图 2-6　协调器 CC2530 与外围电路接口关系图

```
#define LED1   P1_0                              //底板上的 LED1 指示灯
#define LED3   P1_4                              //底板上的 LED3 指示灯
#define RELAY   P1_3                             //继电器开关
#define BUZZ   P0_7                              //蜂鸣器：低电平驱动(常闭开关)
#define KEY1   P0_1                              //底板上的 S1 按键
#define ACCEPTINNET   LED3                       //入网开关就用 LED3 代表
#define OFF 0
#define ON  1
#define SOUND   0                                //低电平响
#define NOSOUND 1                                //高电平关闭发声
extern void InitDeviceDescription(void);         //硬件厂家必须初始化子设备的描述
extern void Initdevicestable(void);              //硬件厂家必须描述子设备数量表
extern void DelayMS(uint16 msec);
```

我们用底板上的 LED3 灯作为协调器是否允许 ZigBee 节点入网的开关：灯亮——允许入网，灯灭——禁止入网。这样设计的原则就是，我们不希望 ZigBee 节点随意接入我们的传感器网络。由于我们使用了 NVRESTORE 编译开关，嵌入式程序启动时，会自动使用上次的网络配置连接参数。因此，传感器节点只要成功入网一次，下次重新开机，即使协调器入网开关关闭，节点也可接入网络，但新的传感器节点无法入网。

蜂鸣器需要 3.3V 供电，需要接地 GND，还需要一个输出口控制其发声和关闭。外围电路没有设计合适的接口电路，我们直接用 3 根杜邦线连接，如图 2-7 所示。

灰色线连接 3.3V 输出，蓝色线连接地 GND，红色线连接 P0_7 输出口。这样我们就可以在程序中控制 P0_7 输出口的电平，从而控制蜂鸣器的发声与静音。

提示： 在做实际项目开发时，电路尚未定型，一般使用开发板做测试。经常需要自己把传感器连接到处理器的特定 IO 口上。

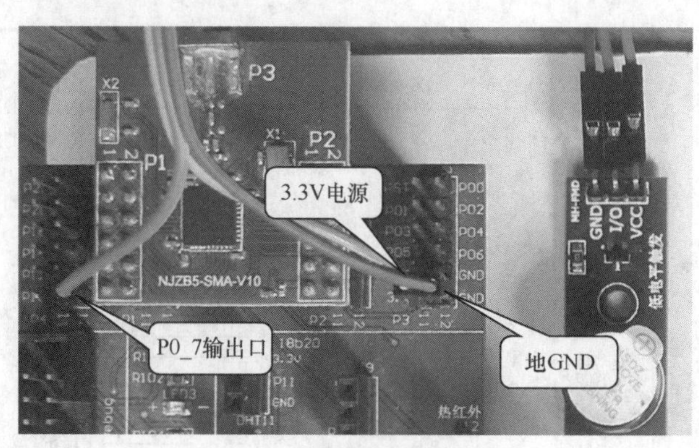

图 2-7 自己动手连接 IO 口

从图 2-8 可以找到 LED1、LED3 两个指示灯对应的 IO 口：P1_0 和 P1_4。

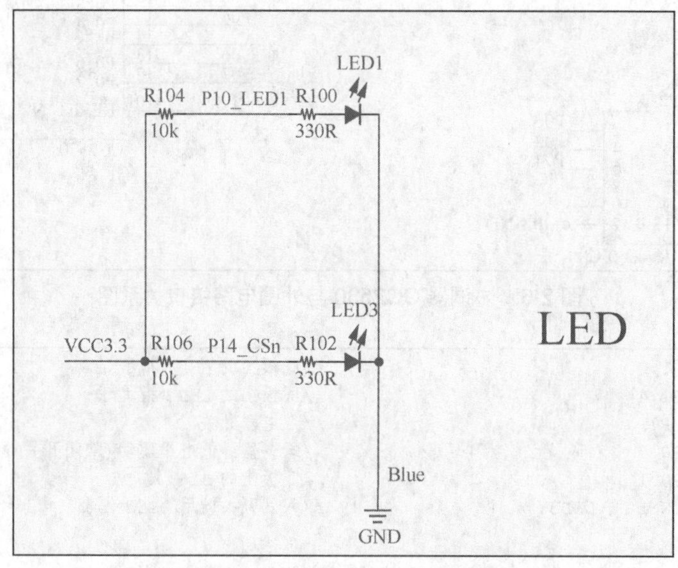

图 2-8 底板电路 LED 灯的连接 IO 口

从图 2-9 可以找到继电器的输出口 P1_3（代码定义为 RELAY），S1 按键的输入口 P0_1（代码定义为 KEY1）。

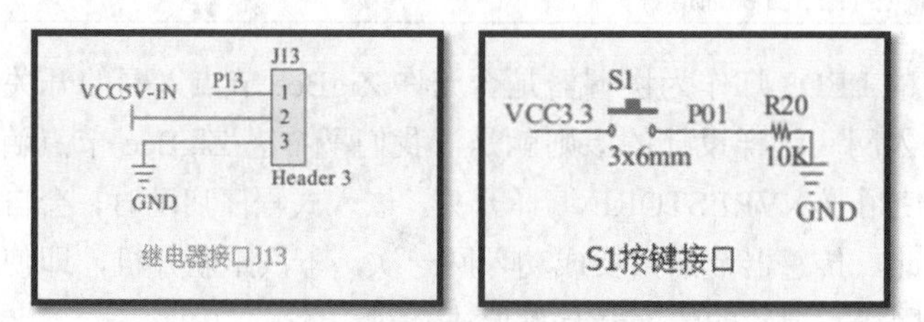

图 2-9 底板电路继电器和按键的连接 IO 口

自此，协调器的输入输出口确定了。在文档 Coordinator-GenericApp.c 中，我们定义了一个初始化 IO 口的函数，代码如下。

```
void InitLed(void)
{
P1SEL &= ~0x19;              //0001 1001=0x19;
P1DIR |= 0x19;               //P1.0、P1.3、P1.4 定义为输出：2 个灯+继电器
```

```
P0SEL &= ~0x80;          //1000 0000 = 0x80;
P0DIR |= 0x80;           //P0.7 定义为输出: 蜂鸣器
LED1 = ON;               //灯灭
ACCEPTINNET = ON;        //允许节点接入网络 LED3 = ON;
BUZZ=NOSOUND;            //蜂鸣器关闭

RELAY = OFF;             //继电器开关:断开
P0SEL |= 0x02;           //S1 按键 P0_1:输入设置
P0DIR &= ~0x02;          //P01 IN
}
```

该函数正确初始化了输入输出口。现在，4 个输出子设备 DO 和 1 个输入子设备 DI 可以正常工作了。该函数在 main 函数的第一行代码被调用。见 ZMain.c 的入口函数 main()。

2. 应用程序初始化

通过跟踪 main 函数，发现系统初始化时，调用了应用程序初始化函数。下面列出了调用过程。

主模块 ZMain.c 的 *main* 函数：→*osal_init_system()*→

OSAL.c：*osal_init_system()*→

OSAL_GenericApp.c：*osalInitTasks()*→

Coordinator-GenericApp.c：*GenericApp_Init(taskID)*

Coordinator-GenericApp.c 正是应用程序编写代码的模块。所以我们把自己需要的一些初始化代码插入该函数内，代码片段如下。

```
void GenericApp_Init( uint8 task_id )
{
GenericApp_TaskID = task_id;
GenericApp_NwkState = DEV_INIT;
GenericApp_TransID = 0;
My_SEND_MSG_TIMEOUT = 15000;                                    //消息上传的周期: 毫秒
GenericApp_DstAddr.addrMode = (afAddrMode_t)AddrBroadcast;      //广播通信模式
GenericApp_DstAddr.endPoint = GENERICApp_ENDPOINT;
GenericApp_DstAddr.addr.shortAddr = 0xFFFF;    //向所有节点广播, 参见 ZStack 协议栈
......
InitUART0();                                   //初始化串口通信
}
```

由于协调器使用串口与 DMD 通信，需要初始化串口。这里插入了笔者自己编写的串口初始化函数 InitUART0。具体代码参见配套资源中的源程序文档。当然，也可以把 InitLed 函数调用插入该函数内部。如果还有其他需要初始化的代码，也尽量集中安排在此处。比如，如果使用 Wi-Fi 芯片对外通信，那么也可把 Wi-Fi 初始化的代码插入该函数。

有意思的是，我们把协调器下发指令的通信方式设置为广播方式，而不是发给指定节点。因为通信数据包中含有目标节点的地址，节点程序接收到数据后，会判断其是否发给自己的数据。如果不是，则不理会。这样可以加快指令下发速度，同时又简化了编程复杂度。

应用程序初始化后，系统进入事件处理的循环中。当协调器组网后，会产生一个网络标识号 PANID，同时引发入网事件。事件处理函数 GenericApp_ProcessEvent 被调用。该函数也在应用程序模块 Coordinator-GenericApp.c 中定义。该函数在 OSAL_GenericApp.c 文件中被引用在一个任务处理函数数组中，也是该数组的最后一个元素。

```
const pTaskEventHandlerFntasksArr[] = {
    macEventLoop,
    nwk_event_loop,
    Hal_ProcessEvent,
    ……
    GenericApp_ProcessEvent
};
```

ZStack 协议栈程序给每个任务分配一个任务号和事件处理函数（未开源，没有跟踪到）。我们只需要在 GenericApp_ProcessEvent 函数处理感兴趣的事件即可。

3. 应用程序功能实现

Sample 项目是基于事件驱动的应用程序。一般在 GenericApp_ProcessEvent 函数中插入我们的代码可跟踪大多数事件的响应。我们最先关心设备入网事件 ZDO_STATE_CHANGE。

```
uint16 GenericApp_ProcessEvent( uint8 task_id, uint16 events )
{
    afIncomingMSGPacket_t *MSGpkt;
    afDataConfirm_t *afDataConfirm;
    ……
    if ( events & SYS_EVENT_MSG )
    {
      MSGpkt = (afIncomingMSGPacket_t *)osal_msg_receive( GenericApp_TaskID );
      while ( MSGpkt )
      {
    switch ( MSGpkt->hdr.event )
    {
    ……
    case ZDO_STATE_CHANGE:
    GenericApp_NwkState = (devStates_t)(MSGpkt->hdr.status);
    if ( (GenericApp_NwkState == DEV_ZB_COORD)
      || (GenericApp_NwkState == DEV_ROUTER)
      || (GenericApp_NwkState == DEV_END_DEVICE) )
    {
      if ( (GenericApp_NwkState == DEV_ZB_COORD) )//协调器组网成功
      {
         panid = _NIB.nwkPanId;                        //记录网络号
         Initdevicestable();                           //应用程序初始化后，要初始化“应用”硬件
         NotifyCoordinatorDevices();                   //！！入网后报告设备信息！！
         NLME_PermitJoiningRequest(0xFF);              //允许入网
         ACCEPTINNET = 1;                              //LED3 = ON;
         LED1 = ON;                                    //灯亮起，指示组网成功
         SendDOState();                                //报告 DO 设备状态给监控中心
         osal_start_timerEx( GenericApp_TaskID, GENERICApp_SEND_MSG_EVT,
         My_SEND_MSG_TIMEOUT );                        //启动定时器
      }
    }
      break;
    default:
      break;
    }
    osal_msg_deallocate( (uint8 *)MSGpkt );            //继续处理消息队列中的其他消息
    MSGpkt = (afIncomingMSGPacket_t *)osal_msg_receive( GenericApp_TaskID );
```

```
    }
    return (events ^ SYS_EVENT_MSG);
  }
  ......
}
```

只有组网成功监控系统才有意义，所以首先关注 ZDO_STATE_CHANGE 事件。代码中的加粗斜体部分，就是我们加入的代码。下面逐一介绍设计原理。

A．panid = _NIB.nwkPanId;

用于保存 ZigBee 网络号，便于以后生成数据包中的网络号字段。

B．Initdevicestable();

组网成功后，协调器也是一个设备，需要描述自身信息，并上传给监控中心的监控驱动程序 DMD。该函数很重要，所有节点都需要详细描述自身设备信息。初始化节点设备函数定义在“ControlBox.c”文档中，代码如下。

```
void Initdevicestable(void)
{
    deviceinfo = (devicetable_t *)osal_mem_alloc(sizeof(devicetable_t));//动态分配结构体
    memset(deviceinfo, 0, sizeof(devicetable_t));          //首先全部清零：没有任何子设备
                                                           //对 6 类子设备填写数据
    setdevicetypeandnumbers(&deviceinfo->subdevices[DO],DO,4);
                               //有 1 个 LED 灯 LED1，1 个继电器，1 个蜂鸣器，入网允许开关 LED3
    setdevicetypeandnumbers(&deviceinfo->subdevices[AO],AO,1);
    sprintf(deviceinfo->description,"ZigBee 网关");
    deviceinfo->PanID = _NIB.nwkPanId;                      //网络号 PANID 设置
    ZMacGetReq(ZMacExtAddr,deviceinfo->CC2530Address);
    InitDeviceDescription();                                //初始化子设备的描述
}
```

协调器设备只有 DO、AO 设备，对应子设备数量描述字节有大于零的数据。另外把协调器芯片的 IEEE64 位唯一地址码也保存起来。

给设备取名为“ZigBee 网关”。最后调用 InitDeviceDescription 函数详细设置每个子设备的描述，代码如下。

```
void InitDeviceDescription(void)                        //硬件厂家必须初始化子设备的描述
{
    uint8 i;
    uint8 devnumbers = getdevicenumbers(deviceinfo->subdevices[DO]);//DO 子设备数量
    i = sizeof(devicedescription_t);
    DODevices = (devicedescription_t *) osal_mem_alloc(devnumbers * i);//动态分配内存
    for (i = 0;i<devnumbers;i++)                        //为 4 个 DO 子设备填写详细描述信息
    {
        memset((void *)(DODevices+i), 0, sizeof(devicedescription_t));//首先全部清零
        DODevices[i].devicenumber = (DO << 5)+i;        //子设备类型+编号
        DODevices[i].subtype = OPEN;                    //默认 DO 子设备为常开“开关”
        strcpy(DODevices[i].unit,"");                   //计量单位：无
        if (i == 0)                                     //每个子设备，由设计者根据功能需要设计
        {
            sprintf(DODevices[i].description,"LED 灯 1",i+1);
            DODevices[i].subtype = OPEN;
```

```
        }
        else if (i == 1)
        {
            sprintf(DODevices[i].description,"继电器开关",i+1);
            DODevices[i].subtype = OPEN;
        }
        else if (i == 2)
        {
            sprintf(DODevices[i].description,"蜂鸣器开关",i+1);
            DODevices[i].subtype = CLOSE;              //常闭开关：不加电时响起蜂鸣
        }
        else if (i == 3)
        {
            sprintf(DODevices[i].description,"入网开关",i+1); //LED3灯代表入网开关
        }
        sprintf(DODevices[i].operation,"单击DO切换开关");
        //操作提示可修改为任何的用户提示信息
    }
    devnumbers = getdevicenumbers(deviceinfo->subdevices[AO]);     //AO子设备数量
    i = sizeof(devicedescription_t);
    AODevices = (devicedescription_t *) osal_mem_alloc( devnumbers * i);//动态分配内存
    for (i = 0;i<devnumbers;i++)
    {
        memset((void *)(AODevices+i), 0, sizeof(devicedescription_t));//首先全部清零
        AODevices[i].devicenumber = (AO << 5)+i;                          //类型+序号
        AODevices[i].subtype = Unknow;
        if (i == 0)
        {
            strcpy(AODevices[i].unit,"");
            sprintf(AODevices[i].description,"修改基站网络号");
            sprintf(AODevices[i].operation,"输入基站网络号");
            AODevices[i].dotNumber = 0;
        }
    }
    //如果有其他类型的子设备，需要一一填写对应子设备的结构体……
}
```

代码逻辑很简单，就是一一描述每类子设备的每个子设备的内容。协调器只设计了DO、AO子设备，InitDeviceDescription也就只描述这两类子设备的信息。如有其他类型的子设备，需要耐心、正确地填写好对应子设备的结构体内容。这就是你的设计！

提示：第二个DO设备是蜂鸣器，低电平驱动，所以设置为常闭开关子类型。也就是说，P0_7输出端口输出低电平时（未上电），蜂鸣器发声。

C. NotifyCoordinatorDevices();

设备信息描述完成后（接入网络时），要及时把设备信息报告给DMD。这样，设备一入网，就实现了即插即用，极大地提升了使用体验。

```
static void NotifyCoordinatorDevices(void)             //报告设备信息
{
    uint16 i,size;
    uint16 cnt;
```

```
    devicedescription_t* devdes;
    //交互命令 CMD 协议定义，应用数据帧 FF、FX、ADDR、PANID、SIZE、DATA
    //(1)首先发送设备数据表：报告设备整体情况
    uint8 table[100];
    table[0] = SENDDATAHead >> 8;
    table[1] = (SENDDATAHead & 0x00F0)+SENDDEVTABLE;
    AddAddressAndPanIDInfo(table);
    //第 3、4、5、6 个字节为地址和网络号：专门写个函数填写这 4 个字节，见配套资源中的相关源代码
    table[6] = sizeof(devicetable_t);
    memcpy((void*)(table+7), (void*)deviceinfo, table[6]);
    HalUARTWrite(RS232PORT,(uint8 *)table,7+table[6]); //通过串口发送数据给 PC
    DelayMS(200);                                      //稍微延时
    HalUARTPoll();
    //(2)逐一发送各个子设备的描述
    /****************DO 子设备*************************/
    cnt = getdevicenumbers(deviceinfo->subdevices[DO]);//DO 子设备数量
    size = sizeof(devicedescription_t);                //子设备信息描述结构体大小
    for (i = 0;i<cnt;i++)
    {
        devdes = DODevices+i;
        table[1] = (SENDDATAHead & 0x00F0)+SENDDEVDESCP;   //发送子设备信息描述
        table[6] = size;
        memcpy((void*)(table+7), (void*)devdes, size);
        HalUARTWrite(RS232PORT,(uint8 *)table,7+size);  //回复数据给 PC
        DelayMS(200);                                   //稍微延时
        HalUARTPoll();
    }
    /****************AO 子设备*************************/
    cnt = getdevicenumbers(deviceinfo->subdevices[AO]);//AO 子设备数量
    size = sizeof(devicedescription_t);                //子设备信息描述结构体大小
    for (i = 0;i<cnt;i++)
    {
        devdes = AODevices+i;
        table[1] = (SENDDATAHead & 0x00F0)+SENDDEVDESCP;   //发送子设备信息描述
        table[6] = size;
        memcpy((void*)(table+7), (void*)devdes, size);
        HalUARTWrite(RS232PORT,(uint8 *)table,7+size);  //回复数据给 PC
        DelayMS(200);                                   //稍微延时
        HalUARTPoll();
    }
    //如有其他子类型设备，需要一一发送给 DMD
}
```

代码很简洁，就是组织数据格式为协议中定义的数据帧格式，并用串口发送函数 HalUARTWrite 发给 DMD。

D. NLME_PermitJoiningRequest(0xFF); //允许入网

协调器启动时，允许其他传感器节点加入网络。

E. ACCEPTINNET = 1; //LED3 = ON;

同时把入网允许指示灯 LED3 亮起，便于我们观察实验现象。

F. LED1 = ON; //灯亮起，指示组网成功

把 LED1 灯亮起，可知道 ZigBee 网络组网成功。

G．SendDOState();

接下来，立即报告一次DO子设备的状态给DMD。

```
void SendDOState()
{ //有1个LED灯LED1，1个继电器，1个蜂鸣器，入网允许开关LED3
    uint8 buf[12];
    buf[0] = 0xFF;
    buf[1] = 0xF0+SENDDEVSTATE;   //3: 控制子设备工作指令，P→C→E
    AddAddressAndPanIDInfo(buf);
    buf[6] = 0x05;
    buf[7] = (DO << 5)+0x1F;
    buf[8] = LED1;
    buf[9] = RELAY;
    buf[10] = BUZZ;
    buf[11] = ACCEPTINNET;
    HalUARTWrite(RS232PORT,buf,12);//发送数据给PC
}
```

这是我们第一次使用监控协议来传递设备状态信息。监控协议定义的应用数据帧“FF、FX、ADDR、PANID、SIZE、DATA”中的DATA部分的结构在代码中用加粗的斜体表示，buf[7]指明子设备类型和编号（为0x1F时，表示全部子设备），这里高3位是（DO<<5）=（1<<5）=0x20=“00100000”，加上低5位的0x1F，buf[7]=0x3F。4个DO子设备占用buf[8,9,10,11]4个字节。故DATA部分共有1+4=5个字节，所以buf[6]=5。最后调用串口发送函数传递数据到DMD。

提示： DO子设备状态数据在DATA部分的顺序不能错！设计时怎么定义的顺序（在InitDeviceDescription函数定义），构建通信数据包时，就要怎么按相应顺序组织。

H．osal_start_timerEx(GenericApp_TaskID, GENERICApp_SEND_MSG_EVT, My_SEND_MSG_TIMEOUT);

最后，启动嵌入式操作系统的定时器，周期为我们设定的变量My_SEND_MSG_TIMEOUT（初始化为15秒）。15秒以后，就会触发一个系统定时器事件GENERICApp_SEND_MSG_EVT。同样，在GenericApp_ProcessEvent事件处理函数中处理定时器事件，代码片段如下。

```
if ( events & GENERICApp_SEND_MSG_EVT )              //周期性发送数据
{
    if (ACCEPTINNET)                                 //15秒后，禁止入网
    {
        NLME_PermitJoiningRequest(0x00);             //禁止入网
        ACCEPTINNET = 0;                             //LED3 = OFF;
        SendDOState();
    }
    osal_start_timerEx( GenericApp_TaskID,GENERICApp_SEND_MSG_EVT,My_SEND_MSG_TIMEOUT
 );                                                  //记得重新启动定时器
    return (events ^ GENERICApp_SEND_MSG_EVT);
}......
```

从代码中我们看到，15秒后触发定时器事件，如果协调器处在允许入网状态，则禁止入网（此时LED3指示灯灭），并报告DO子设备信息给DMD，并再次设定定时器工作。

当然，在处理定时器事件的代码中，完全可以加入我们需要周期性处理的任何任务代码。

除了入网事件、定时器事件处理业务功能外，按键事件也很重要。大多数设备都配备有一个或多个按键（或键盘），用于输入简单的信息通知嵌入式系统。在 GenericApp_ProcessEvent 事件处理函数中处理按键的代码片段如下。

```
static voidGenericApp_HandleKeys( uint8 shift, uint8 keys )
{
    if (KEY1)                                //S1 键用于切换入网开关
    {
        ACCEPTINNET = !ACCEPTINNET;
        if (ACCEPTINNET)
        {
            NLME_PermitJoiningRequest(0xFF);  //允许入网
            DelayMS(200);
        }
        else
        {
            NLME_PermitJoiningRequest(0);     //不允许入网
            DelayMS(200);
        }
        SendDOState();
    }
}......
```

我们直接判断 S1 键是否按下。处理的流程如图 2-10 所示。

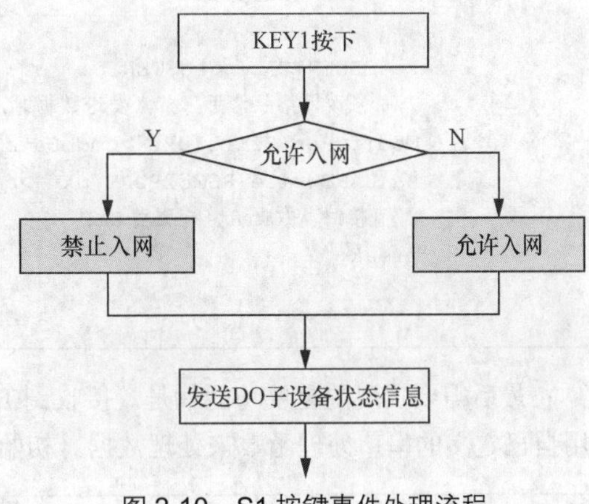

图 2-10 S1 按键事件处理流程

其实我们想要实现的功能就是通过按键控制协调器的入网功能。一般情况下，全栈项目的协调器是不允许传感器节点入网的。当新的传感器节点需要入网时，按下 S1 键，有最多 15 秒钟的机会给节点加入网络。通常会很顺利地接入 ZigBee 无线网络。如果不行，再开启一次入网功能。

所以，新的节点在协调器没有开放入网功能的情况下，是不会接入监控网络的。

协调器接收到网络内节点的无线通信数据包时（触发 AF_INCOMING_MSG_CMD 事件），需要上传给 DMD。在 GenericApp_ProcessEvent 事件处理函数中处理无线信号到达事件的代码片段如下。

```
......
case AF_INCOMING_MSG_CMD:
  GenericApp_MessageMSGCB( MSGpkt );  //处理应用层消息!
  break;
......
```

信息封装在类型为 afIncomingMSGPacket_t 的结构体 MSGpkt 变量中。在 AF.h 头文件中定义该结构体，代码如下。

```
typedef struct
{
  osal_event_hdr_thdr; /* OSAL Message header */
  uint16 groupId;   /* Message's group ID - 0 if not set */
  uint16 clusterId; /* Message's cluster ID */
  afAddrType_tsrcAddr; /* Source Address, if endpoint is STUBAPS_INTER_PAN_EP,
  it's an InterPAN message */
  uint16 macDestAddr;   /* MAC header destination short address */
  uint8 endPoint;   /* destination endpoint */
  uint8 wasBroadcast;   /* TRUE if network destination was a broadcast address */
  uint8 LinkQuality;    /* The link quality of the received data frame */
  uint8 correlation;    /* The raw correlation value of the received data frame */
  int8  rssi;    /* The received RF power in units dBm */
  uint8 SecurityUse;    /* deprecated */
  uint32 timestamp;    /* receipt timestamp from MAC */
  uint8 nwkSeqNum;     /* network header frame sequence number */
  afMSGCommandFormat_tcmd;    /* Application Data */
} afIncomingMSGPacket_t;
```

可从数据包结构体获得许多有用的信息。协调器的处理很简单，先修改数据包中网络号字段的内容为本网络号，然后转发给DMD，代码如下。

```
static void GenericApp_MessageMSGCB( afIncomingMSGPacket_t *pkt )
{
    switch ( pkt->clusterId )
    {
        case GENERICApp_CLUSTERID:
          //先修改网络号信息：节点发送数据时，可以不考虑 PANID
          ModifyPanIDInfo(pkt->cmd.Data);                    //参见配套资源中的源代码
          HalUARTWrite(RS232PORT,pkt->cmd.Data,pkt->cmd.DataLength);
          //直接回复数据给监控驱动 DMD
          break;
    }
}
```

最后需要实现的重要功能就是，接收到DMD发来的指令，进行不同的处理。我们设计使用自己定义的串口处理函数来处理数据。初始化串口函数InitUART0的代码如下。

```
void InitUART0(void)                                         //协调器与监控驱动程序的串口通信
{
    halUARTCfg_tuartConfig;                                  //定义一个串口结构体
    uartConfig.configured = TRUE;                            //串口配置为真
    uartConfig.baudRate = HAL_UART_BR_115200;                //波特率为 115200
    uartConfig.flowControl = FALSE;                          //流控制为假
    uartConfig.callBackFunc = rxUART;                        //定义串口回调函数
    uartConfig.flowControlThreshold = 5;
    uartConfig.rx.maxBufSize = MT_UART_RX_BUFF_MAX;
    uartConfig.tx.maxBufSize = MT_UART_TX_BUFF_MAX;
    uartConfig.idleTimeout = 5;
    uartConfig.intEnable = TRUE;
    HalUARTOpen(RS232PORT,&uartConfig);                      //打开串口
}
```

指定的串口回调函数是核心，它的定义如下。

```
void rxUART(uint8 port,uint8 event)                          //接收串口信号的处理程序
{
    uint8 buf[SIZE];
    uint16 cnt;
    cnt = Hal_UART_RxBufLen(RS232PORT);                       //获取串口数据长度
    if (cnt == 0) return;
    memset(buf, 0, SIZE);
    cnt = HalUARTRead(RS232PORT,buf,cnt);                     //从串口读取数据到缓冲区 buf 中
    ProcessData(buf,cnt);
}
```

逻辑很简单：如果串口有数据发过来，就读取串口数据，交给 ProcessData 函数去处理。可以想象，设备监控的交互，应该在此函数中实现，如下所示。

```
void ProcessData(uint8 *buffer,uint16 cnt)
{
    uint8 cmd,type,len;
    uint8 number;
    if (buffer[0] != 0xFF || (buffer[1] >> 4) != 0x0F) return;//帧头不对
    if (buffer[2] != 0 || buffer[3] != 0) //3、4 字节为设备地址码
    {  //发给终端节点的指令：直接用广播方式下传指令，不做任何过滤处理
      AF_DataRequest( &GenericApp_DstAddr, &GenericApp_epDesc,
         GENERICApp_CLUSTERID,
         cnt,                                   //发送字节数
         buffer,                                //发送的数据内容
         &GenericApp_TransID,
         AF_DISCV_ROUTE, AF_DEFAULT_RADIUS );
      return;
    }
    //发给协调器自己的指令(协调器的地址码为 0x00)：直接处理指令内容
    cmd = buffer[1] & 0x0F;                     //低 4 位为指令!
    if (cmd == SENDDEVCTRLL)                    //3: 控制子设备工作指令
    {                                           //高 3 位：子设备类型，低 5 位：子设备编号 0~15
      type = buffer[7] >> 5;                    //监控协议：子设备类型
      number = buffer[7] & 0x1F;                //低 5 位：子设备编号
      if (type == DO)                           //DO 子设备
      {
      if (number == 0)                          //控制 LED1 灯
      {
         LED1 = buffer[8];
         buffer[1] = 0xF0+SENDDEVSTATE;         //负责返回实际状态 SENDDEVSTATE 2
         buffer[8] = LED1;
         buffer[6] = 2;                         //2 个字节的数据
         HalUARTWrite(RS232PORT,buffer,9);//回复数据给 PC
         DelayMS(30); HalUARTPoll();
      }
      else if (number == 1)                     //控制 Relay 继电器
      {
         RELAY = buffer[8];
         buffer[1] = 0xF0+SENDDEVSTATE;         //负责返回实际状态 SENDDEVSTATE 2
         buffer[8] = RELAY;
```

```
        buffer[6] = 2;                          //2 个字节的数据
        HalUARTWrite(RS232PORT,buffer,9);       //回复数据给 PC
        DelayMS(30); HalUARTPoll();
    }
    else if (number == 2)                       //控制蜂鸣器
    {
        BUZZ = buffer[8];
        buffer[1] = 0xF0+SENDDEVSTATE;          //负责返回实际状态 SENDDEVSTATE 2
        buffer[8] = BUZZ;
        buffer[6] = 2;                          //2 个字节的数据
        HalUARTWrite(RS232PORT,buffer,9);       //回复数据给 PC
        DelayMS(30); HalUARTPoll();
    }
    else if (number == 3)                       //控制入网开关
    {
        ACCEPTINNET = buffer[8];                //LED3 = ACCEPTINNET;
        buffer[1] = 0xF0+SENDDEVSTATE;
        buffer[8] = ACCEPTINNET;
        buffer[6] = 2;                          //2 个字节的数据
        HalUARTWrite(RS232PORT,buffer,9);       //回复数据给 PC
        if(ACCEPTINNET)                         //开启入网
        {
            NLME_PermitJoiningRequest(0xFF);    //打开入网开关
        }
        else
        {
            NLME_PermitJoiningRequest(0x00);    //禁止入网
        }
    }
}
    else if (type == AO)                        //AO 子设备
    {
      if(number == 0)                           //修改 PANID
      {
        uint16 panId = (uint16)atoi(&buffer[8]);
        ChangePanID(panId);
        SystemReset();                          //网络号变化了，系统需要重启
      }
    }
}
else if (cmd == SENDDEVSTATE)                   //SENDDEVSTATE 2: 获取子设备状态数据指令
{                                               //高 3 位: 子设备类型; 低 5 位: 子设备编号 0~15
  type = buffer[7] >> 5;                        //子设备类型
  number = buffer[7] & 0x1F;                    //子设备编号
 if (type == DO)                                //获取 DO 子设备状态
 {
     if(number == 0)                            //指明获取 LED1 灯的状态
     {
        buffer[8] = LED1;
        buffer[6] = 2;                          //2 个字节的数据
        HalUARTWrite(RS232PORT,buffer,9);       //回复数据给 PC
     }
 else if(number == 1)                           //指明获取继电器的状态
```

```
    {
        buffer[8] = RELAY;
        buffer[6] = 2;                          //2 个字节的数据
        HalUARTWrite(RS232PORT,buffer,9);       //回复数据给 PC
    }
    else if(number == 2)                        //指明获取蜂鸣器的状态
    {
        buffer[8] = BUZZ;
        buffer[6] = 2;                          //2 个字节的数据
        HalUARTWrite(RS232PORT,buffer,9);       //回复数据给 PC
    }
    else if(number == 3)
    {
        buffer[8] = ACCEPTINNET;
        buffer[6] = 2;                          //2 个字节的数据
        HalUARTWrite(RS232PORT,buffer,9);       //回复数据给 PC
    }
    else if (number == 0x1F)                    //获取所有 DO 子设备状态
    {
        SendDOState();
    }
    }
    else if (type == AO)                        //发送网络号 AO 子设备信息
    {
         GenericApp_Send_PanID();               //参见配套资源中心源代码
    }
   }
}
```

或许这是最“难”“烦”的设计之处，需要对每一条指令进行处理。如果子设备数量庞大，需要有良好的耐心和修养才能完成所有可能的处理，完全实现监控协议的要求。

至此，协调器主要业务功能全部实现。在 ZigBeeDriver 监控驱动程序的支持下，以 PNP 即插即用方式顺利接入监控中心，接受 DMC 和移动 App 的监控。图 2-11 所示截图是实际监控的一些画面，可以看到实时监控得以完美实现。读者也可以再现该画面。

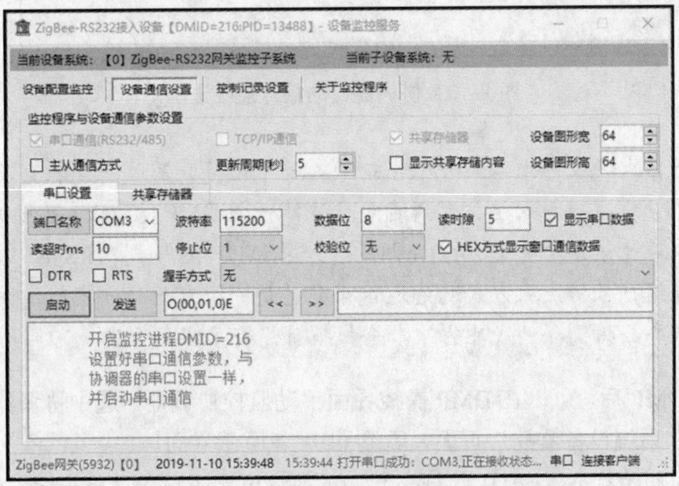

图 2-11　在监控进程 DMP 中配置好串口通信参数

在监控中心启动一个ZigBee设备监控进程，在“设备通信设置”页面设置好参数。

转到“设备配置监控|设备系统信息”页面，可以看到只有一个空的设备系统，无子设备系统和具体设备，如图2-12所示。

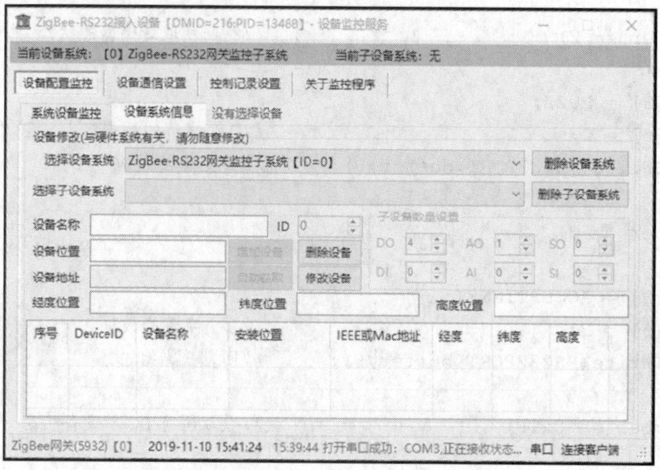

图2-12 协调器还没有接入时，监控的设备数量为空

按下协调器上的复位按钮，协调器自动接入监控进程，如图2-13所示。

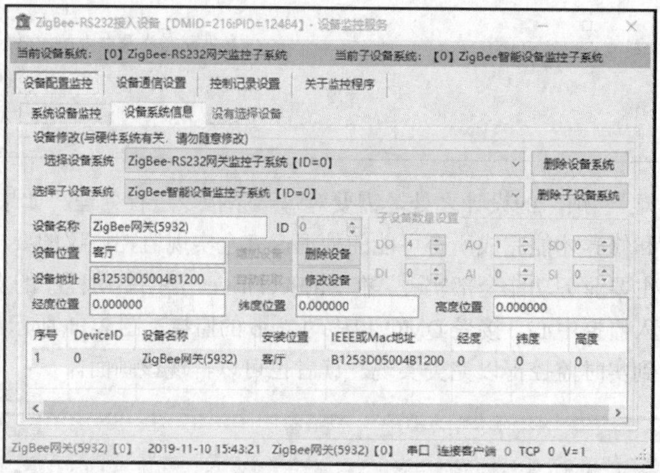

图2-13 协调器自动接入监控进程

备注： 由于串口通信，在硬件上只能一个串口连接一个设备，因此，如果有多个协调器（多个ZigBee网络）需要接入网络，则只能开启另外一个DMP（DMID不同），使用另外一个不同的串口来连接另外一个ZigBee网络。如果DMP使用一个RS485通信方式与多个协调器同时通信，采用主从方式避免通信冲突也是一个可行的方案。但由于传感器节点周期性报告状态数据，会造成冲突。本全栈项目没有采用该方案。

协调器接入DMP后，可以在DMP操控界面手动监控协调器。选中协调器网关设备后，转到“设备配置监控|系统设备监控”页面，看到图2-14所示界面。

协调器DO的初始状态，LED1红灯亮起。选择继电器子设备（单击第二个DO图标），单击【DO开关切换】按钮，可以听到协调器连接的继电器开关的声音，如图2-15所示。

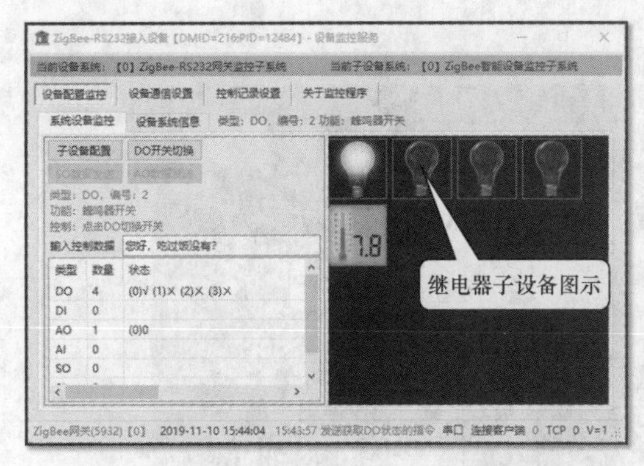

图 2-14 协调器刚运行时子设备状态显示

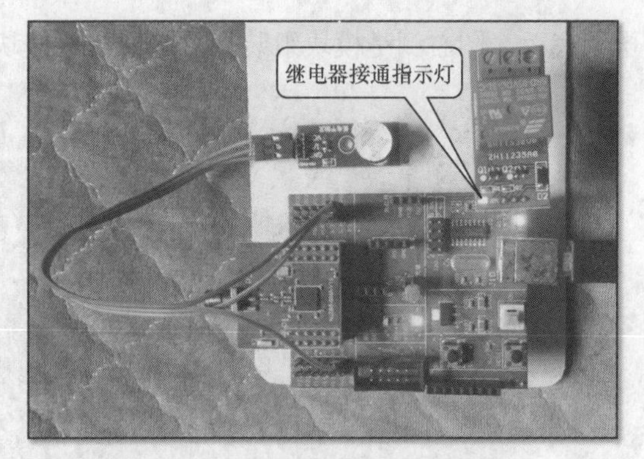

图 2-15 监控进程控制继电器动作

继电器接通了，接通指示灯亮起。选择第三个 DO 子设备蜂鸣器，单击【DO 开关切换】按钮，可以听到蜂鸣器发声；再单击则关闭发声，如图 2-16 所示。

把协调器模块上的 S1 按键按一下，入网开关打开，LED3 灯亮起。监控进程 DMP 中的第四个 DO 子设备，几乎同步显示“接通”状态，如图 2-17 所示，一段时间后，又自动熄灭。这与协调器的程序设计逻辑一致。

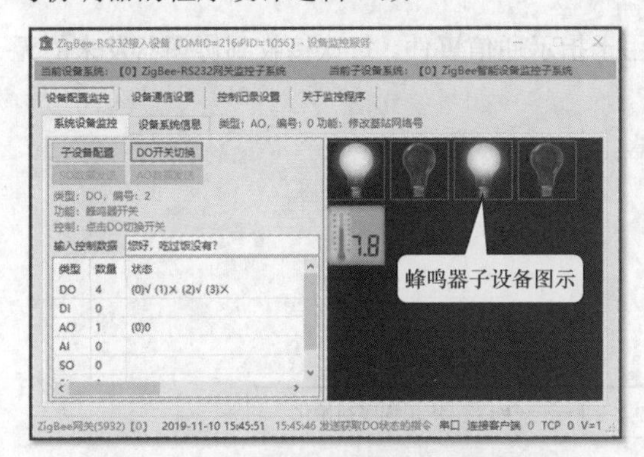

图 2-16 监控进程控制蜂鸣器动作

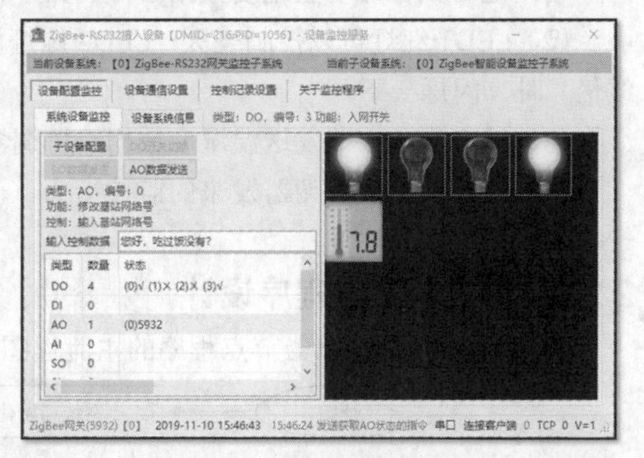

图 2-17 入网开关的操控

此外，也可在 DMP 中选择入网开关子设备，单击【DO 开关切换】按钮便可控制协调器入网功能。

在工业上，使用 485 通信方式远程连接多个仪表、设备是很常见的场景。如果 ZigBee 网络也能使用该方式接入监控中心，那么，多个 ZigBee 网络只需两根线，就可以同时接入 DMC，极大地节省了通信资源。有志向的读者，可以尝试设计一个 RS485-ZigBee 的监控驱动程序。目前的 RS232-ZigBee 监控驱动 ZigBeeDriver，不适合 485 工作方式，需要解决通信冲突问题。

2.2 ZigBee 传感器节点设计

ZigBee 无线（传感器）网络通常包含多个传感器节点或执行节点。全栈项目使用一个温湿度传感器节点来检测环境的温湿度。

2.2.1 节点硬件结构

这次我们使用另外一个设备商提供的 CC2530 开发套件。相关电路图为配套资源“ZigBee 节点电路图”目录中的“飞比节点板电路图 FB2530BB.pdf”。

图 2-18 所示是温湿度传感器节点的组成模块，有 CC2530 模块、温湿度传感器模块、外围

电路底板，图右侧是模块组装在一起的组成模块。

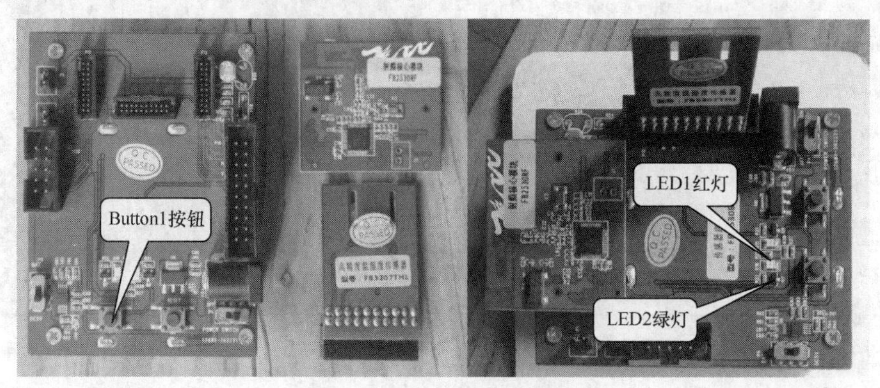

图 2-18 传感器节点硬件

温湿度模块使用 I^2C 总线与 CC2530 芯片通信（传感器原理课程有讲授）。另外，底板设计有 2 个 LED 灯和 1 个可用的按键。

要实现的功能设计如下。

（1）定时报告环境温湿度数据给协调器。

（2）LED1 红灯可以控制亮灭，LED2 绿灯用于指示通信事件。每次接收到协调器发来的无线信号时，闪烁一下。

（3）按键用于立即发送温湿度数据给协调器。

（4）接收和处理协调器发来的监控指令。

2.2.2 传感器节点程序设计

图 2-19 所示是传感器节点程序的主流程图。

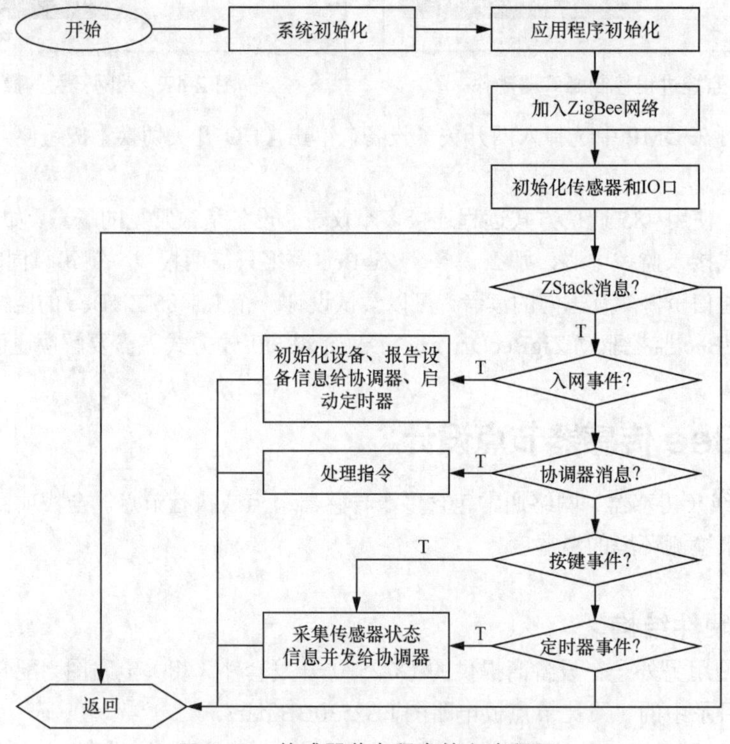

图 2-19 传感器节点程序的主流程图

与协调器程序有所不同的是，它没有组网功能，只能请求接入网络。当成功接入 ZigBee 网络时，触发入网事件。其他初始化过程是类似的。

节点工程项目仍然是在 TI 公司 Sample 工程案例的基础上进行修改的。只不过使用的是终端节点（enddevice）的项目代码。图 2-20 所示是传感器节点程序的组成结构图。

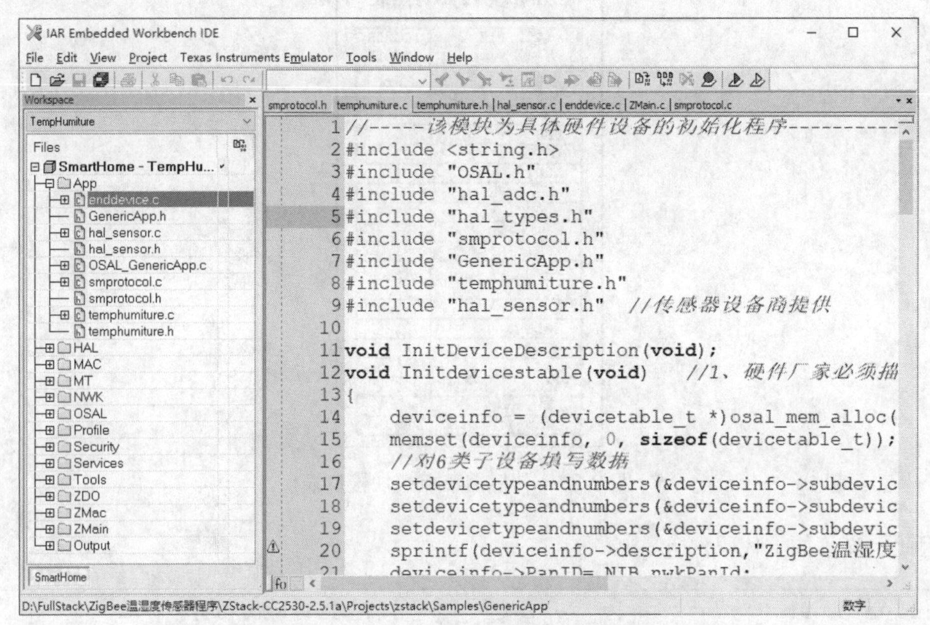

图 2-20 传感器节点程序的组成结构图

图 2-17 中的 4 个主要业务功能是我们需要在原有项目中插入的模块。主要涉及的源代码文档有 enddevice.c、hal_sensor.c/h、temphumiture.c/h 及 smprotocol.c/h。下面就这 4 个主要业务功能的设计实现做详细介绍。

1. 应用程序初始化

系统启动过程中会调用 GenericApp_Init 函数（在 enddevice.c 文档中），其中涉及无线通信的地址模式设置、传感器初始化、底板硬件 IO 口初始化等。

地址模式设置的代码如下。

```
GenericApp_DstAddr.addrMode = (afAddrMode_t)Addr16Bit;//单播模式：点对点
GenericApp_DstAddr.endPoint = GENERICApp_ENDPOINT;
GenericApp_DstAddr.addr.shortAddr = 0x0000;     //向协调器单播：协调器地址固定为零
```

传感器初始化代码如下。

```
hal_sensorSht1xInit();    //由传感器设备商提供，参见配套资源中心源代码(hal_sensor.c)
```

底板硬件 IO 口初始化代码如下。

```
void GenericApp_Init( uint8 task_id )
{
   ......
   InitLed();
   My_SEND_MSG_TIMEOUT = GENERICApp_SEND_MSG_TIMEOUT; //修改周期默认值为 10 秒
}
```

由于要使用底板上的LED1、LED2灯和Button1按钮，通过查看电路设计图传感器节点模块接口表（见图2-21），得知P1_0、P1_1为LED灯输出口，P0_1为按钮的输入口。

BB板插座引脚与射频板
CC2530芯片I/O对照表

P12/P13	CC2530 I/O口
UART CTS/L	P0.4
BUTTON1/LED4	P0.1
UART RX/L	P0.2
UART_TX/L	P0.3
L MODE	P0.0
LED2/IR OUT	P1.1
KEY_LEVEL	P0.6
LED0/L BLA	P0.7
FLASH CS	P1.3
LED1/IR IN	P1.0
DEBUG_DD	P2.1
DEBUG DC	P2.2
CSN/LED3	P1.4
SCLK	P1.5
MOSI	P1.6
MISO	P1.7
LCD CS/BUTTON0	P1.2
KEY MOVE/LED1	P2.0
UART RTS/L	P0.5

图2-21　传感器节点模块接口表

因此定义了如下代码。

```
#define LED1  P1_0                                    //底板上的LED1红灯
#define LED2  P1_1                                    //底板上的LED2绿灯
#define KEY1  P0_1                                    //底板上的button1按键
void InitLed(void)                                    //初始化IO口函数
{
  P1SEL &= ~0x03;                                     //0000 0011=0x03;
  P1DIR |= 0x03;                                      //P1.0、P1.1定义为输出: 两个灯
  P0SEL |= 0x02 ;                                     //button1按键 P0_1: 输入设置
  P0DIR &= ~0x02;                                     //P01作为输入端
  LED1 = 0;                                           //灯灭: 表示没有入网
  LED2 = 1;                                           //灯亮: 表示初始化成功
}
```

所以在系统启动时，可以看到绿灯亮起，红灯熄灭（还没有入网）。如果协调器允许入网，大约4秒，红灯亮起，表示入网成功。

2. 设备描述初始化和上传

当节点成功入网后，会触发入网事件，在GenericApp_ProcessEvent事件处理函数中插入我们的处理代码。

```
uint16GenericApp_ProcessEvent( uint8 task_id, uint16 events )
{
    ……
    afIncomingMSGPacket_t *MSGpkt;
    MSGpkt = (afIncomingMSGPacket_t *)osal_msg_receive( GenericApp_TaskID );
    case ZDO_STATE_CHANGE:
    GenericApp_NwkState = (devStates_t)(MSGpkt->hdr.status);
      if ( (GenericApp_NwkState == DEV_ZB_COORD)
      || (GenericApp_NwkState == DEV_ROUTER)
```

```
    || (GenericApp_NwkState == DEV_END_DEVICE) )
  {
    if ( (GenericApp_NwkState == DEV_END_DEVICE) )      //终端节点
    {
        panid = _NIB.nwkPanId;                          //保存网络号
        LED1 = 1;                                       //控制灯首次亮起，表示入网成功
        Initdevicestable();                             //初始化设备功能
        NotifyCoordinatorDevices();                     //！！入网后报告设备信息！！
        GenericApp_Send_Sample_Time();                  //先发送一次采样周期 AO 数据
    }
    osal_start_timerEx( GenericApp_TaskID,              //启动系统定时器
          GENERICApp_SEND_MSG_EVT,My_SEND_MSG_TIMEOUT );
  }
  ......
}
```

处理代码与协调器类似。红灯亮起后，初始化设备描述并上传给协调器，再由协调器传递给监控进程中的 DMD。

Temphumiture.c 文档定义了温湿度节点设备初始化函数，如下所示。

```
void Initdevicestable(void)                            //1.硬件厂家必须描述子设备数量表
{
   deviceinfo = (devicetable_t *)osal_mem_alloc(sizeof(devicetable_t));
   memset(deviceinfo, 0, sizeof(devicetable_t));               //首先全部清零
   //对 6 类子设备填写数据
   setdevicetypeandnumbers(&deviceinfo->subdevices[DO],DO,1);//有 1 个 LED 灯开关
   setdevicetypeandnumbers(&deviceinfo->subdevices[AI],AI,2);//有 1 个温度传感器和 1 个
                                                               湿度传感器
   setdevicetypeandnumbers(&deviceinfo->subdevices[AO],AO,1);//有 1 个 AO 设备：采样周期
                                                               1~60 秒
   sprintf(deviceinfo->description,"ZigBee 温湿度传感器");     //设备名称
   deviceinfo->PanID = _NIB.nwkPanId;                          //网络号
   ZMacGetReq(ZMacExtAddr,deviceinfo->CC2530Address);          //节点 CC2530 芯片地址
   InitDeviceDescription();                                    //初始化子设备的详细描述
}
```

因为有 3 类子设备，所以子设备的详细描述涉及它们，处理方法与协调器类似，如下所示。

```
void InitDeviceDescription(void)                       //硬件厂家必须初始化子设备的描述
{
   uint8 i;
   uint8 devnumbers = getdevicenumbers(deviceinfo->subdevices[DO]); //DO 子设备数量
   i = sizeof(devicedescription_t);
   DODevices = (devicedescription_t *) osal_mem_alloc(devnumbers * i); //动态分配结构体
   for (i = 0;i<devnumbers;i++)                                     //DO 子设备
   {
     memset((void *)(DODevices+i), 0, sizeof(devicedescription_t));//首先全部清零
     DODevices[i].devicenumber = (DO << 5)+i;                       //类型+序号
     DODevices[i].subtype = OPEN;
     strcpy(DODevices[i].unit,"");                                  //计量单位：无
     sprintf(DODevices[i].description,"第%d 个 LED 灯",i+1);
     sprintf(DODevices[i].operation,"单击 DO 切换开关");
   }
```

```
    devnumbers = getdevicenumbers(deviceinfo->subdevices[AI]); //AI 子设备数量
    i = sizeof(devicedescription_t);
    AIDevices = (devicedescription_t *) osal_mem_alloc(devnumbers * i);//动态分配结构体
    for (i = 0;i<devnumbers;i++)
    {
      memset((void *)(AIDevices+i), 0, sizeof(devicedescription_t));  //首先全部清零
      AIDevices[i].devicenumber = (AI << 5)+i;                         //类型+序号
      AIDevices[i].subtype = Unknow;
      if (i == 0)
      {
          strcpy(AIDevices[i].unit,"℃");                        //温度传感器: 计量单位
          sprintf(AIDevices[i].description,"温度传感器");
          sprintf(AIDevices[i].operation,"");
          AIDevices[i].dotNumber = 1;
      }
     else if (i == 1)                                        //第二个 AI 子设备为湿度检测
      {
          strcpy(AIDevices[i].unit,"%");                         //湿度传感器: 计量单位
          sprintf(AIDevices[i].description,"湿度传感器");
          sprintf(AIDevices[i].operation,"");
          AIDevices[i].dotNumber = 0;
      }
    }
    devnumbers = getdevicenumbers(deviceinfo->subdevices[AO]); //AO 子设备数量
    i = sizeof(devicedescription_t);
    AODevices = (devicedescription_t *) osal_mem_alloc(devnumbers * i);//动态分配结构体
    for (i = 0;i<devnumbers;i++)
    {
      memset((void *)(AODevices+i), 0, sizeof(devicedescription_t)); //首先全部清零
      AODevices[i].devicenumber = (AO << 5)+i;                        //类型+序号
      AODevices[i].subtype = Unknow;
      if (i == 0)
      {
          strcpy(AODevices[i].unit,"秒");                          //采样周期
          sprintf(AODevices[i].description,"定时采样周期");
          sprintf(AODevices[i].operation,"输入秒数");
      }
      else
      {
          strcpy(AODevices[i].unit,"");                            //计量单位: 无
          sprintf(AODevices[i].description,"未知设备");
          sprintf(AODevices[i].operation,"未知设备");
      }
    }
    //如果有其他类型的子设备，需要一一填写结构体
}
```

关键点是，设计时，确定了子设备的编号顺序；在处理监控指令时，也需要按同样的顺序处理。建议把它们填写到一个表格打印在案，在编写代码时，随时查看，避免搞混。

接下来上传设备信息，与协调器的一样。唯一不同的是，传感器节点使用无线通信方式收发数据，代码如下。

```
static void NotifyCoordinatorDevices(void)          //报告设备信息给协调器
{
    uint16 i,size;
    uint16 cnt;
    devicedescription_t* devdes;
    //发送设备数据表
    uint8 table[100];
    table[0] = SENDDATAHead >> 8;
    table[1] = (SENDDATAHead & 0x00F0)+SENDDEVTABLE;
    AddAddressAndPanIDInfo(table);                   //第3、4、5、6个字节为地址和网络号
    table[6] = sizeof(devicetable_t);
    memcpy((void*)(table+7), (void*)deviceinfo, table[6]);
    SendMessage((uint8 *)table,7+table[6]);         //发给协调器
    ……
}
```

无线发送数据的函数，如下所示。

```
void SendMessage(uint8 *buf,uint16 len)                  //无线发送信息
{
    AF_DataRequest( &GenericApp_DstAddr, &GenericApp_epDesc,
    GENERICApp_CLUSTERID,
    len,
    buf,
    &GenericApp_TransID,
    AF_DISCV_ROUTE, AF_DEFAULT_RADIUS );
}
```

AF_DataRequest 函数是 ZStack 协议栈在应用框架层（Application Framework）定义的一个无线发送数据的函数。

至此，一旦节点接入网络，就可实现设备即插即用，可纳入监控平台的管理，实现设备的互联互通。

3. 按键事件的处理

实现的业务功能是，按下 button1 按钮，立即采集温湿度数据并发送给协调器。

```
uint16 GenericApp_ProcessEvent( uint8 task_id, uint16 events )
{   ……
    case KEY_CHANGE:
    GenericApp_HandleKeys( ((keyChange_t *)MSGpkt)->state, ((keyChange_t *)MSGpkt)->
keys);
    ……
}

static voidGenericApp_HandleKeys( uint8 shift, uint8 keys )
{
    if ( KEY1 )
    {
        GenericApp_Send_TempHumitureSensor_Message();    //立即上报温湿度数据
        ……
    }
```

```
}

void GenericApp_Send_TempHumitureSensor_Message(void)//采集数据并上报
{
    uint8 buffer[120];
    uint8 data[120];
    uint16 addr;
    uint8 humi;
    memset(data,0,120);
    memset(buffer,0,120);
    float temperature;
    buffer[0] = SENDDATAHead >> 8;                    //组织监控协议格式的数据包
    buffer[1] = (SENDDATAHead & 0xF0)+SENDDEVSTATE; //子设备状态数据指令
    AddAddressAndPanIDInfo(buffer);          //第3、4、5、6个字节为地址和网络号
    buffer[6] = 120;                         //具体数据长度，计算之前未知
    //高3位：子设备类型；低5位：子设备编号0~15
    buffer[7] = (AI << 5)+0x1F;              //0x1F代表全部设备状态
    temperature = ReadTemperature();         //读取温度数据：参考厂商提供的hal_sensor.c文档
    humi = ReadHumiture();                   //读取湿度数据：参考厂商提供的hal_sensor.c文档
    sprintf(data,"%.2f,%d",temperature,humi);//用英文逗号隔开数据字段
    humi = strlen(data)+1;                   //具体数据长度
    buffer[6] = humi;                        //填写数据长度字节
    memcpy((void*)(buffer+8), (void*)data, buffer[6]-1);
    SendMessage((uint8 *)buffer,7+buffer[6]);//发给协调器
}
```

4. 定时事件的处理

业务逻辑很简单，定时发送温湿度数据到协调器，代码如下。

```
uint16 GenericApp_ProcessEvent( uint8 task_id, uint16 events )
{......
    if ( events & GENERICApp_SEND_MSG_EVT )                //周期性发送数据
    {
            GenericApp_Send_TempHumitureSensor_Message();//这里发送采集数据
            osal_start_timerEx( GenericApp_TaskID, GENERICApp_SEND_MSG_EVT,
                       My_SEND_MSG_TIMEOUT);                 //再次启动定时器
    ......
    }
  ......
}
```

5. 监控指令的处理

协调器会把监控平台发来的监控指令广播给整个ZigBee网络中的节点，节点程序触发消息到达事件AF_INCOMING_MSG_CMD，如下所示。

```
uint16 GenericApp_ProcessEvent( uint8 task_id, uint16 events )
{ ......
    case AF_INCOMING_MSG_CMD:
    GenericApp_MessageMSGCB( MSGpkt );                           //消息处理函数
  ......
}
```

关键是我们设计的消息处理函数的逻辑与协调器的方法类似，代码如下。

```
static void GenericApp_MessageMSGCB( afIncomingMSGPacket_t *pkt )
{
    uint8 buffer[120];
    uint16 addr;
    uint16 addrself;
    addrself = NLME_GetShortAddr();                    //节点自己的节点地址码
    FlashLed();                         //LED2 闪烁一下，用于指示收到指令：查看本模块中的代码
    switch ( pkt->clusterId )
    {
      case GENERICApp_CLUSTERID:
        osal_memcpy(buffer,pkt->cmd.Data,pkt->cmd.DataLength);//获取应用数据
        //交互命令 CMD 协议定义，应用数据帧 FF FX ADDR PANID SIZE DATA
        if(pkt->cmd.DataLength < 8) return;              //协议规定了至少 8 个字节
        if(buffer[0] != 0xFF || (buffer[1] >> 4) != 0x0F) return;//非协议格式数据
        addr = buffer[2]+(buffer[3] << 8);               //数据包中的地址码
        if (addrself != addr && addr != 0xFFFF) return;//不是发给本设备的指令，也不是广播指令
        ProcessTempHumiData(buffer);                  //处理指令
        break;
    }
}
```

核心代码如下，与协调器的处理方式一样，需要一一处理每个指令。

```
void ProcessTempHumiData(uint8* buffer)
{
    uint16 addr;
    uint8 cmd,type,number;
    uint8 *data;
    cmd = buffer[1] & 0x0F;
    if (cmd == SENDDEVCTRLL)                              // 控制子设备工作的指令
    {   //高 3 位：子设备类型；低 5 位：子设备编号 0~15
      type = buffer[7] >> 5;
      number = buffer[7] & 0x1F;
      if (type == DO)                                    //DO 子设备
      {
        if(number == 0)                                  //只有 1 个 DO 子设备
        {
          LED1 = buffer[8];
          buffer[1] = 0xF0+SENDDEVSTATE;                 //负责返回实际状态
          buffer[8] = LED1;
          buffer[6] = 2;
          SendMessage((uint8 *)buffer,7+buffer[6]);      //发给协调器
        }
      }
     if (type == AO)                                     //AO 子设备
     {
       if(number == 0)                                   //调节采样周期
       {
          data = (uint8 *)osal_mem_alloc(buffer[4]);     //动态分配数据
          memset(data,0,buffer[4]);
          memcpy(data,&buffer[6],buffer[4]-1);
          addr = atoi(data);
          if (addr >= 1 && addr <= 60)
          {
              My_SEND_MSG_TIMEOUT = addr;                //修改采样周期
```

```
            osal_start_timerEx( GenericApp_TaskID,
              GENERICApp_SEND_MSG_EVT,My_SEND_MSG_TIMEOUT);
          buffer[1] = 0xF0+SENDDEVSTATE;
          SendMessage((uint8 *)buffer,7+buffer[6]);  //发给协调器
        }
        osal_mem_free(data);
 }
    }
  }
  else if (cmd == SENDDEVSTATE)                         //获取子设备状态数据的指令
  { //高3位: 子设备类型; 低5位: 子设备编号0~15
    type = buffer[7] >> 5;
    number = buffer[7] & 0x1F;
    if (type == DO)                                     //获取DO子设备状态
    {
       if(number == 0)
       {
           buffer[8] = LED1;
           buffer[6] = 2;
           SendMessage((uint8 *)buffer,7+buffer[6]); //发给协调器
    }
    else if (number == 0x1F)                            //所有DO子设备状态
    {
           buffer[8] = LED1;
           buffer[6] = 2;                               //2个字节的数据:只有1个DO子设备
           SendMessage((uint8 *)buffer,7+buffer[6]); //发给协调器
    }
  }
  else if (type == AI)                                  //获取AI子设备状态
  {
    if(number == 0)
    {
       GenericApp_Send_TempHumitureSensor_Message();
    }
    else if (number == 1)
    {
       GenericApp_Send_TempHumitureSensor_Message();
    }
    else if (number == 0x1F)                            //所有AI子设备状态
    {
       GenericApp_Send_TempHumitureSensor_Message();
    }
  }
  else if (type == AO)                                  //获取AO子设备状态: 采样周期
  {
    if(number == 0)
    {
       GenericApp_Send_Sample_Time();
    }
    else if (number==0x1F)                              //所有AO子设备状态
    {
       GenericApp_Send_Sample_Time();
    }
   }
  }
}
```

监控指令，最常见的是控制指令和获取数据指令。需要处理好每种可能性，不要遗漏。在编写了多个节点程序后，我们发现程序流程的相似性——按协议处理数据的代码基本类似。

2.2.3 传感器节点运行

程序编译无误后，下载到温湿度传感器节点。下载完成后，退出调试状态。按复位键重新启动程序。图 2-22 所示是在监控进程中观测到的结果，还可以对其进行随心所欲的操控。

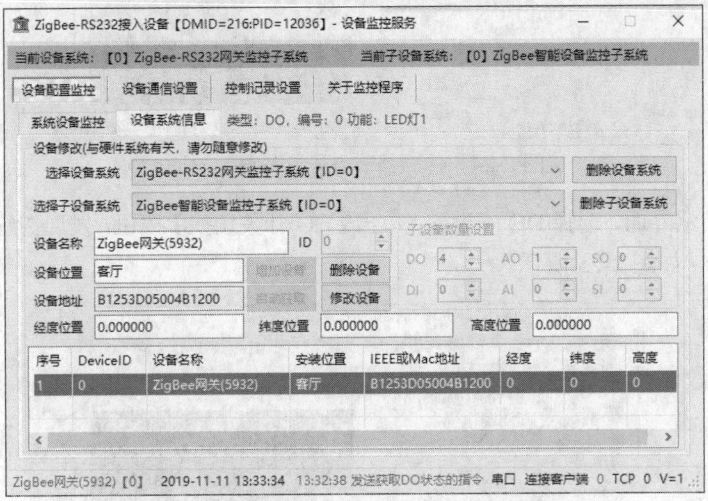

图 2-22 传感器节点未入网时 DMP 设备显示页面

传感器节点未入网前，其 LED1 红灯是熄灭的。按下协调器的 S1 按钮，其 LED3 指示灯亮起。大约 4 秒后，传感器节点的 LED1 红灯亮起，说明入网成功。同时在 DMP 界面发现其存在，如图 2-23 所示。

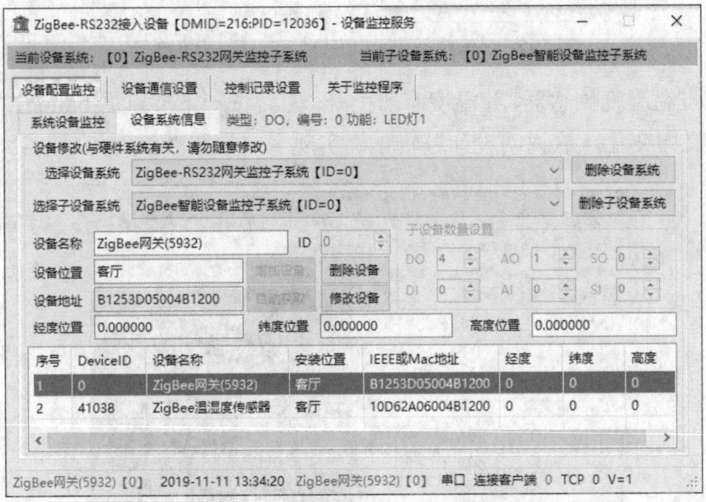

图 2-23 传感器节点入网成功

节点的地址码为 41038，作为设备的识别号 DID 使用（不同的节点入网，得到唯一的不同数值的地址码）。由于编译条件选择了 NVRETORE 选项，下次节点入网时，其地址码不变，因而保证了设备 DID 的唯一性。

测试：关闭传感器节点电源，然后重新打开，节点很快接入网络，在 DMP 中，呈现的还是原来的设备 DID，并未以新的设备加入监控平台。

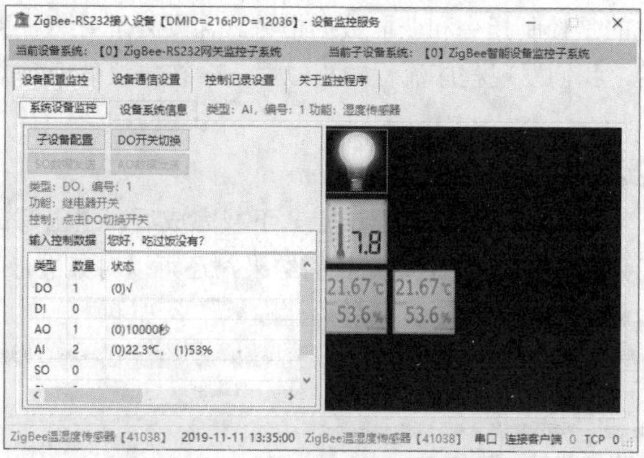

图 2-24 传感器节点子设备显示界面

在图 2-24 所示界面，选择 DO 子设备，单击【DO 开关切换】按钮，发现传感器节点的 LED1 红灯可以控制了，如图 2-25 所示。

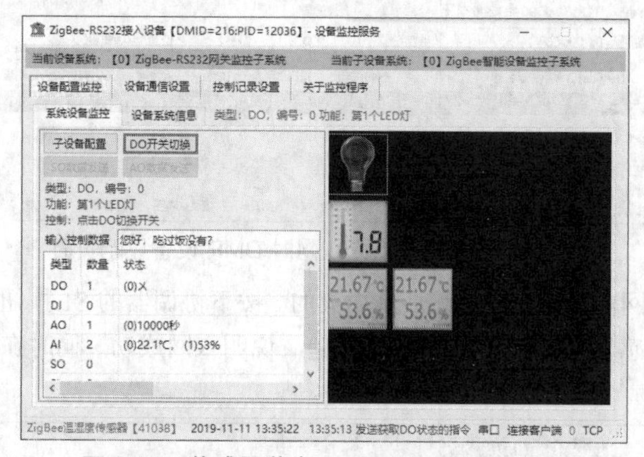

图 2-25 传感器节点 LED1 红灯可以控制了

用手握住节点温湿度传感器，让温度有所上升。然后按一下节点的 button1 按钮，发现 DMP 界面的温度数据立即变化，这说明设计逻辑正确实现了，如图 2-26 所示。

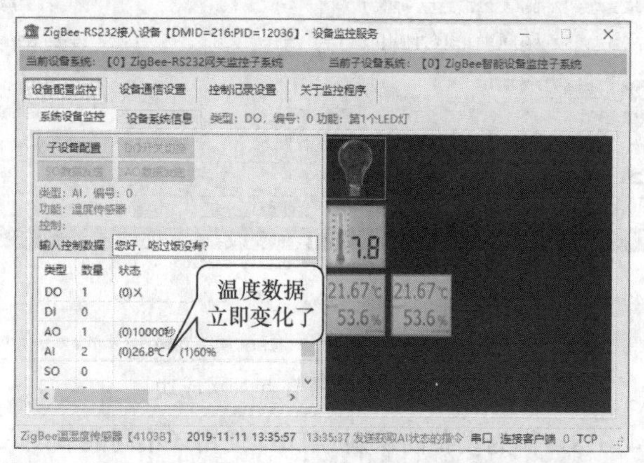

图 2-26 按下传感器节点 button1 按钮，温度数据立即上传了

测试： DMP 转到设备通信设置界面，勾选“显示窗口数据”，连续按两次传感器节点 button1 按钮，果然发现有两次数据送达。仔细分析该数据（见图 2-27）发现，其格式完全符合在嵌入式程序中规定的通信协议。

ZigBee-RS232接入设备【DMID=216:PID=12036】- 设备监控服务

当前设备系统：【0】ZigBee-RS232网关监控子系统　　当前子设备系统：【0】ZigBee智能设备监控子系统

设备配置监控　设备通信设置　控制记录设置　关于监控程序

监控程序与设备通信参数设置

串口通信(RS232/485)　TCP/IP通信　共享存储器　设备图形宽 64

主从通信方式　更新周期[秒] 5　显示共享存储内容　设备图形高 64

串口设置　共享存储器

端口名称 COM3　波特率 115200　数据位 8　读时隙 5　显示串口数据

读超时ms 10　停止位 1　校验位 无　HEX方式显示窗口通信数据

DTR　RTS　握手方式 无

启动　发送　O(00,01,0)E　<<　>>

13:36:52:　FFF24EA0172C095F32342E34332C3436
13:36:53:　FFF24EA0172C095F32342E34332C3437
13:37:00:　FFF24EA0172C095F32332E39392C3437

ZigBee温湿度传感器【41038】　2019-11-11 13:37:02　13:36:43 打开串口成功：COM3,正在接收状态... 串口

图 2-27　按下传感器节点 button1 按钮，AI 子设备数据在 DMP 中立即可见

小结： 传感器节点的设计，基本流程是一样的，不同之处在于传感器与 MCU 的通信方式不同，有单总线、I^2C、ADC、串口、普通 IO 口等方式，需要根据传感器厂家提供的技术资料编写不同的数据采集函数。

2.3　4 路 ZigBee 智能开关的改造

以上两个案例是使用 ZigBee 开发套件完成的项目。可不可以使用商品化的 ZigBee 设备接入我们的系统呢？遗憾的是，答案为否！因为不同开发商使用的协议不同。

到目前为止，设计的协调器程序是很通用的，未做过多的限制。只要按全栈项目规定的协议，对其程序做修改，而硬件无须变动，还是可以接入这个通用的 ZigBee 监控系统的，理所当然地，也就接入了监控平台。

我们从网上购买一个使用 CC2530 制造的商品化开关设备，然后对其改造，重新按我们的协议编写程序。最终顺利地接入了网络中，而控制功能完全可用。

2.3.1　CC2530 开关面板硬件结构

图 2-28 所示是一个商品化产品的 86 型开关面板外形，4 个触摸按键控制 4 路继电器开关。

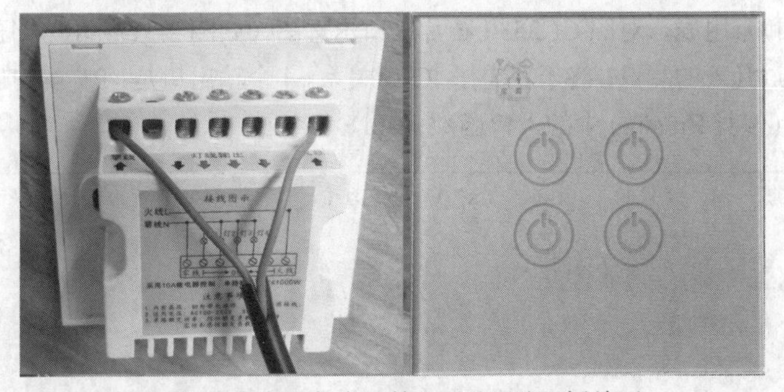

图 2-28　商品化产品的 86 型开关面板外形

打开面板，见到图 2-29 所示情况。左侧是刚打开的样子，右侧是把电路板反转过来的样子。

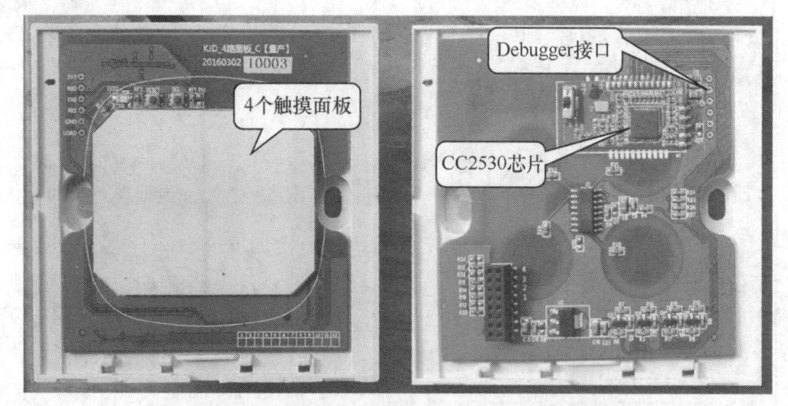

图 2-29 触摸开关的电路设计含 CC2530 模块

看到 CC2530 芯片，而且 debug 调试接口没有封死，可以使用；买一个接口使用就可以往芯片中烧写程序，如图 2-30 所示。

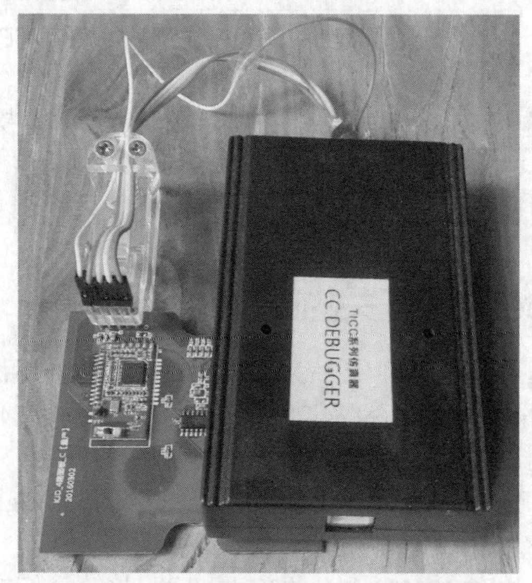

图 2-30 触摸开关的程序烧写接口

2.3.2 设计开发前的准备

由于没有任何的硬件电路设计的资料，因此需要自己去把 4 路输入（触摸）和 4 路输出（继电器开关）对应的 IO 口检测出来。

找来放大镜和万用表，对照 CC2530 芯片接口示意图（如图 2-31 所示），仔细地、慢慢地测量各个 IO 口。经过几天的测量，终于获得了 IO 口关系。4 个输出口是：P1_4、P1_5、P1_6、P0_3。初始化代码如下（参见 Zmain.c 中的入口函数 main）。

```
P1SEL &= ~0x70;      //0111 0000 = 0x70，定义为输出口
P1DIR |= 0x70;
P1_4 = 0;            //4 个开关断开
P1_5 = 0;
P1_6 = 0;
P0SEL &= ~0x08;
P0DIR |= 0x08;       //P0_3 在 P0 端口
P0_3 = 0;
```

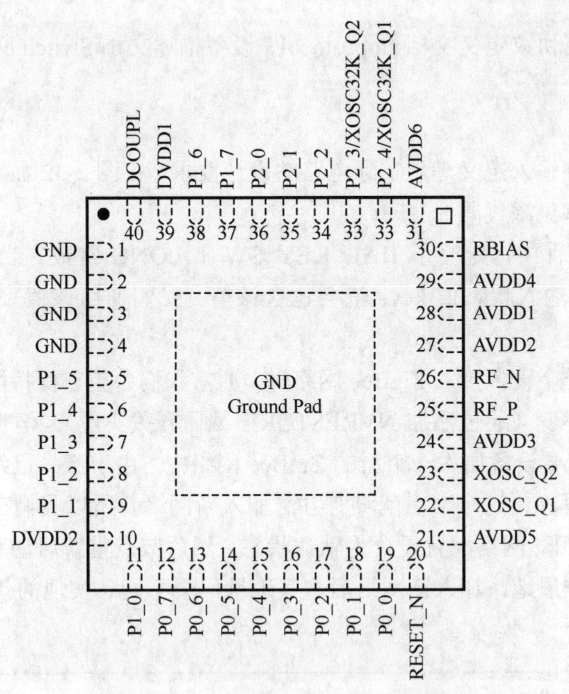

图 2-31　CC2530 芯片接口示意图

4 个输入口是 P0_4、P0_5、P0_6、P0_7。这次我们不使用自己的初始化代码，而是使用 Sample 案例程序的键盘驱动程序 hal_key.c 来初始化输入口。这样可以使用系统提供的按键事件处理代码，其中包含了按键的信息。

2.3.3　程序改造和设计

图 2-32 所示是 4 路开关项目的目录结构图。

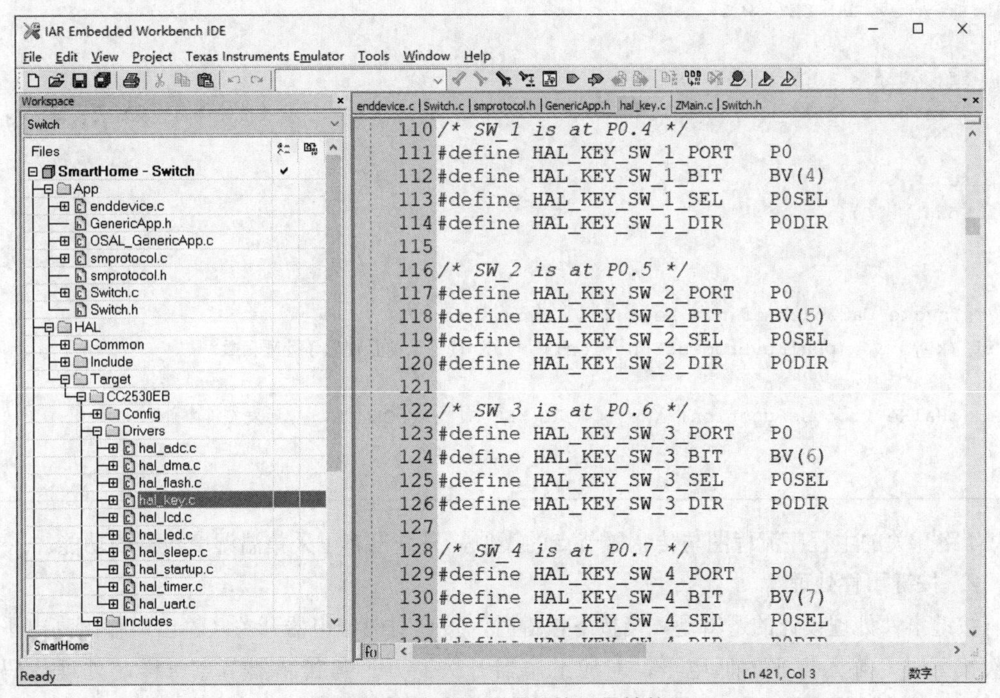

图 2-32　4 路开关项目的目录结构图

可以看到，包含了协议定义文档smprotocol、设备描述文档Switch.c/h，以及应用程序事件处理文档enddevice.c。

1. 输入口初始化

修改hal_key.c，使输入定义满足实际电路的设计要求。在图2-32显示的界面中，修改4个输入开关的值即可（参见源代码hal_key.c）。

在hal_key.h头文件中，定义了HAL_KEY_SW_1_LONG常数。当我们按住第一个输入触摸键10秒时，键盘输入状态值keys就会包含该值。我们使用该值来重新复位节点的网络配置。

这点很重要。当一个设备接入ZigBee网络时，通常我们希望它保持网络配置不变，比如识别设备的网络地址码不变（通过添加NVRESTORE编译开关实现）。但也有需要修改网络配置的情况，比如，我们想要设备加入一个新的ZigBee网络中。由于产品已经封装，不能重新擦写芯片Flash存储器和程序，这个节点就没有办法加入新网络。所以我们在程序中设计：按住第一个输入键10秒不松开，网络配置设置为默认状态，然后节点重新启动系统，这样节点就有机会加入新的网络了。一般地，加入新网络后，其地址码会不同。实现的代码如下（在hal_key.c文档中）。

```
void HalKeyPoll (void)
{
  uint8 keys = 0;                                    //键盘输入状态初始化为 0
  static uint8 Count = 0;
  if (HAL_PUSH_BUTTON1())  keys |= HAL_KEY_SW_1;     //第一个输入口按下: P0_4
  if (HAL_PUSH_BUTTON2())  keys |= HAL_KEY_SW_2;
  if (HAL_PUSH_BUTTON3())  keys |= HAL_KEY_SW_3;
  if (HAL_PUSH_BUTTON4())  keys |= HAL_KEY_SW_4;
  //按键 SW1 长按处理: 系统大约 100 毫秒轮询一次 HalKeyPoll 函数
  if(keys == HAL_KEY_SW_1)
  {
    if(Count < 100) Count++;
    else keys = HAL_KEY_SW_1_LONG;             //100*100ms = 10s 长按键检测: 设置长按键标志
  }
  else
    Count = 0;
  ……

  /* Invoke Callback if new keys were depressed */
  if (keys && (pHalKeyProcessFunction))     //按下了键且设置了处理函数
  {
    (pHalKeyProcessFunction) (keys, HAL_KEY_STATE_NORMAL);//触发按键事件
  }
}
```

4路开关的主程序流程图与传感器节点的类似，只是没有了采集温湿度数据的功能。

2. 按键事件处理

按键事件处理设计的逻辑是，当按下按键时，接通对应继电器开关（输出口输出高电平）；再次按下时，输入电平为低电平，对应继电器开关断开。与传感器节点一样，处理代码在enddevice.c文档的事件处理函数GenericApp_ProcessEvent中，如下所示。

```
uint16 GenericApp_ProcessEvent( uint8 task_id, uint16 events )
{……
case KEY_CHANGE:                                        //按键事件
   GenericApp_HandleKeys(((keyChange_t *)MSGpkt)->state, ((keyChange_t *)MSGpkt)->keys);
   ……
}
static void GenericApp_HandleKeys( uint8 shift, uint8 keys )
{……
   if (keys == HAL_KEY_SW_1 || keys==HAL_KEY_SW_2 ||
       keys == HAL_KEY_SW_3 || keys==HAL_KEY_SW_4 )
   {
       SwitchToggle(keys);                              //开、关相应继电器输出
   }
   else if ( keys & HAL_KEY_SW_1_LONG )                 //长按事件出现
   {                                                    //清除启动配置
       zgWriteStartupOptions(ZG_STARTUP_SET,ZCD_STARTOPT_CLEAR_STATE);
       DelayMS(500);
       SystemReset();                                   //节点系统程序重启
   }……
}
```

开关继电器的逻辑如下。

```
void SwitchToggle(uint8 keys)
{
   if (keys == 0x01)P1_4 = !P1_4;     //第一个开关：取相反状态
   else if (keys == 0x02)  P1_5 = !P1_5;
   else if (keys == 0x04)  P1_6 = !P1_6;
   else if (keys == 0x08)  P0_3 = !P0_3;
   else return;
   SendDOState();  //状态变化后，需要重新发送 4 个 DO 子设备的状态数据(见后面介绍)
}
```

长按事件的处理：设置系统启动选项为清除状态，然后重新启动程序。这样，设备会以新的设备名义加入网络中。

3. 入网事件处理

当继电器开关节点成功入网后，会触发入网事件，在 GenericApp_ProcessEvent 事件处理函数中插入我们的处理代码，如下所示。

```
uint16GenericApp_ProcessEvent( uint8 task_id, uint16 events )
{
    ……
    afIncomingMSGPacket_t *MSGpkt;
    MSGpkt = (afIncomingMSGPacket_t *)osal_msg_receive( GenericApp_TaskID );
    case ZDO_STATE_CHANGE:
      GenericApp_NwkState = (devStates_t)(MSGpkt->hdr.status);
        if ( (GenericApp_NwkState == DEV_ZB_COORD)
        || (GenericApp_NwkState == DEV_ROUTER)
        || (GenericApp_NwkState == DEV_END_DEVICE) )
        {
            if ( (GenericApp_NwkState == DEV_END_DEVICE) )   //终端节点
            {
                Initdevicestable();                          //初始化设备功能
                NotifyCoordinatorDevices();                  //!！入网后报告设备信息!！
```

```
            }
        osal_start_timerEx( GenericApp_TaskID,              //启动系统定时器
                GENERICApp_SEND_MSG_EVT,My_SEND_MSG_TIMEOUT );
    }
    ……
}
```

入网事件处理与传感器节点处理几乎完全类似，不再详述，请自行阅读配套资源中的源代码。只是继电器节点只有4个DO设备，代码相对简单很多。

4. 定时事件的处理

定时事件的处理业务逻辑很简单，定时发送4个继电器开关的状态数据到协调器，如下所示。

```
uint16 GenericApp_ProcessEvent( uint8 task_id, uint16 events )
{……
    if ( events & GENERICApp_SEND_MSG_EVT )                //周期性发送数据
    {
        SendDOState();
        osal_start_timerEx( GenericApp_TaskID, GENERICApp_SEND_MSG_EVT,
                My_SEND_MSG_TIMEOUT);                      //再次启动定时器
    ……
    }
    ……
}
void SendDOState(void)                                     //发送开关状态的函数
{
      uint8 buffer[12];
      uint16 addr;
      addr = NLME_GetShortAddr();                          //以下按协议要求填写数据
      buffer[0] = SENDDATAHead >> 8;                       //帧头
      buffer[1] = (SENDDATAHead & 0xF0)+SENDDEVSTATE;      //子设备状态数据指令
      buffer[2] = addr & 0xFF;                             //地址码
      buffer[3] = addr >> 8;                               //4、5字节不管，由协调器统一加上
      buffer[6] = 5;                                       //5个字节的数据
      buffer[7] = (DO << 5)+0x1F;
      buffer[8] = P1_4;
      buffer[9] = P1_5;
      buffer[10] = P1_6;
      buffer[11] = P0_3;
      AF_DataRequest( &GenericApp_DstAddr, &GenericApp_epDesc,
          GENERICApp_CLUSTERID,
          12, buffer, &GenericApp_TransID,
          AF_DISCV_ROUTE,
          AF_DEFAULT_RADIUS );                             //无线发送数据
}
```

5. 监控指令的处理

监控指令的处理与传感器节点处理类似，协调器把监控平台发来的监控指令广播给整个ZigBee网络中的节点，节点程序触发消息到达事件AF_INCOMING_MSG_CMD，最终由ProcessSwitchData来处理，代码如下。

```
void ProcessSwitchData(uint8* buffer)
{
    uint8 cmd,8 type, number;
    cmd = buffer[1] & 0x0F;
    if (cmd == SENDDEVCTRLL)                               //控制子设备工作指令
```

```
    {                                              //高 3 位：子设备类型；低 5 位：子设备编号 0~15
        type = buffer[7] >> 5;
        number = buffer[7] & 0x1F;
        if (type == DO)                            //DO 子设备
        {
          if(number == 0)P1_4 = buffer[8];
          else if(number == 1)P1_5 = buffer[8];
          else if(number == 2)P1_6 = buffer[8];
          else if(number == 3)P0_3 = buffer[8];
          SendDOState();                           //DO 子设备的新状态数据发给监控平台
        }
    }
    else if (cmd == SENDDEVSTATE)                  //获取子设备状态数据的指令
    {                                              //高 3 位：子设备类型；低 5 位：子设备编号 0~15
        type = buffer[7] >> 5;
        number = buffer[7] & 0x1F;
        if (type == DO)                            //获取 DO 子设备状态
        {
          SendDOState();
      }......
}
```

需要注意的是，不要把开关的序号弄混。

2.3.4　4 路继电器节点运行

程序编译无误后，下载到 4 路继电器开关节点。下载完成后，退出调试状态。重新安装好面板开关，火线和地线接入开关面板（见图 2-29），最后接入 220V 市电，开关设备便可正常工作。图 2-33 所示是在监控进程中观测到的结果，可对 4 个开关进行随心所欲的操控。

当直接在面板上进行开、关操作时，DMP 界面也立即呈现相应状态。至此，一个商品化的智能设备改造完毕，只修改了控制软件，硬件没有任何改变，却可以完美纳入监控平台，统一进行监控。

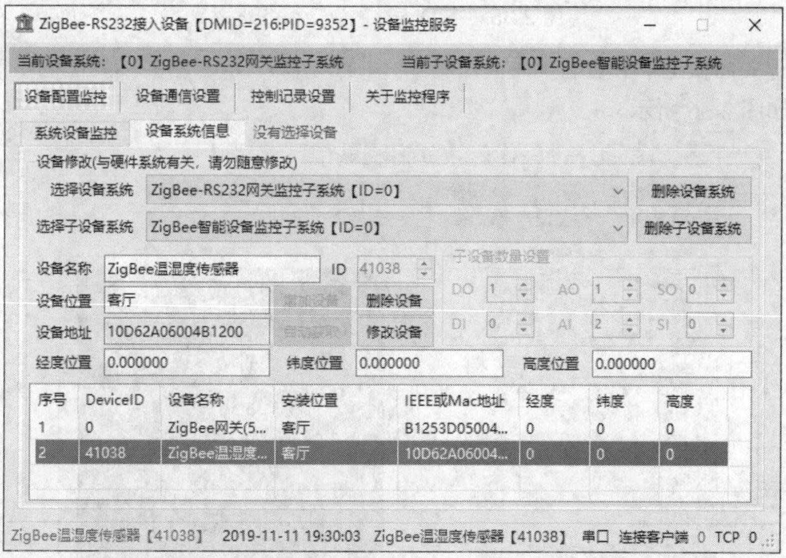

图 2-33　4 路开关未接入 DMP 时的界面

给开关面板通电，打开协调器的入网开关，大约几秒后，接入了监控进程，如图 2-34 所示。

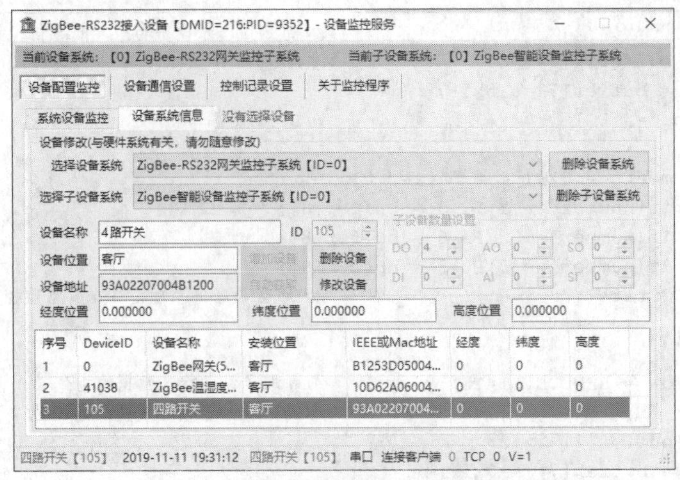

图 2-34　4 路开关接入 DMP

在 DMP 界面随意控制 4 个继电器的开、关状态，如图 2-35 所示。

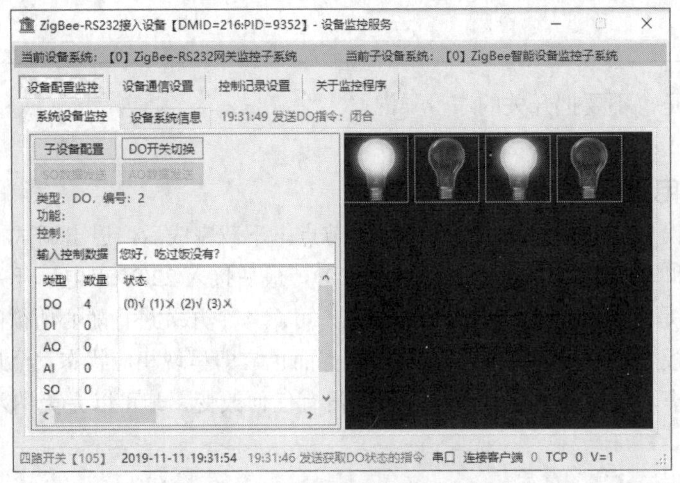

图 2-35　在 DMP 中操控 4 路开关

在 4 路开关面板上，手动触摸面板控制开、关继电器。DMP 的显示界面同步更新 DO 子设备的状态，如图 2-36 所示。

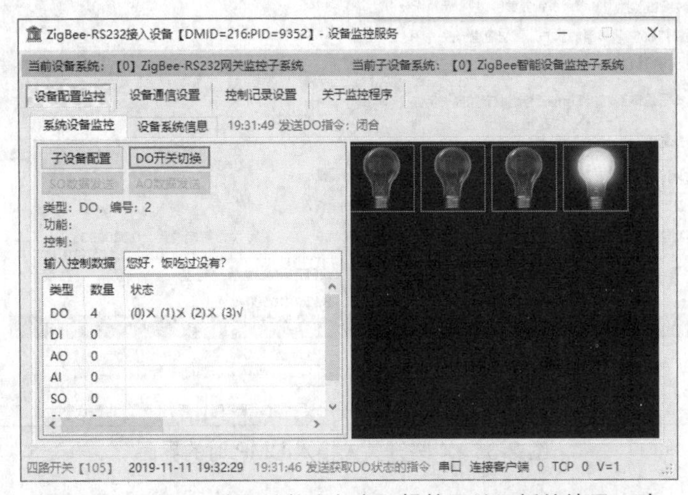

图 2-36　DMP 4 路开关状态与实际操控开关面板的效果一致

实际操作表明，程序设计的逻辑是正确的。如果读者没有购买到 4 路开关设备，也可以多购买几个 ZigBee 开发节点，使用其中的多个 LED 指示灯来代替。当然按键的驱动模块要做相应的修改。

2.4 ZigBee 网络设备监控系统的互联互通演示

恭喜，前述 3 个项目成功开发，由 3 个设备组成的 ZigBee 监控系统完美建立了。如果这不足以让你心满意足，那我们来组合这 3 个设备完成一些有意思的监控任务。因为每个设备都可以独立运行，没有任何物理上、程序上的关联，现在我们把它们接入监控平台，让它们协作来完成以下工作。

- 建立一次打开或关闭所有节点上的 LED 灯和继电器开关的场景任务。
- 当协调器的入网开关允许入网时（可按 S1 键，使 LED3 灯点亮），打开所有节点上的 LED 灯和继电器开关。
- 当温度高于 26℃时，关闭所有节点上的 LED 灯和继电器开关；或者，低于某个数值时，关闭所有开关。

以上场景，读者都是可以自己重现的。

2.4.1 场景任务建立

运行监控中心 DMC，同时启动一个监控进程编号为 216 的 DMP（DMID=216），界面如图 2-37 所示（具体操作见后续章节）。

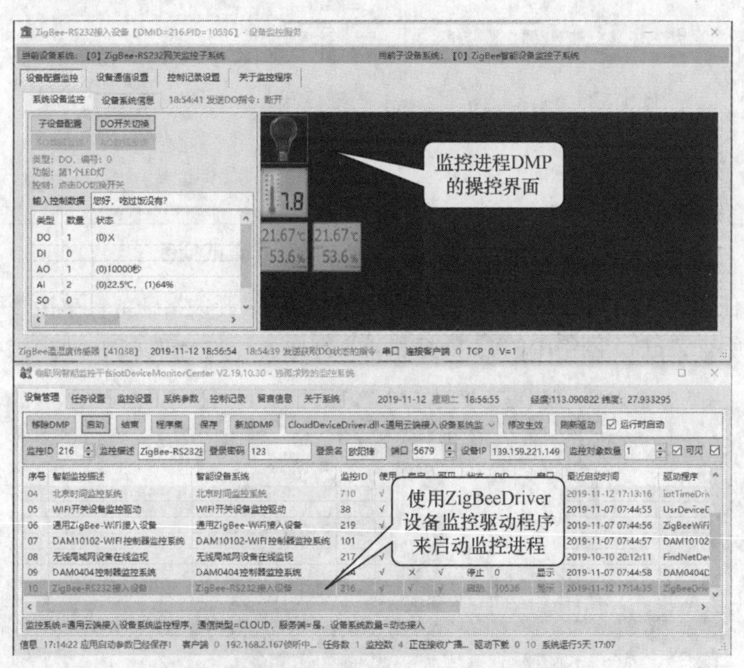

图 2-37 监控中心 DMC 和监控进程 DMP

在监控中心进入“任务设置”界面，编辑一个“一键打开 ZigBee 网络开关”的场景任务。如图 2-38 所示。

在左侧界面新建任务。在右侧的任务内容制定界面，可以对任何设备的输出子设备（DO、AO、SO）进行控制，理论上不做任何限制。这里我们设置了 6 个操作，分别把 ZigBee 网络内的 2 个 LED 灯和 4 个继电器开关打开。

同样地，我们建立一个“一键关闭 ZigBee 网络开关”的场景任务，只是内容换成了关闭操作，如图 2-39 所示。

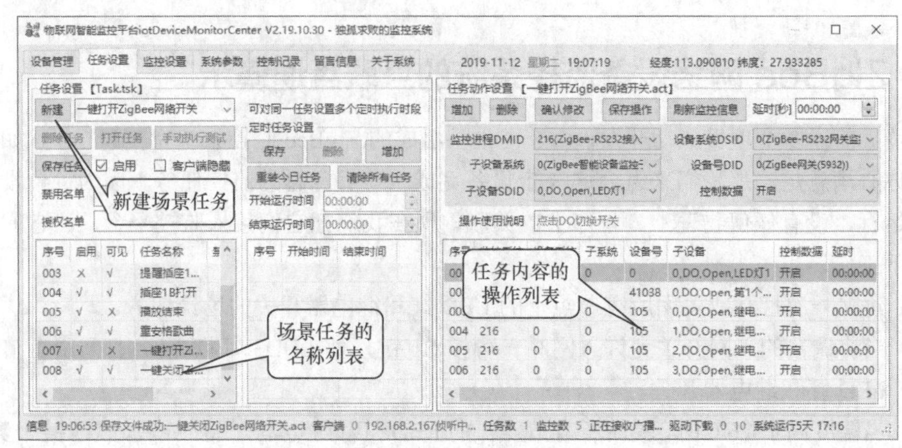

图 2-38 建立打开 6 个 DO 子设备的任务

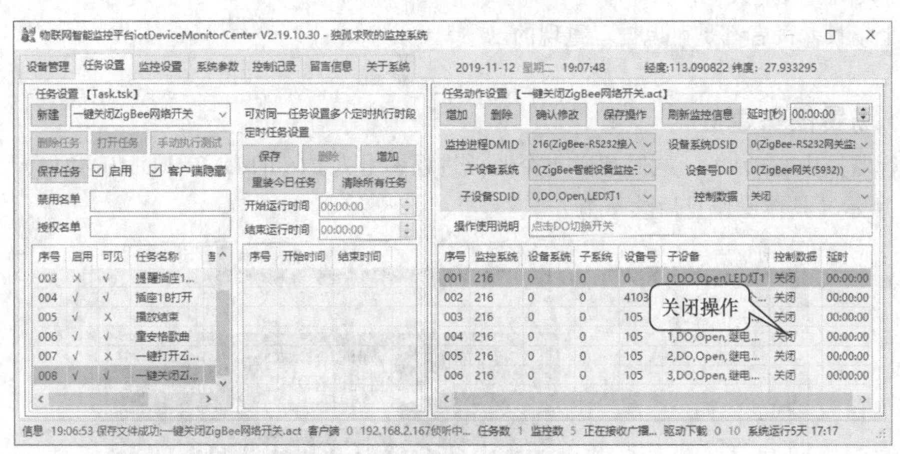

图 2-39 建立关闭 6 个 DO 子设备的任务

选中场景任务的名称列表中的“一键关闭 ZigBee 网络开关”任务，单击【手动执行测试】按钮，结果是所有 ZigBee 网络中的 LED 灯和 4 个继电器开关全部关闭，如图 2-40 所示。

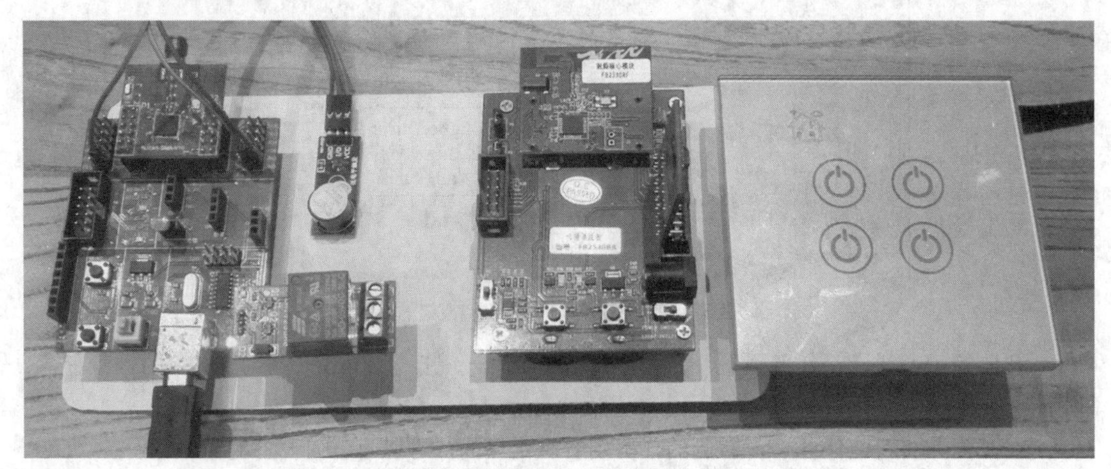

图 2-40 ZigBee 网络中 LED 灯和 4 个继电器全部关闭

再选择“一键打开 ZigBee 网络开关”的场景任务，单击【手动执行测试】按钮，结果是所有 ZigBee 网络中的 LED 灯亮起，4 个继电器开关全部接通，如图 2-41 所示。

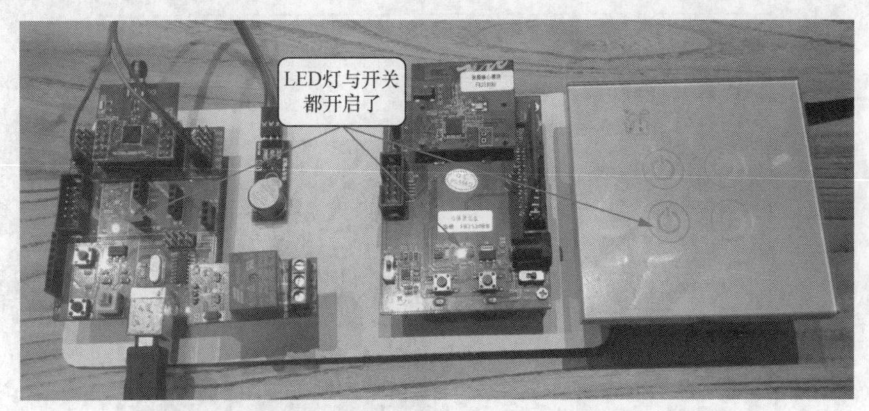

图 2-41 ZigBee 网络中 LED 灯和 4 个继电器全部开启

2.4.2 一键操控演示

监控中心主要担任管理工作，一般不在其界面操控设备。所以我们设置一个智能监控配置。当我们开启协调器的入网功能时，自动执行“一键打开 ZigBee 网络开关”，也就是把 LED 灯点亮，4 个继电器开关接通。

在 DMC 进入“监控设置”界面，如图 2-42 所示。

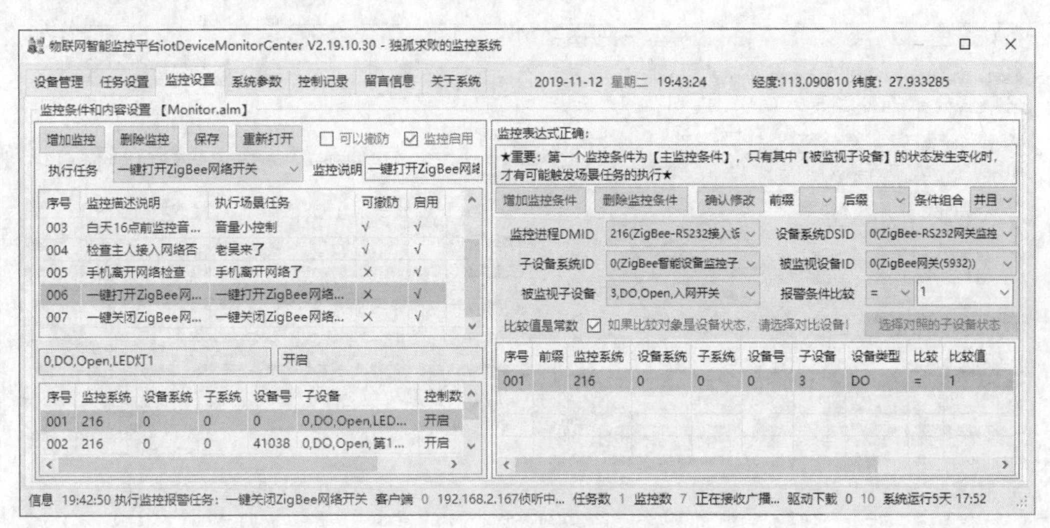

图 2-42 “监控设置”界面

单击【增加监控】按钮，选择执行的任务为“一键打开 ZigBee 网络开关”，并保存。在左侧的监控条件中，新建立一个“协调器入网”开关等于“1”的条件，单击【确认修改】按钮，再单击【重新打开】按钮生效。

现在，我们先把 ZigBee 网络开关全部关闭（可手动执行“一键关闭 ZigBee 网络开关”任务）。手动按一下协调器的 S1 按钮，此时入网开关打开（LED3 灯亮起），结果很令人满意：ZigBee 网络的开关立即全部打开了，如图 2-43 所示。

怎么样？很酷吧。请你试一下，在 DMP 界面，手动打开入网开关，是不是有一样的效果呢？答案是肯定的。如果我们使用移动 App（后面章节介绍），也可以实现同样的效果。

当然如果你愿意，也可以建立一个“协调器入网”开关等于“0”的条件来关闭所有 ZigBee 网络内的开关。

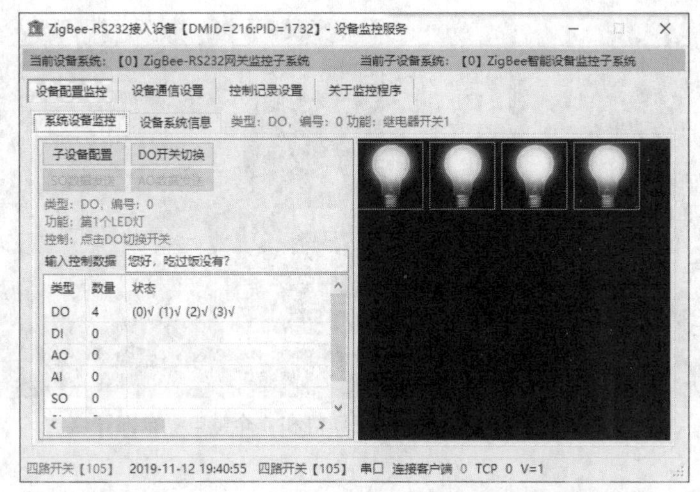

图 2-43 协调器入网开关打开时 4 个继电器接通了

2.4.3 温度监控联动演示

如图 2-44 所示，我们建立了一个“传感器节点的检测温度大于 26℃”时，自动执行“一键关闭 ZigBee 网络开关”的监控配置。

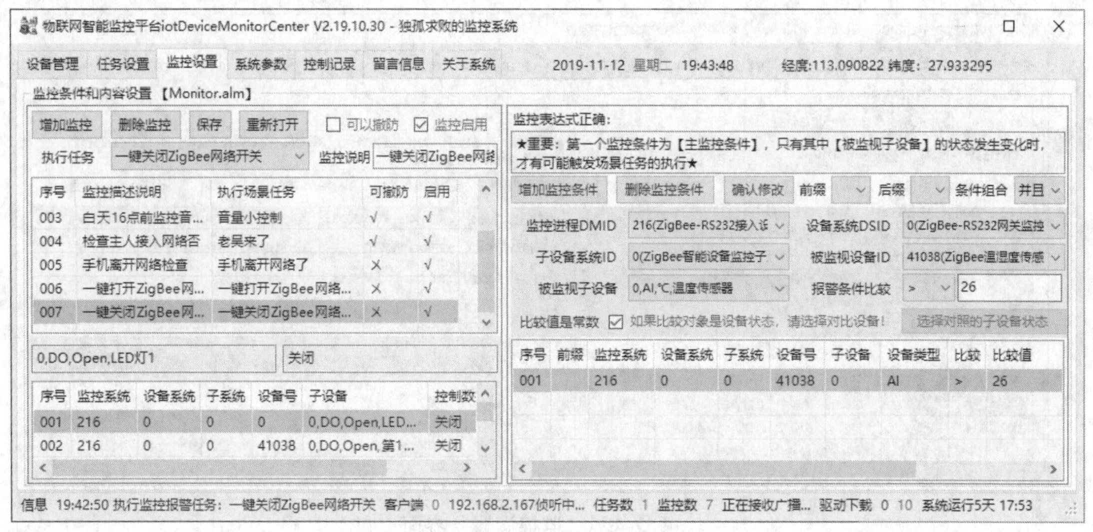

图 2-44 对温度进行监控设置

单击【重新打开】按钮使监控配置生效，此时温度在 24.9℃。如图 2-45 所示。我们可以通过手动执行“一键打开 ZigBee 网络开关”，使 LED 灯和继电器开启。

然后，我们用手握住传感器芯片，当温度>26℃，且数据传到监控中心时，自动执行“一键关闭 ZigBee 网络开关”任务，结果是所有 LED 灯及继电器全部关闭了，如图 2-46 所示。

提示： 由于温湿度传感器上传数据的周期为 10 秒，当温度>26℃时，并不会立即触发智能监控。需要数据到达监控中心，DMC 才会去处理监控配置，从而触发任务的执行。可以按下传感器节点的 button1 按钮，会立即上传温湿度数据。

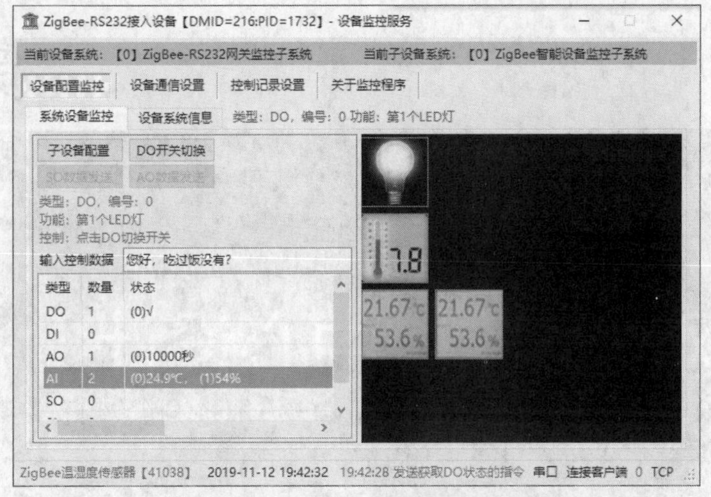

图 2-45　温度<26℃且 LED 灯亮起

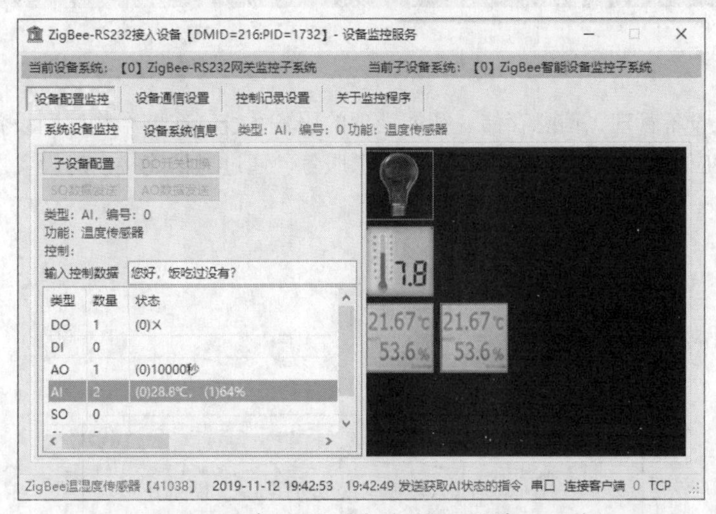

图 2-46　温度>26℃时自动关闭了所有 LED 灯

至此，本章的实战结束了。期望读者能开发更多的传感器节点和执行机构来接入网络，如烟感、人体感应、PM2.5、雨滴检测等。那么，一个所谓的智能家居是不是可以随意搭建了？

小结：我们只需要专注每个硬件节点的设计，把稳定性、可靠性做好即可，至于它们在整个监控系统中起到的作用，完全可以交给平台去管理、扩展。

第3章 物联网设备监控中心设计

监控中心是设备管理、信息存储、智能处理的服务系统。在整个物联网设备监控平台中处在核心位置。对应用层系统，它提供基础的信息服务，通过通信连接，对设备层的各种异构的设备系统进行统一监控，如图3-1和图3-2所示。

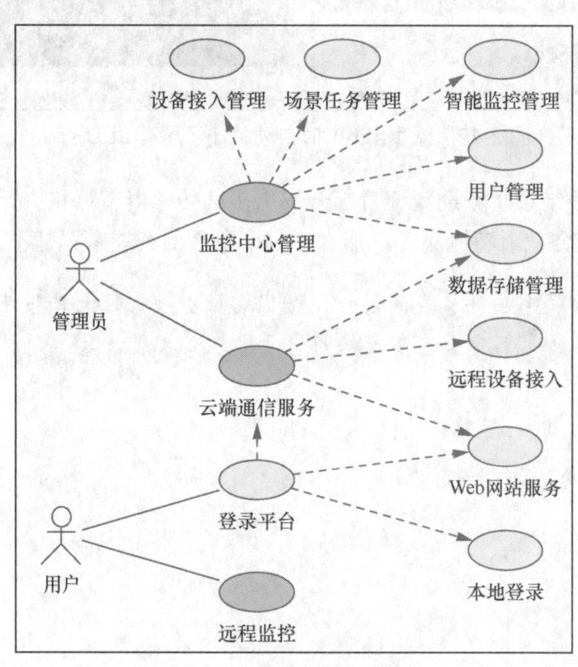

图3-1 监控平台用例图

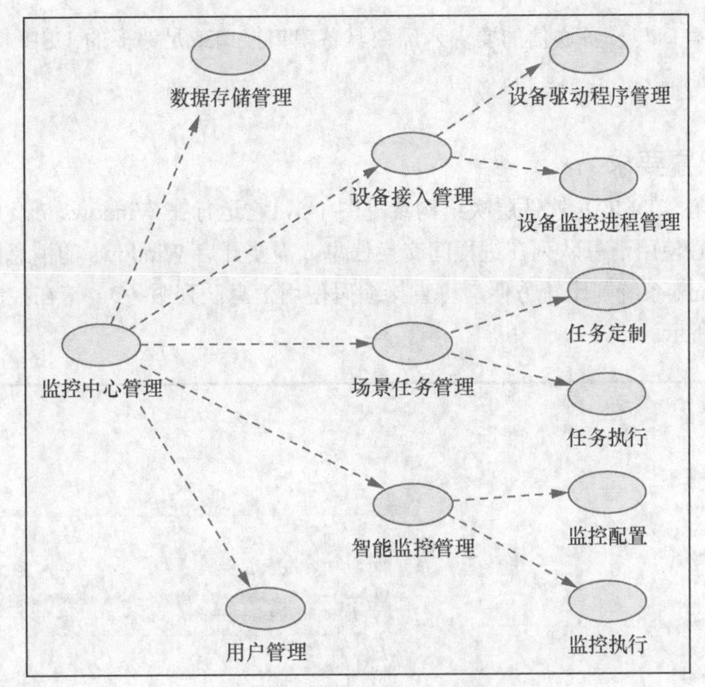

图 3-2 监控中心二级用例图

3.1 选择硬件平台的纠结

由于设计监控中心要实现的业务功能较多，因此使用的软件技术较复杂，需要功能强大的处理器和较多的硬件资源，以及功能强大的操作系统的支持。考虑到家庭、移动组网监控等多种环境的使用，选择配置较高的平板电脑为宜。操作系统可考虑使用 Linux、Windows，两者都支持多任务、多线程、消息队列、网络通信等全方位的开发要求。笔者偏爱.Net 平台，所以选择了 Windows 操作系统计算机作为监控中心的运行环境，使用了 Visual Studio 来开发整个工程方案。其实 Linux 平板电脑的价格要低一些，考虑价格因素，希望有读者能开发出 Linux 版本的监控中心，也可以考虑使用安卓平板电脑来开发。

3.2 监控中心架构设计

明确监控平台的业务需求、功能，搭建可行的硬件、软件运行环境，是平台开发的首要任务。图 3-1 所示是整个平台的系统用例图（未学完软件工程课程的读者，可先行参阅有关面向对象软件工程的图书）。

说明：尽可能使用 UML 规范描述设计系统。这里图形绘制使用的是 Rational Rose 软件。系统设计的描述文档“监控平台用例图.mdl”收录在本书配套资源中，供读者参考。读者也可以使用其他图形绘制工具描述系统设计。

3.2.1 硬件配置要求

运行计算机：能运行 Windows 10 的 PC、平板、笔记本都可以，建议内存为 4GB 及以上，64 位处理器（32 位处理器未做充分测试，有些设备监控驱动程序可能会有兼容问题，如使用高通处理器的 Windows 平板，则无法启动消息队列服务）。

如果有使用串口与设备通信的要求，需要具备串口接口或足够多的 USB 接口（使用 USB 转串口实现串口通信）。

3.2.2 软件配置要求

设备监控中心（DMC）软件层次结构参见图 1-5，它运行在 Windows 7 及以上的操作系统中。由于监控中心使用消息队列在进程间交换信息，需要开启 Windows 的消息队列服务，默认是不开启的（Linux 系统则比较方便，可直接编码使用消息队列服务）。请在控制面板开启消息服务，如图 3-3 所示。

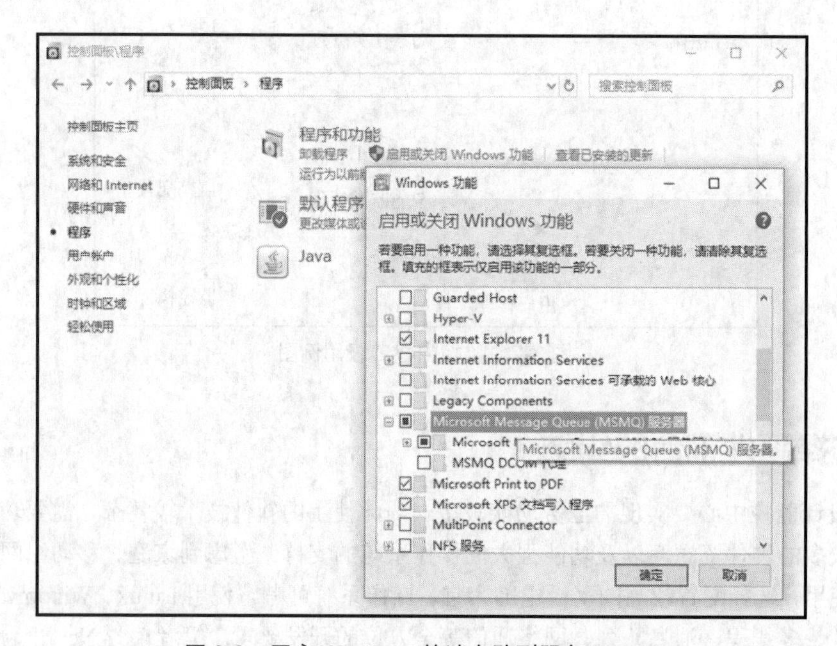

图 3-3 开启 Windows 的消息队列服务 MSMQ

软件开发环境：Visual Studio 2017/2019。

程序语言：C#。

开发计算机的配置，建议：有 8GB 及以上内存，使用固态硬盘；大屏幕高分辨率显示器（2K，29 英寸以上，1 英寸=2.54 厘米）。

由于监控中心所设计的程序都是用 C#编写的，学完.Net 课程的读者可阅读本章节。

下面将对监控中心各个主要模块进行设计与实现。需要有些心理准备，因为这对初学者有一定的难度。一时没看懂代码没关系，但理解设计原则很重要。图 3-4 所示是监控中心项目 iotDeviceMonitorCenter 的结构。

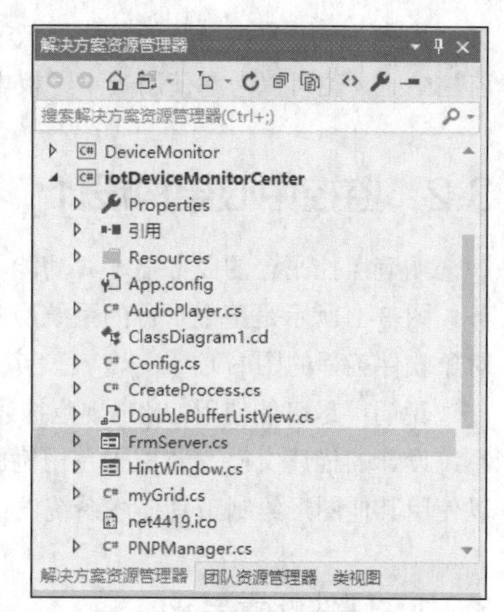

图 3-4 DMC 项目开发结构

3.3 设备接入和管理模块的设计

设备接入管理是监控平台最基础和最核心的部分。没有设备，就没有数据，就没有物联网。要把不同功能、不同结构、不同厂商生产的产品，接入监控平台进行统一管理，需要中间件软件技术来实现。

图 3-5 所示是设备接入功能的详细用例图，业务类的设计是根据功能来进行的。

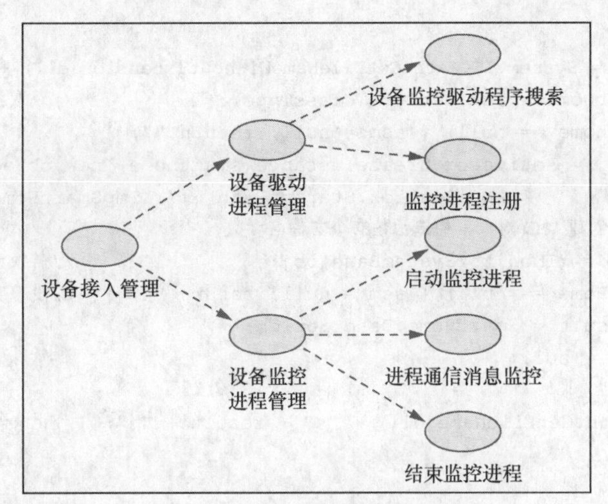

图 3-5 DMC 设备接入用例图

3.3.1 监控驱动程序的搜索设计

DMC 默认程序当前目录下的 Drivers 子文件夹是存放设备监控驱动的目录。它们都以 dll 程序集的形式存在，实现了 3 个核心协议。在主程序 FormServer.cs 中，提供了搜索监控驱动程序的方法，代码如下。

```
private void GetAllSmartHomeAssembly()          //获取监控驱动中间件目录下的程序集
{
    List<string> Result = new List<string>();   //建立空列表，用于保存驱动程序的基本信息
    string[] dlls = Directory.GetFiles(Application.StartupPath + "\\Drivers", "*.dll");
    for (int i = 0; i<dlls.Length; i++)          //处理每个 dll 文件
    {
      string s = GetSHAssemblyInfo(dlls[i]);    //获取驱动程序的信息
      if (s != "") Result.Add(s);               //合法地实现了协议的驱动程序加入列表
      }
    GC.Collect();                               //回收垃圾
    cbAssembly.Items.Clear();
    cbAssembly.Items.AddRange(Result.ToArray());//加入可视化控件中显示
    if (cbAssembly.Items.Count > 0) cbAssembly.SelectedIndex = 0;
}
```

流程很简单。核心代码是获取驱动程序信息的方法 GetSHAssemblyInfo()，如下所示。

```
private string GetSHAssemblyInfo(string dll)    //获取智能设备监控程序集的部分信息
{
    Assembly asm = null;
    ImonitorSystemBase smartHome = null;
    string classType = "";
    try
    {
        asm = Assembly.LoadFrom(dll);           //动态加载程序集
    }
```

```
    catch { return ""; }
    if (asm == null) return "";                                    //意外
    try
    {
        ClassType = System.IO.Path.GetFileNameWithoutExtension(dll) + ".MonitorSystem";
        Type smarthome = asm.GetType(classType);                   //获取指定对象类型
        if (smarthome == null) { asm = null; return ""; }
        object obj = Activator.CreateInstance(smarthome, new object[]
                    { Application.StartupPath + "\\TmpSmartHome.tmp" });
            //创建 DMD 对象，构造函数有个文件名参数
        smartHome = (IMonitorSystemBase)obj;                       //转换为接口
        if (smartHome == null) { asm = null; return ""; }          //没有实现接口，返回空
        string result = SmartHome.Description;
        smartHome = null;
        asm = null;
        return Path.GetFileName(dll) + "<" + result + ">";         //记录合法程序的文件名+<描述>
    }
    catch
    {
       return "";
    }
}
```

Activator.CreateInstance()是动态创建对象的方法，需要一个参数来构造，我们平常使用得不多，但对动态加载对象的应用程序来说很重要，它提供了程序的扩展性和灵活性。在 SmartControlLib 项目中（参见第 1 章），我们设计并实现了 MonitorSystemBase 类，所有监控驱动程序类都是从该类继承下来的，它实现了 ImonitorSystemBase 接口，具备了监控系统基本信息数据的读写操作（驱动程序设计见后续章节），代码如下。

```
public class MonitorSystemBase : IMonitorSystemBase, IWriteReadInterface
{
    ......
    public string Description;
    public MonitorSystemBase(string _filename)                     //带文件参数的构造函数
    {
      FileName = _filename;
      DeviceSystems = new List<IDeviceSystemBase>();
      ReadFromFile(FileName);                                      //从文件中读取监控系统的信息
      CommType = CommMode.SHAREMEMORY;                             //父类还可以修改通信方式
      bserver = true;                                              //父类还可以修改通信C/S模式
    }......
}
```

3.3.2 监控进程的登记管理

获知合法的设备监控驱动程序后，DMC 并不直接使用设备监控程序来与硬件设备系统交互，而是启动一个进程来实现该功能，并指定该进程使用特定的设备监控驱动程序。由于每次启动同样的监控程序，其进程号 PID 是不一样的，DMC 为了识别该进程，需要为其指定一个设备监控号（DMID）；启动进程时，还有一些配置参数也需要传递，所以要先对监控进程进行登记配置。图 3-6 所示是设备管理界面 UI 的设计。

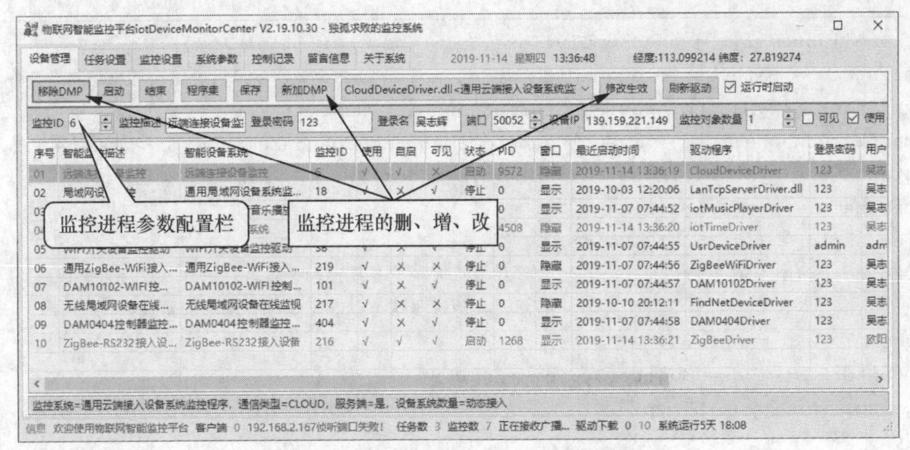

图 3-6　DMC 设备管理页面的设计

这样设计的原则是让独立的进程与设备交互，减少了 DMC 对设备的依赖。松耦合的设计原则是软件设计的重要原则。在监控进程“死机”或退出的情况下，DMC 仍然可以有效工作。

登记增加一个监控进程的流程设计，如图 3-7 所示。

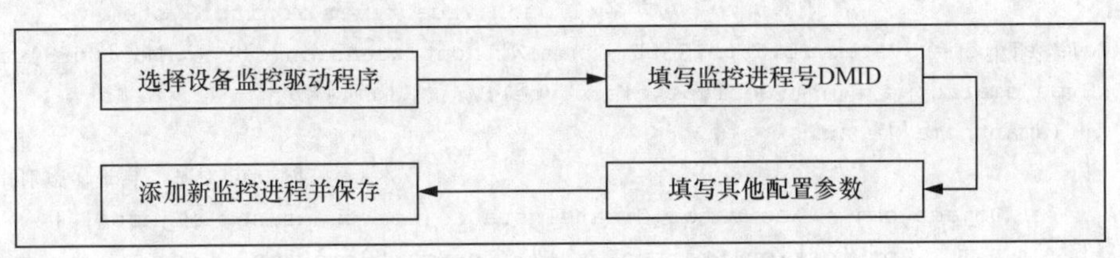

图 3-7　登记新监控进程的主流程

配置参数的设计如下。

监控进程运行的程序只有一个版本，它会根据设备监控驱动程序的信息，自动使用其指定的通信方式。不同通信方式需要不同的参数。考虑目前常用的设备通信方式如 TCP/IP、串口、进程间通信 IPC，设计含有冗余信息的通用配置参数有以下几种。

（1）登录账号、密码：用于需要登录才能与设备交互的情形。

（2）IP 地址、端口号：用于 TCP/IP 通信，是目前较流行的无线通信方式。

（3）监控对象数量：对于 IPC 通信方式，可以通知 DMD 实例化设备系统的数量。这要视监控驱动程序的功能而定，多数驱动程序会忽略这个参数。

注意：有些配置参数，在不同的通信方式中是无用的。比如 IP 地址，在串口和 IPC 通信中是被忽略的。对串口通信的配置，由于参数较多，放在了监控进程程序中（见后续章节介绍），也就意味着，串口通信进程需要在其界面进行一次配置后才能正确工作。这点有待改进。

登记新的监控进程的方法有点复杂，要先看源代码了解流程，再分析其中核心类的作用，代码如下。

```
private void AddOneDMP()                                    //添加新 DMP 监控进程
{
   if(cbAssembly.SelectedIndex<0)return;                    //检查可视化下拉框是否选择了驱动程序
   MyMonitorApps.Maxsmarthomes = 99;                        //限制最大监控进程数
   if(!MyMonitorApps.AddOneSmartHome((int)nSHID.Value))//增加特定 DMID 进程
   {  Hint("添加新设备系统程序失败！可能 ID 号被占用或超过限制。");  return;  }
```

```
    string[]assemblys = cbAssembly.Text.Split(newchar[]{'<','>'});
    stringdll = Path.GetFileNameWithoutExtension(assemblys[0]);//提取驱动程序文件名
    int index = MyMonitorApps.SmartHomeChannels.Count-1;
    SmartHomeChannelitem = MyMonitorApps.SmartHomeChannels[index];//进程基本信息对象
    AttachEvent(MyMonitorApps.ShareMemorys[index]);      //订阅事件处理方法
    item.name = assemblys[1];
    item.appid = (int)nSHID.Value;
    item.description = item.name; //开始登记时，设备描述和设备名称一样，以后可修改
    ……                               //填写其他进程信息，参见配套资源中的源代码
    Assembly asm = null;
    ImonitorSystemBase MonitorSystem = null;
    StringclassType = "";
    try
    {                                //动态加载程序集，注意：驱动程序放在 Drivers 子文件夹中
      asm = Assembly.LoadFrom(Application.StartupPath+"\\Drivers\\"+assemblys[0]);
    }
    catch{}
    if(asm != null)
    {                                //类名:CloudDeviceDriver.MonitorSystem
      classType = System.IO.Path.GetFileNameWithoutExtension(dll)+".MonitorSystem";
      Type smarthome = asm.GetType(classType);//获取指定对象类型
      if(smarthome != null)
      {                                          //创建临时 DMD 对象，构造函数有个参数
          Object obj = Activator.CreateInstance(smarthome,new object[] {
              Application.StartupPath+"\\TmpSmartHome.tmp"});
          MonitorSystem = (IMonitorSystemBase)obj;
          if(MonitorSystem != null)
          {
            item.CommMode = (int)MonitorSystem.CommType; //通信类型
            item.bServer = MonitorSystem.bServer;
          }
      }
      MonitorSystem = null;                              //释放对象
      asm = null;                                        //释放程序集
    }
      MyMonitorApps.WriteSmartHomeInfo(index);           //把对象数据写入共享内存
      item = MyMonitorApps.ReadSmartHomeInfo(index);     //重新从共享内存读入数据
      MyMonitorApps.SaveToFile();                        //保存监控进程信息
      Hint("添加成功！★添加新应用程序后，请启动它进行设置");
      AddSmartHomeChannelToGrid(item);                   //在用户界面呈现
      MonitorAppsTable.SetColNumbers(0,1,2,'0');
      lvApps.Items[lvApps.Items.Count-1].Selected = true;
      this.StartReceiveMessage();                        //启动队列消息接收机制
}
```

这里出现的“新对象”较多，有3个：MonitorApps、ShareMemorys和SmartHomeChannel。

- MonitorApps：管理登记的监控进程的相关信息（ShareMemorys、SmartHomeChannel）。
- ShareMemorys：进程间IPC通信类。
- SmartHomeChannel：进程基本信息描述类。

它们是整体与部分之间的关系，如图3-8所示。

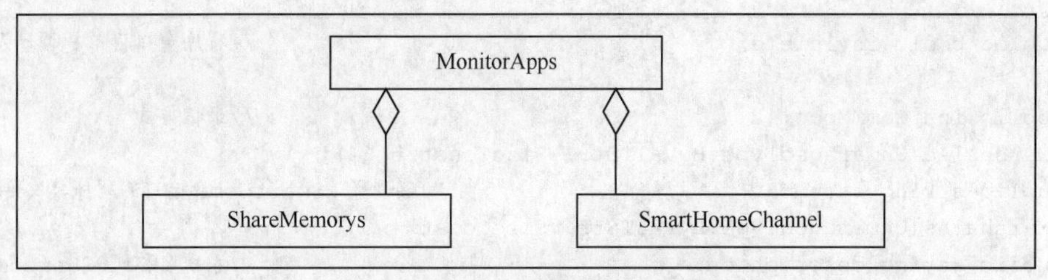

图 3-8　监控进程管理相关类的类图

ShareMemorys 与 SmartHomeChannel 类在其他项目中也要使用，具有通用性，因此把它设计在通用智能监控库“SmartControlLib”项目中。

监控平台是一个多进程、多线程的应用系统，进程间交换数据是很频繁的，基于有效、方便的原则，我们设计了如下通信结构解决程序间通信问题，如图 3-9 所示。

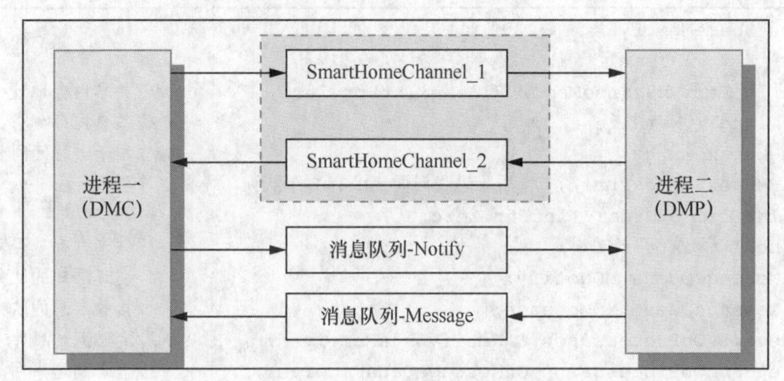

图 3-9　设计两个进程间通信的机制

进程基本信息（SmartHomeChannel）大小是固定的，放在共享内存中供其他进程读取。监控指令、设备状态信息等数据是变化的，使用消息队列传递。注意图 3-9 中数据的流向。从监控中心往下传递数据，我们称之为 Notify 消息（通知）；从设备层通过监控中心向上传递数据，我们称之为 Message 消息（信息）。

了解以上设计思想，对理解本系统的源代码很有帮助，否则有可能云里雾里。这样，当代码中出现 SmartHomeChannel、Notify 和 Message 字样时，你应该知道是什么情况了。

1. SmartHomeChannel

设计该类的用途在于不同进程间交换基本信息。每个进程负责把自己的基本信息填写在该类对象中，并写入共享内存中。另外一个进程可随时查看其中的信息和使用它们。该类主要定义了属性，代码如下。

```
public class SmartHomeChannel                                 //监控进程基本信息
{
    public static int SHFLAG = 0x5A5A5A5A;                    //物联网监控统一标识
    public static string sharememoryfile = "IotShareFile";//共享内存文件名
    public static string mutexname = "IotMutex";              //互斥，用于解决共享内存读写冲突
    public int appid;                                         //也就是 DMID
    public bool canused;                                      //系统能否被使用
    public bool autostart;                                    //系统启动自动运行
    public bool loaded;                   //监控程序 DMP 是否已经加载，可用于防止启动多个进程
    public bool Deviceloaded;             //设备监控驱动程序是否加载，可用于防止启动多个进程
    public bool visible;                  //启动时是否显示窗口
```

```
    public bool winvisible;                                  //程序窗口目前是否显示
    ……
    public int CommMode;                                     //通信方式
    [MarshalAs(UnmanagedType.ByValTStr, SizeConst = 64)]
    public string assembly;                     //实现了ISmartHome接口的程序集文件名
    [MarshalAs(UnmanagedType.ByValTStr, SizeConst = 64)]
    public string description;                               //系统名称：32Unicode字符
    ……
}
```

2. ShareMemory

“共享内存”类 ShareMemory 的实现比较繁复，大约 400 行代码。主要功能是建立共享内存和消息队列及相关的操作方法。先设计属性，如下所示。

```
public class ShareMemory
{
    private IntPtrm_hSharedMemoryFile = IntPtr.Zero;         //共享内存地址
    private long m_MemSize = 0;                              //共享内存大小
    private Mutex mutex;                                     //用于进程间同步
    private Mutex mutexshare; //用于进程间同步：有2个队列，需要2个互斥
    public IntPtrm_pwData = IntPtr.Zero;
    public bool m_ok = false;                                //共享内存是否可用
    public MessageQueue MQNotify;                            //发送通知的队列
    public MessageQueue MQMessage;                           //接收消息的队列
    public event OnProcessJson OnNotifyDataReceived;         //消息到达事件
    public event OnProcessJson OnMessageDataReceived;        //信息到达事件
    public bool bAsynReceiveNotify;                          //异步读取消息队列数据
    public bool bAsynReceiveMessage;
    public bool bProcessNotify;                              //是否处理消息
    public bool bProcessMessage;
    public string mqnotifyfn = "";                           //消息队列名称
    public string mqmessagefn = "";
    ……
}
```

属性定义了 2 个消息队列，以及相关消息到达的事件，方便使用者处理消息，为避免读写操作冲突，还定义了 2 个互斥对象（有关操作系统互斥的概念，请复习操作系统课程内容）。OnProcessJson 的定义如下。

```
    public delegate void OnProcessJson(IotDictionary json);   //定义代理方法
```

如何使用该类，需要了解其定义的一些主要方法，首先看构造函数，如下所示。

```
public ShareMemory(Mutex mutex, int flag, Mutex mutexshare = null)
{
    this.mutex = mutex;
    this.flag = flag;
    this.mutexshare = mutexshare;
    if (mutexshare == null) this.mutexshare = mutex;          //同一个互斥
}
```

构造函数并没有对消息队列和共享内存进行初始化，而是专门放在 Init()方法中，该方法所做的工作较多，如下所示。

```
public int Init(string strName, long longSize)              //参数：共享内存"名称"和大小
{
    bAsynReceiveNotify = true;                              //缺省是异步读取队列数据
    bAsynReceiveMessage = true;
    if (longSize <= 0 || longSize > 0x00800000) longSize = 0x00800000;
    m_MemSize = longSize;
    mqnotifyfn = ".\\Private$\\" + strName + "Notify";  //生成消息队列名称
    if (!MessageQueue.Exists(mqnotifyfn))                   //不存在，需要建立
    {
        MQNotify = MessageQueue.Create(mqnotifyfn);  //设置权限
        MQNotify.SetPermissions("Administrators", MessageQueueAccessRights.FullControl);
    }
    else
    {
        MQNotify = new MessageQueue(mqnotifyfn);
        MQNotify.Purge();
    }
    MQNotify.Label = mqnotifyfn;                      //设置通知消息队列内容格式为二进制数据
    MQNotify.Formatter = new System.Messaging.BinaryMessageFormatter();
    MQNotify.ReceiveCompleted += MQNotify_ReceiveCompleted;
    //如果定义了处理方法的话，调用程序有机会处理消息事件
    bProcessNotify = false;                                 //缺省不处理
    mqmessagefn = ".\\Private$\\" + strName + "Message";//信息队列 Message
    if (!MessageQueue.Exists(mqmessagefn))
    {
        MQMessage = MessageQueue.Create(mqmessagefn);
        MQMessage.SetPermissions("Administrators",
        MessageQueueAccessRights.FullControl);
    }
    else
    {
        MQMessage = new MessageQueue(mqmessagefn);
        MQMessage.Purge();
    }
    MQMessage.Formatter = new System.Messaging.BinaryMessageFormatter();
    MQMessage.Label = mqmessagefn;
    MQMessage.ReceiveCompleted += MQMessage_ReceiveCompleted;
    bProcessMessage = false;
    if (strName.Length > 0)                       //创建共享内存(INVALID_HANDLE_VALUE)
    {
        m_hSharedMemoryFile = OpenFileMapping(FILE_MAP_WRITE | FILE_MAP_READ,
        false, strName);                                  //打开共享内存
        if (m_hSharedMemoryFile == IntPtr.Zero)     //没有指定的共享内存，创建它
        {                                                 //建立指定大小的共享内存
            m_hSharedMemoryFile = CreateFileMapping(INVALID_HANDLE_VALUE,
            IntPtr.Zero, (uint)PAGE_READWRITE, 0, (uint)longSize, strName);
        }
        if (m_hSharedMemoryFile == IntPtr.Zero)   return 1;//无法使用共享内存
        //通过内存映射，获得一个指针：指向该内存块
        m_pwData = MapViewOfFile(m_hSharedMemoryFile, FILE_MAP_WRITE, 0, 0,
        (uint)longSize);
        if (m_pwData == IntPtr.Zero)                          //创建内存映射失败
        {
            m_ok = false;
            CloseHandle(m_hSharedMemoryFile);                 //关闭共享内存句柄，释放资源
            return 2;                                         //映射失败返回 2
```

```
        }
        m_ok = true;
        return 0;                                                //创建成功
    }
    else                                                         //参数错误返回 3
    return 3;
}
```

方法的逻辑是，先建立2个消息队列，再创建共享内存。实际使用ShareMemory类，需要先建立互斥，准备好共享内存的名称和大小。在实例化ShareMemory后，调用Init方法，就可正常使用该对象。

其他实例操作方法如下。

增加消息：AddMessage，AddNotify

清除消息：ClearMessageMQ，ClearNotifyMQ

删除消息：DeleteMessageMQ，DeleteNotifyMQ

获取消息：GetMessage，GetNotify

共享内存读写：ObjectToShareMemory，ShareMemoryToObject

还有一个静态方法，用于创建互斥，如下所示。

```
public static bool CreateMutex(string mutexName, ref Mutex mutex)
```

代码较多，请读者自行阅读配套资源中的源代码程序。

3. MonitorApps

该对象的职责是管理众多的监控进程，提供增、删DMP，查找、通知DMP的方法，共享内存读写方法，以及进程基本信息存储读写方法。该类设计在MonitorProcess.cs文档中，首先观察其属性和构造函数，如下所示。

```
public class MonitorApps                                     //智能监控程序管理者
{
    public int Maxsmarthomes = 99;                           //允许启动的智能监控进程的数量
    public List<SmartHomeChannel> SmartHomeChannels { get; set; }
    //所有 DMP 进程基本信息列表
    public List<ShareMemory> ShareMemorys { get; set; } //共享内存和消息队列列表
    public string Filename;
    public MonitorApps(string _Filename,intMaxApp)
    {
        Filename = _Filename;
        Maxsmarthomes = MaxApp;
        SmartHomeChannels = new List<SmartHomeChannel>();
        ShareMemorys = new List<ShareMemory>();
        LoadFromFile();
    }
    ……
}
```

构造函数需要一个文件名参数。在创建了空的进程信息列表对象后，使用LoadFromFile方法从文件中读取所有监控进程的相关信息。可以理解，应该有SaveToFile方法保存进程基本信息到文件中。

当DMC登记一个DMP时，需要调用MonitorApps的增加方法AddOneSmartHome，如下所示。

```
public bool AddOneSmartHome(int appid)                          //增加一个 DMP 进程程序
{
   if (SmartHomeChannels.Count >= Maxsmarthomes) return false;//限制数量
   if (smarthomeAppidExists(appid) >= 0)  return false;         //已经存在了
   SmartHomeChannel item = new SmartHomeChannel();              //进程基本信息
   item.appid = appid;                                          //登记 DMID
   Mutexmutex = new Mutex();                                    //准备创建 Notify 专用互斥
   if (!ShareMemory.CreateMutex(SmartHomeChannel.mutexname + "Notify" +
                                   appid.ToString(), ref mutex)) return false;
   Mutex mutexshare = new Mutex();
   if (!ShareMemory.CreateMutex(SmartHomeChannel.mutexname + "Message" +
            appid.ToString(), ref mutexshare)) return false;//2016-08-17 修改: 还是改为专用互斥
   //现在可以创建 ShareMemory 对象了
   ShareMemory sharememory = new ShareMemory(mutex,
                                 SmartHomeChannel.SHFLAG, mutexshare);
   sharememory.Init(SmartHomeChannel.sharememoryfile + appid.ToString(),
                 Marshal.SizeOf(item));                      //初始化: 建立共享内存和消息队列
   if (sharememory.m_ok)                                     //成功创建
   {
       item = (SmartHomeChannel)sharememory.ShareMemoryToObject(item);
       //如果已经创建共享内存,获取里面的数据
       item.appid = appid;                                   //DMID 识别号不能变
       SmartHomeChannels.Add(item);                          //增加到进程信息列表保存
       ShareMemorys.Add(sharememory);                        //增加到 ShareMemory 列表保存
   }
   return true;
}
```

再介绍一个常用的方法，即 DMC 往 DMP 发送监控指令时的“通知”方法，如下所示。

```
public void NotifyDMPbyAppID(int appid, IotDictionary json) //通用的通知 DMP 方法
{
   int index = smarthomeAppidExists(appid);                  //检查 DMP 是否存在
   if (index < 0) return;
   NotifyDMP(index, json);                          //把封装数据的字典发到相应的消息队列中
}
```

具体发送代码如下所示。

```
public void NotifyDMP(int index, IotDictionary json)          //通用的消息发送方法
{
   if (index < 0 || index >= Maxsmarthomes) return;
   for (int i = 0; i<10; i++)                                 //最多尝试 10 次发送
   {
      if (ShareMemorys[index].AddNotify(json)) break;         //传给 DMP
      Thread.Sleep(10);
   }
}
```

其他各种方法的代码较多，请自行参阅源代码。从方法名称基本可判断其作用。

4. 挂接消息处理方法 AttachEvent

在添加了监控进程后，要为该进程中的消息队列处理事件赋值，方法如下。

```
private void AttachEvent(ShareMemorysm)
{
    sm.OnMessageDataReceived += ProcessDMPMessage;            //DMP 发来消息时的处理
    sm.MQMessage.BeginReceive();                              //异步接收队列消息
}
```

真正处理消息的方法是 ProcessDMPInfo 方法，如图 3-10 所示。DMC 需要按照监控协议对每种指令进行处理，代码量很大，也涉及对监控协议的理解和使用，是系统的核心代码之一，请读者耐心阅读理解。这里就不一一解释了，其部分关键代码后续部分有详解。

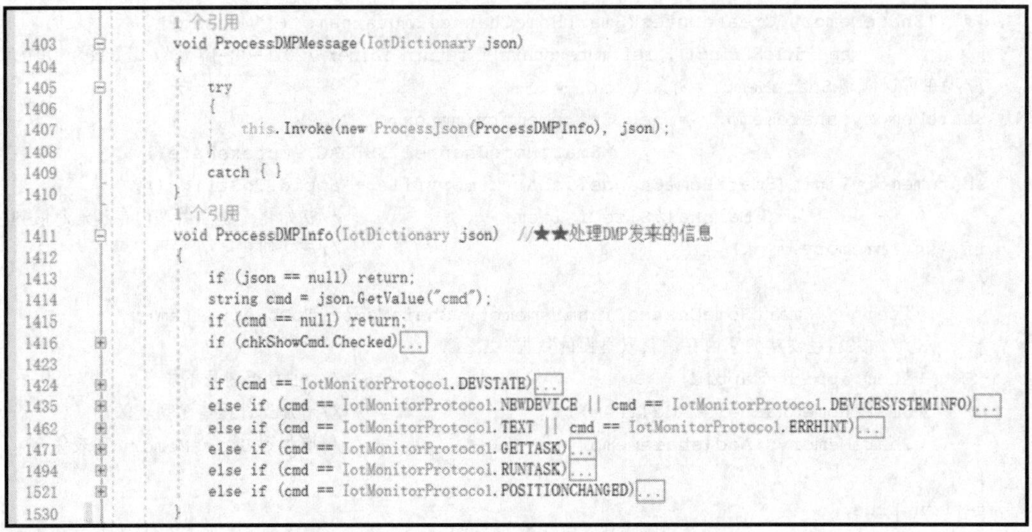

```
          1 个引用
1403      void ProcessDMPMessage(IotDictionary json)
1404      {
1405          try
1406          {
1407              this.Invoke(new ProcessJson(ProcessDMPInfo), json);
1408          }
1409          catch { }
1410      }
          1个引用
1411      void ProcessDMPInfo(IotDictionary json)   //★★处理DMP发来的信息
1412      {
1413          if (json == null) return;
1414          string cmd = json.GetValue("cmd");
1415          if (cmd == null) return;
1416          if (chkShowCmd.Checked)...
1423
1424          if (cmd == IotMonitorProtocol.DEVSTATE)...
1435          else if (cmd == IotMonitorProtocol.NEWDEVICE || cmd == IotMonitorProtocol.DEVICESYSTEMINFO)...
1462          else if (cmd == IotMonitorProtocol.TEXT || cmd == IotMonitorProtocol.ERRHINT)...
1471          else if (cmd == IotMonitorProtocol.GETTASK)...
1494          else if (cmd == IotMonitorProtocol.RUNTASK)...
1521          else if (cmd == IotMonitorProtocol.POSITIONCHANGED)...
1530      }
```

图 3-10 DMC 处理监控进程发来信息的方法

至此，一旦 DMP 启动，DMC 和 DMP 之间就可以正常通信了。

3.3.3 监控进程的启动和结束

在图 3-6 所示的 DMC 设备管理界面，提供了人工启动监控进程和结束监控进程的方法。在开发调试阶段，经常使用该功能。

```
void StartDMP()                                                //启动选定的监控进程
{
    if (lvApps.SelectedItems == null || lvApps.SelectedItems.Count == 0) return;
    int index = lvApps.Items.IndexOf(lvApps.SelectedItems[0]);        //选择进程
    SmartHomeChannel item = MyMonitorApps.SmartHomeChannels[index]; //基本信息
    StartSmartHomeProcess(item);
    MyDelayMs(500);                                     //延时 500 毫秒，等待 DMP 启动!
    StartReceiveMessage();                              //开始接收消息
    NotifyClientSHMState(item.appid);                   //通知客户端 DMP 上线了
}
```

其中真正启动 DMP 的方法是 *StartSmartHomeProcess*，如下所示。

```
void StartSmartHomeProcess(SmartHomeChannelsmarthomeChannel)      //启动监控实例
{
    if (MyMonitorApps == null) return;                          //没有登记的监控进程
    if (!smarthomeChannel.canused)                              //DMP 被禁用
```

```
    {lbInfo.Text = "该系统设置为不允许启动! ";  return;}
    int smarthoneid = smarthomeChannel.appid;                   //DMID
    int index = MyMonitorApps.smarthomeAppidExists(smarthoneid);//DMP是否登记
    if (index < 0) return;                                      //意外
    if (smarthomeChannel.loaded)                                //已经启动了 DMP
    {
        try
        {
            Process p = Process.GetProcessById(smarthomeChannel.PID);
            if (!p.HasExited)                                   //进程在运行状态
            {
                smarthomeChannel.DevicePID = (int)this.Handle;
                MyMonitorApps.WriteSmartHomeInfo(index);
                //共享内存写入信息: DMP 监控中心的窗口句柄已经改变
                return;
            }
        }
        catch                                                   //进程可能被强行杀掉
        {
            smarthomeChannel.loaded = false;
            MyMonitorApps.WriteSmartHomeInfo(index);            //写入共享内存
        }
    }
    try                                                         //没有启动的情况
    {
        string app = Application.StartupPath + "\\DeviceMonitor.exe";
        ProcessStartInfostartInfo = new ProcessStartInfo();
        startInfo.FileName = app;
        startInfo.WindowStyle = ProcessWindowStyle.Hidden;
        string para = " smarthomeserviceappid =" + smarthoneid.ToString();
        //准备传递的参数
        para += " description =" + smarthomeChannel.description;
        para += " assembly =" + smarthomeChannel.assembly;
        ……
        para += " commtype =" + smarthomeChannel.CommMode.ToString();
        para += " DeviceId =" + smarthomeChannel.DeviceId.ToString();//设备系统个数
        startInfo.Arguments = para;
        MyProcess.CreateProcess(app, para, Application.StartupPath,
                                    smarthomeChannel.visible);
    }
    catch{  }
}
```

MyProcess 类是 WIN32 API 启动进程函数的封装，请读者自行阅读配套资源中的源代码。

DMP 的启动，见后续章节的介绍。

结束一个监控进程的设计如下。

```
void KillDMP(SmartHomeChannel item)                         //结束某一 DMP 程序
{
    if (item.PID == 0) return;
    try
    {
        Process p = Process.GetProcessById(item.PID); //获取进程
```

```
        if (p != null && !p.HasExited)
        {
            try
            {
                MyMonitorApps.NotifyDMPExit(item);
                                                        //先通知 DMP 应用程序结束
                MyDelayMs(200);                         //延时，等到 DMP 结束
            }
            catch (Exception ex)
            {
                MessageBox.Show(ex.ToString());
            }
        }
        if (p.HasExited)                                //检查 DMP 是否结束
        {
            //MessageBox.Show ("监控进程被终止:" + item.name);
        }
    }
    catch { }
}
```

DMC 并不使用 kill 方法直接杀死进程，而是使用监控协议发送结束进程指令给 DMP，通知它结束，使其有机会保存一些数据信息。

3.4 场景任务模块的设计

一旦 DMC 启动了多个监控进程，这些 DMP 会把其监控系统的所有设备信息发送给 DMC，所以 DMC 知晓所有被监控的设备信息。这在理论上实现了设备的互联互通，可以协调这些设备完成用户需要的各种工作。因此场景任务功能被设计出来。

工作任务往往使用一个场景来描述，也称为场景任务 SceneTask，它由多条任务指令 TaskItem 组成。实际工作中经常需要定时启动工作任务，便于自动完成工作，因此还设计了定时任务及其列表对象：TimedTaskItem、TimedTasks。为了实现对场景任务的描述和管理，设计了 ScenePlanItem 和 ScenePlans 对象。图 3-11 所示是有关场景任务业务的类图，定义在通用监控库“SmartControlLib”项目的 ScenePlans.cs 文档中。这主要是因为它们相对稳定，无须频繁升级。

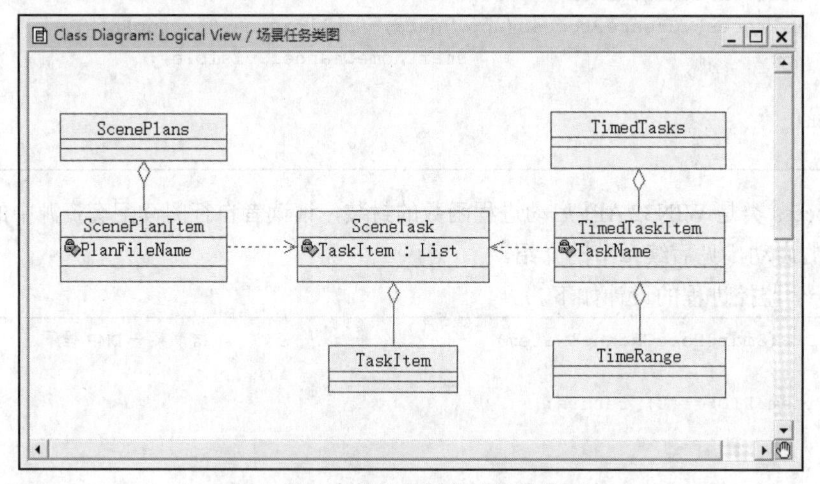

图 3-11 有关场景任务业务的类图

这些类中，场景任务 SceneTask 是核心，场景管理 ScenePlans 和定时任务管理 TimedTasks 是管理对象，最终依赖于 SceneTask 对象，而 TaskItem 是具体的设备操控内容。

3.4.1　任务指令 TaskItem 类

首先设计 TaskItem 类，它的职责是登记一条控制设备的指令，如图 3-12 所示。

```
public class TaskItem : IWriteReadInterface  //一个具体场景记录
{
    12 个引用
    public ushort AppId { get; set; }       //监控系统的唯一识别号DMID
    10 个引用
    public ushort DSID { get; set; }       //设备系统的唯一识别号
    10 个引用
    public ushort SSID { get; set; }       //子设备系统的唯一识别号
    9 个引用
    public ushort DeviceID { get; set; }       //设备号DID
    15 个引用
    public ushort SubDeviceID { get; set; }  //子设备编号SDID
    20 个引用
    public DeviceType DeviceType { get; set; } //设备类型，只能是DO,AO,SO
    21 个引用
    public int DelayTime { get; set; }            //动作延时
    18 个引用
    public string Action { get; set; }            //动作内容，根据deviceType决定,DO,AO,SO
    4 个引用
    public TaskItem()...
    0 个引用
    public static void Copy(ref TaskItem sitem, ref TaskItem ditem)...
    1 个引用
    public static IDevice FindDevice(IotDMPs dmps, TaskItem item)...
    1 个引用
    public static string TaskItemToString(TaskItem item, IotDMPs dmps) //子设备的文字描述...
    4 个引用
    public static void StringToTaskItem(ref TaskItem item, string sub)  //子设备的文字描述转换为子设备的属性...
    42 个引用
    public void WriteToStream(BinaryWriter bw)      //把对象写入流中...
    40 个引用
    public void ReadFromStream(BinaryReader br)    //从流中读取数据...
    74 个引用
    public override string ToString()...
}
```

图 3-12　场景任务记录设计

其属性的设计是要能搜索到监控平台中的一个具体子设备。采用设备描述协议的 5+1 格式定位：DMID+DSID+SSID+DID+SDID+Type。

动作延时属性 DelayTime：指明该条指令执行后、下条指令执行前，中间停留的时间间隔长度。这样设计的原则是为了满足设备间动作的一些特殊工作要求。比如，有些设备工作需要先启动另外一些设备，待其稳定后才能工作；有些需求是限制设备的工作时间长度，如浇水开关，浇水 10 分钟后自动关闭，因此打开浇水开关，延时 600 秒后，再关闭浇水开关。

约定提示：DelayTime 为 0 时，DMC 会延时 100 毫秒再发下条指令。

动作内容属性 Action：子设备控制参数。不同输出子设备（DO，AO，SO）需要的参数是不同的。根据子设备描述协议的 FunctionDescription 属性，用户可以知道如何操作每类子设备的参数形式。具体使用时，根据提示输入所需的参数。

TaskItem 类的方法主要是实现数据的存储读写操作，请读者自行阅读配套资源中的源代码。

3.4.2　场景任务 SceneTask 类

SceneTask 类的主要职责是登记一个任务的所有控制指令。很多情况下，我们的任务需要多个子设备来完成工作需要。下面是源代码内容，做了详细的注释，应该很好理解。

```
public class SceneTask                              //一个场景内容由多条场景记录组成
{ //属性定义:
    private int Flag { get; set; }                  //唯一识别码: 0xE5E5E5E5
    public string FileName;                         //独立保存场景内容的文件，扩展名为.act
    public bool Timed { get; set; }                 //是否定时任务
    public int StartTime { get; set; }              //定时任务开始执行的时间
    public List<TaskItem> Items { get; set; }       //包含的指令列表
    public SceneTask(int _Flag, string _FileName, bool Timed = false, int StartTime=0)
    {                                               //构造函数
      Flag = _Flag;
      FileName = _FileName;
      this.StartTime = StartTime;
      this.Timed = Timed;
      Items = new List<TaskItem>();
      LoadFromFile();                               //从文件读取对象内容
    }
    public bool SaveToFile()                        //保存到文件
    {
      try
      {
         FileStream fs = new FileStream(FileName, FileMode.Create);
         BinaryWriterbw = new BinaryWriter(fs, Encoding.UTF8);
         StreamReadWrite.WriteInt(bw, Flag);    //bw.Write(Flag);
         StreamReadWrite.WriteInt(bw, Items.Count); //bw.Write(Items.Count);//记录数量
         for (int i = 0; i<Items.Count; i++)
         Items[i].WriteToStream(bw);
         bw.Close();bw.Dispose();
         fs.Close();fs.Dispose();
         return true;
      }
      catch
      {
         return false;
      }
    }
    public void LoadFromFile()                      //从文件装入内容
    {
      Items.Clear();
      if (!File.Exists(FileName)) return;
      FileStream fs = new FileStream(FileName, FileMode.Open);
      BinaryReader br = new BinaryReader(fs, Encoding.UTF8);
      int flag = StreamReadWrite.ReadInt(br);//br.ReadInt32();int flag = br.ReadInt32();
      if (flag != Flag)                             //不是本智能家居系统的文件
      {
         br.Close();br.Dispose();
         fs.Close();fs.Dispose();return;
      }
      Flag = flag;
      int count = StreamReadWrite.ReadInt(br); //br.ReadInt32();//设备数量
      Items.Clear();
      try
```

```
    {
      for (int i = 0; i<count; i++)                          //逐一读取每条指令内容
      {
        TaskItem item = new TaskItem();
        item.ReadFromStream(br);
        Items.Add(item);
      }
    }
    catch { }
    br.Close();br.Dispose();
    fs.Close();fs.Dispose();
  }
}
```

该类没有定义增、删、改操控指令的方法，需要自己调用程序去完成。

3.4.3 场景列表描述 ScenePlans 类

设计的目标是方便应用程序对场景描述的存储读写操作，如图 3-13 所示。

```
public class ScenePlans   //场景列表管理对象
{
    3 个引用
    public int Flag { get; set; }                        //唯一识别码
    public string FileName;  //保存所有场景的文件，扩展名为.tsk
    53 个引用
    public List<ScenePlansItem> Items { get; set; }      //保存所有场景列表
    1 个引用
    public ScenePlans(int _Flag, string _FileName)...
    0 个引用
    ~ScenePlans()...
    5 个引用
    public bool SaveToFile()     //保存到文件...
    2 个引用
    public void LoadFromFile()  //从文件装入...
    0 个引用
    public ScenePlansItem FindScenePlansItem(string fn)...
    1 个引用
    public ScenePlansItem FindItem(string itemfilename)...
}
```

图 3-13 场景列表管理对象设计

读者对 SaveToFile 和 LoadFromFile 方法应该非常熟悉了，大多数业务类都具有这 2 个方法。另外 2 个方法 FindScenePlansItem 和 FindItem，用于查找场景描述对象，介绍如下。

3.4.4 场景描述 ScenePlansItem 类

场景描述 ScenePlansItem 类，其职责是登记一个场景任务的管理属性，这些属性与场景任务的具体内容没有业务上的联系，所以单独设计一个类，也是为了管理的方便性。

```
public class ScenePlansItem                         //一个场景管理描述
{
    public bool Used { get; set; }                  //无效的任务，不做检查，需要时再启用
    public bool Visible { get; set; }               //是否在客户端 UI 显示。有些任务不必在客户端直
                                                      接呈现给用户，只用于后台服务即可
    public string PlanFileName { get; set; }//★一个场景内容保存而成的文件：对应 SceneTask 对象★
    public string BlackList { get; set; }  //禁用名单：在底层构建操作安全设置
    public string WhiteList { get; set; }  //白名单
```

```
    public ScenePlansItem()
    {
      Used = false;
      Visible = false;
      PlanFileName = "";
      BlackList = "";                                //默认没有禁用名单：禁用名单用逗号分隔的字符串
      WhiteList = "";                                //白名单
    }
}
```

3.4.5 定时任务相关类的设计

TimedTasks、TimedTaskItem、TimeRange 3 个类是有关定时任务的业务类，只是简单地登记与时间有关的属性及其对应的任务场景文件。

系统对定时任务的开始时间和结束时间做了如下约定。

开始时间：必须设置。每天的时间达到该时间点，自动执行该任务。

结束时间：默认为 0，即没有限制。实际情况是，当任务设置的指令全部执行完毕时，任务自动结束！

如果设置了结束时间，DMC 的处理策略是：时间达到结束时间点，强行结束任务的执行，不管后面是否还有未执行完毕的指令！如果任务的所有指令全部执行完毕了，但还没有到达结束时间点，DMC 会开始循环执行任务，即从第一条指令重新开始执行任务，周而复始，直到结束时间。

这里给了我们一个提示：如果只需要执行一遍任务指令，则不需要设置结束时间。如果需要循环执行任务的业务要求，可以指定结束时间。但任务结束时，任务指令可能没有全部执行完毕，导致某些设备状态不可预测，用户需要特别小心。比如，需要一个灯光在特定时间段，每隔 1 秒钟闪烁一次，连续闪烁 2 分钟。你不必编辑一个含有 120 条指令的任务，只需编辑 2 条指令，然后设置结束时间即可。

3.4.6 场景任务管理业务的实现

图 3-14 是场景任务设置管理 UI。右侧是对场景任务的增、删、改操作；中间区域是定时任务管理界面，同样提供增、删、改操作。

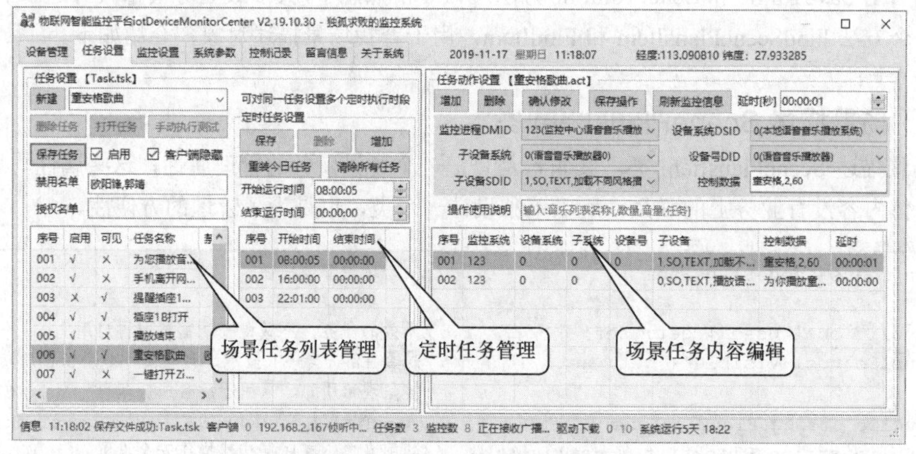

图 3-14 场景任务设置管理 UI

界面右侧用于对选定场景任务的内容进行增、删、改操作，可以对监控平台内的任意一个输出子设备进行操控。也就是说，你可以调动任何一个设备来为你服务。

有关各功能的实现代码，请读者去阅读源代码。内容较多，不一一详述。

注意事项：

（1）当完成定时任务的时间设置时，需要保存并单击【重装今日任务】按钮，立即生效。DMC 开始监视定时任务的开始时间到了没有。

（2）场景任务编辑完成，单击【保存任务】按钮即可生效。如果你想要立即测试效果，请单击【手动执行测试】按钮。有些设备操作具有危险性，请务必谨慎！

3.4.7 场景任务的执行

任务执行的情况较复杂。可能是手动启动任务执行，也可能是定时任务自动执行，还可能是客户端程序发来启动任务指令或智能监控触发任务执行。

DMC 主程序不可能一一跟踪这些复杂的指令操控过程，因此设计了任务执行管理者对象 TaskManager。图 3-15 所示展示了相关对象的类图。

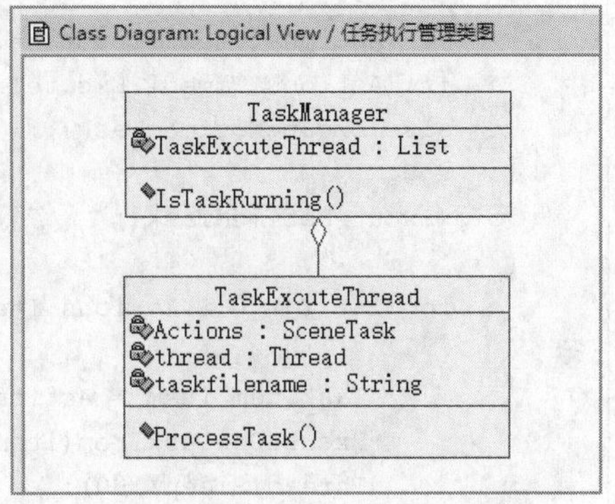

图 3-15 场景任务执行管理者对象类图

对每个任务的具体执行过程，设计了 TaskExcute Thread 类负责管理，而 TaskManager 负责管理这些执行对象。

1. 场景任务执行者 TaskExcuteThread

任务的执行是系统的核心功能之一，需要详细分析一下。首先，DMC 中有很多任务在同时执行，因此需要使用线程来运行任务的执行。其次，任务有定时任务、非定时任务的区别，两者的执行过程有很大的不同，需要设计两个方法来执行。最后，输出型子设备有 DO、AO、SO 3 种情况，需要建立一个具体指令执行方法来辅助。下面是根据这些要求设计实现的代码。

```
public class TaskExcuteThread
{
    public SceneTask Actions;                               //要执行的任务
    public Thread thread;                                   //执行任务的线程
    public MonitorAppsmonitorApps;                          //监控进程管理者：见前面部分介绍
    public string taskfilename;                             //执行的任务文件
    public bool Timed;                                      //是否为定时任务：由调用者决定
    IotDictionary json;                                     //用于传送数据的字典
    IotDictionary parajson;                                 //需要处理的数据包：调用者传递进来！！
    int StartTime = 0;                                      //任务执行的开始时间
    int EndTime = 0;                                        //任务执行的结束时间
    public TaskExcuteThread(string _taskfilename, MonitorApps _monitorApps,
            bool Timed = false, int StartTime = 0, int EndTime = 0, IotDictionary _
          json = null)
    { //构造函数
        parajson = _json;
        this.Timed = Timed;
        monitorApps = _monitorApps;
        taskfilename = _taskfilename;
```

```
        this.StartTime = StartTime;
        this.EndTime = EndTime;
        json = new IotDictionary(SmartHomeChannel.SHFLAG);
        Actions = new SceneTask(SmartHomeChannel.SHFLAG, taskfilename,
                              Timed, StartTime); //构建场景任务
        thread = new Thread(ProcessTask);           //建立一个线程
    }
    ~TaskExcuteThread()                             //析构函数
    {
        Actions.Items.Clear();
        json.Clear();
    }

    int tStartTime = 0;                           //开始检查动作的时间
    public void ProcessTask()                     //★★执行任务的循环结构：核心代码★★
    {
        if (Actions.Items.Count == 0) return;    //任务没有指令：空任务
        if (Actions.Timed) ExcuteTimedTask();    //定时任务
        else ExcuteNotimedTask();                //普通任务：非定时任务
    }
    void ExcuteNotimedTask()                      //任务的真正执行之一：执行非定时任务
    {                                             //逻辑很简单：逐一执行完毕所有指令后结束
        for(int i = 0;i<Actions.Items.Count;i++)
        {
            TaskItem item = Actions.Items[i]; //任务指令
            ExcuteOneTaskItem(item);          //执行指令
            Thread.Sleep(100);                //约定：必须延时100毫秒，等待指令传输完成
            Application.DoEvents();           //消息循环
            if (item.DelayTime > 0)           //指令有延时要求
            {
                for (int j = 0; j<item.DelayTime; j++)//延时的秒数
                {
                    Thread.Sleep(1000);
                    Application.DoEvents();
                }
            }
        }
    }
    ……
}
```

定时任务的执行逻辑稍微有点复杂，注意对时间的限制要求和循环执行，代码如下。

```
void ExcuteTimedTask() //任务的真正执行之二：执行定时任务
{
    tStartTime = (int)DateTime.Now.TimeOfDay.TotalSeconds;//保存当前时间：秒
    int delay = Actions.Items[0].DelayTime;              //计算每个动作的开始时间
    Actions.Items[0].DelayTime = StartTime;    //DelayTime改变用途：用于保存动作时间！！
    for (int i = 1; i<Actions.Items.Count; i++)          //计算每个任务指令开始的时间
    {
        delay += Actions.Items[i].DelayTime;             //总的延迟时间：先加，免得被冲掉
        Actions.Items[i].DelayTime = StartTime + delay - Actions.Items[i].DelayTime;
```

```
        //★用 DelayTime 保存动作执行的开始时间!! ★
    }
    int totaldelay = delay;                                    //一次循环需要总的时间周期: 秒
    if (totaldelay < 2) totaldelay = 2;                        //至少 2 秒周期
    int oldTime = -1;
    while (true)                                               //无限循环
    {
        bool finished = false;                                 //全部处理完毕标志
        if (oldTime != tStartTime)
        {
            oldTime = tStartTime;
            for (int i = 0; i<Actions.Items.Count; i++)//寻找动作时间相同的动作并处理
            {
                if (Actions.Items[i].DelayTime == tStartTime)//时间到
                {
                    TaskItem item = Actions.Items[i];//指令
                    ExcuteOneTaskItem(item);                   //执行动作指令
                    Thread.Sleep(100);                         //延时 100 毫秒
                    Application.DoEvents();                    //保持消息循环
                }
                if (EndTime > 0 && tStartTime >= EndTime) finished = true;//超过结束时间
                if (finished) break;                           //时间到, 退出循环, 结束整个线程
            }
        }
        Thread.Sleep(200);                                     //延时 200 毫秒
        if (finished) break;                                   //时间到, 退出无限循环
        int tnow = (int)DateTime.Now.TimeOfDay.TotalSeconds;
        //先取得当前时间, 与上次时间比较, 如果时间差超过 1 秒, 补回来
        if (tnow - tStartTime > 1) tStartTime++;
        //上次一些动作的处理时间超过 1 秒: 因为每次至少延时了 100 毫秒
        else tStartTime = tnow;
        //最新时间超过最后一个动作的时间
        if (tStartTime > Actions.Items[Actions.Items.Count - 1].DelayTime)
        {
                if (EndTime == 0) break;                       //只执行一遍: 退出无限循环
                int n = (EndTime - Actions.Items[0].DelayTime) / totaldelay;
                                                               //可循环的次数
                for (int i = 0; i<Actions.Items.Count; i++)//重新计算下次循环各动作的时间!
                    Actions.Items[i].DelayTime += totaldelay * n;
        }
    }
    Thread.Sleep(200);
}
```

如果没有理解程序的流程，建议读者自己绘制一下程序流程图，可看清程序结构。特别之处在于改变了属性 DelayTime 的用途。

```
void ExcuteOneTaskItem(TaskItem item)                          //执行一条动作指令的方法
{
    json.Clear();                                              //准备构建数据字典内容
    json.AddNameValue("cmd", IotMonitorProtocol.SHACTRL); //给某个 DMP 的设备发指令
    int appid = item.AppId;
    json.AddNameValue("dmid", appid.ToString());               //构建 5+1 结构
```

```
        json.AddNameValue("dsid", item.DSID.ToString());
        json.AddNameValue("ssid", item.SSID.ToString());
        json.AddNameValue("did", item.DeviceID.ToString());
        json.AddNameValue("sdid", item.SubDeviceID.ToString());
        json.AddNameValue("type", item.DeviceType.ToString());
        //3 种输出操作判断
        if (item.DeviceType == DeviceType.DO)                    //DO 子设备
        {
            if (item.Action == "开启" || item.Action == "1")    //支持中文"开启"文字
                json.AddNameValue("act", "1");
            else
                json.AddNameValue("act", item.Action);
        }
        else if (item.DeviceType == DeviceType.SO)      //SO 子设备
        {
            string s = "";
            if (parajson != null)                        //调用者传递要发送的数据
            {
                string stype = parajson.GetValue("type");
                if (stype != null)
                {
                    DeviceType dt = (DeviceType)Enum.Parse(typeof(DeviceType), stype);
                    if (dt == DeviceType.SI || dt == DeviceType.SO)
                    {
                        byte[] svalue = parajson.GetValueArray("value");//数据字典中value值
                        if (svalue != null)
                            s = Encoding.UTF8.GetString(svalue);//统一转换为字符串数据
                    }
                }
            }
            if (!item.Action.Contains(s))                //指令自动属性不包含传递进来的数据
            {
                s = item.Action.Replace("%%", s);  //%%用于替换的占位符：先这样设计吧
                json.AddNameValue("act", s);
            }
            else                                         //通常情况
                json.AddNameValue("act", item.Action);
        }
        else                                             //AO 子设备
        {
            json.AddNameValue("act", item.Action);
        }
        monitorApps.NotifyDMPbyAppID(appid, json);     //调用进程管理对象的数据发送方法
}
```

建议读者自己绘制一下程序流程图。对 SO 子设备的控制，控制参数中有“%%”占位符，实际参数使用时，占位符用实际参数 parajson 中的流数据的文本来替换。

2. 场景任务执行管理者 TaskManager

为方便 DMC 对多个任务执行情况的监控，设计 TaskManager 类主要用于结束任务的执行和检索任务的执行情况。代码设计很简洁，如下所示。

```
public class TaskManager
{
```

```
    public List<TaskExcuteThread> taskthreads = null;
    public TaskManager()                                      //构造函数
    {
        taskthreads = new List<TaskExcuteThread>();
    }
    ~TaskManager()
    {
        CloseAll();
    }
    public void CloseAll()                                    //结束所有任务
    {
      for (int i = taskthreads.Count - 1; i>=0; i--)
      {
        if (taskthreads[i].thread.IsAlive) taskthreads[i].thread.Abort();
      }
      taskthreads.Clear();
    }
    //指定的任务是否正在执行: 只关心非定时任务
    public bool IsTaskRunning(string taskfilename)
    {
      for (int i = taskthreads.Count - 1; i>=0; i--)
      {
         if (!taskthreads[i].Timed  && taskthreads[i].taskfilename == taskfilename)
                        return true;
       }
      return false;
    }
}
```

在执行一个普通任务（如客户端发来的任务执行指令）前，DMC 需要使用 IsTaskRunning 来判断任务是否在执行。一般地，如果任务已经在执行，则告知客户端，不会再次执行。但由于定时任务是系统的安排，一般不对其执行状态做检查。这意味着，一个任务实际上是可以运行多个版本的，有可能会引起设备工作的不“正常”，务必注意。

3. 任务启动测试

在图 3-14 所示界面中单击【手动执行测试】按钮，可执行选中的任务，代码如下。

```
private void btnExcuteTask_Click(object sender, EventArgs e) //手动强行启动一个任务
{
    if (lvTasks.SelectedItems.Count == 0) return;
    int pos = lvTasks.SelectedItems[0].Index;
    string fn = Application.StartupPath + "\\Task\\" + Tasks.Items[pos].PlanFileName
            + ".act";
    TaskExcuteThread th = new TaskExcuteThread(fn, MyMonitorApps, false,0,0);//立即执行
    taskManager.taskthreads.Add(th);                            //加入管理对象
    th.thread.Start();                                          //启动任务线程
}
```

DMC 约定：场景任务的文档放在 Task 子目录下，扩展名为.act。任务执行完毕后，其线程主动结束，会被垃圾回收系统收回资源，因此无须担心内存泄漏。

小结： 场景任务管理涉及的业务类较多。总的设计原则是要尽可能满足各种任务的实际工作需要，使互联互通得以实际实现。读者也可以修改其内容，但 3 个核心协议必须遵守。

3.5 智能监控模块的设计

让监控系统高度自动化、无人值守运行是用户追求的最高境界之一；对提高工作效率，减少人工监控失误，节省运行成本，具有非常重要的现实意义。目前，华为 Hlink、阿里 AIoT 在智能监控这方面都有很大缺陷，设计不尽合理。我们力求设计实现“没有做不到，只有想不到”的理想境界：只要硬件提供了相应功能，我们就可以把它们的功能使用发挥到极致。

3.5.1 智能监控的原理和内容

监控包括监视和控制。“监视”是获取设备状态信息的技术；“控制”是对设备工作状态进行操控的技术。

监控需要监控中心与设备系统之间通信、交换数据。全栈项目指定的 3 个核心协议，较好地解决了通信协议难题，是一个“放之四海而皆准”的通用方法。把成千上万的异构系统进行整合，实现互联互通，成本代价低，并且可兼容未来无数未知的智能设备，为智能监控打下了坚实基础。

“智能”监控，在获取设备信息方面应该具备设备即插即用、自动上报状态信息的功能。当然，也可通过监控中心或客户端程序下达指令，随时获取信息。本监控中心已经实现了该需求。

“智能”在控制方面，除了人工下达指令控制设备工作，应该体现在系统具备自动下达满足特定工作要求的合适指令，从而实现自动化控制。本节将主要解决这个问题。

未来的方向应该是结合人工智能和各种自然交互方式（语音、手势、表情识别、脑电波识别等），让监控中心具备自主学习能力，了解设备系统的意义、用户操作习惯、主人喜好等知识，自动生成智慧化的场景任务，让 DMC 成为智能管家和贴心保姆。比如主人回家，心情不好，贴心保姆会通过语音问候，播放轻快愉悦的音乐，等等。虽然全栈项目还未实现这些功能，但已经做好了准备。你可以利用智能音箱的语音识别和 AI 做出一个虚拟设备，接入监控平台后，它就可以感知整个平台内设备的信息和历史数据，只要你的 AI 真正聪明，学会自主创建合适的任务，那它真是无所不能了。多么美好，监控平台就等着你的 AI 了！

对感知的设备信息做出反应是智能控制的基本条件。但由于实际的设备系统，子设备数量是极其庞大的，因此，监控条件表达式的数量是非常庞大的。表 3-1 所示是估计一个普通智能家居系统内的子设备数量。如果还想关心各种状态信息的组合监控条件，那几乎是天文数字。

表 3-1 智能家居常用设备功能数

序号	设备子系统	数量	DI	DO	AI	AO	SI(Text)	SO(Text)	小计
1	4 路开关面板	5	0	4	0	0	0	0	20
2	智能时钟	1	0	0	0	0	3	0	3
3	情景面板	1	0	8	0	0	0	0	8
4	电动窗帘	2	1	2	0	0	0	0	6
5	红外探头	2	1	0	0	0	0	0	2
6	煤气探头	1	1	0	0	0	0	0	1
7	温湿度传感器	1	2	0	0	0	0	0	2
8	光照度传感器	1	0	0	1	0	0	0	1

续表

序号	设备子系统	数量	DI	DO	AI	AO	SI(Text)	SO(Text)	小计
9	智能门锁	1	1	0	0	0	1	1	3
10	智能电视	2	0	1	0	1	0	0	4
11	智能空调	2	0	4	0	1	0	0	10
12	智能冰箱	1	1	2	3	3	0	0	9
13	智能热水器	1	0	1	1	1	0	0	3
14	智能抽油烟机	1	1	1	0	1	0	0	3
15	智能电饭煲	1	0	1	0	1	0	0	2
16	智能语音系统	2	0	2	0	2	3	2	18
17	智能摄像机	2	0	0	0	0	0	0	0
18	智能扫地机器人	1	0	1	1	0	0	0	2
19	智能洗衣机	1	1	1	0	2	0	0	4
	合计	N							101

可以推断，基于设备描述协议，未来各种实用的物联网智能监控系统将轻而易举突破两位数的功能设备。如果对这些设备的状态全部进行监控，监控平台的负荷是很大的。

理论上，单条件组合的监控条件数量 $T=C_N^1+C_N^2+C_N^3+\cdots+C_N^N=2^N-N$ ……（1）

N：子设备功能数；当N=100时，监控条件数为天文数值。如果考虑“并且”“或者”以及“括号”先后次序，则监控条件数量无疑巨大无比，即使量子计算机也无法处理。显然，没有必要对每个设备的每个状态都去“关心”。幸运的是，我们一般只关心某些设备的状态变化，监控条件数一般在两位数。即便如此，DMC对这些监控条件的检索仍然有不小的计算开销。如果智能监控管理部署在云端，这种计算密集型的任务，很可能让强大的云服务也难以应付，甚至崩溃，很难胜任这项工作，特别是千万级别用户的物联网智能监控云平台。如果突发性强，情况会更恶劣，导致智能监控完全失效！这也是目前华为Hilink和阿里AIoT难以突破大规模复杂监控的原因之一。因此，必须进行分布式处理，让企业和家庭自己去处理，既减轻负担，更有安全的保障！

图3-16所示是全栈项目实施的智能监控的流程设计（建议用UML的活动图更清晰地表示）。

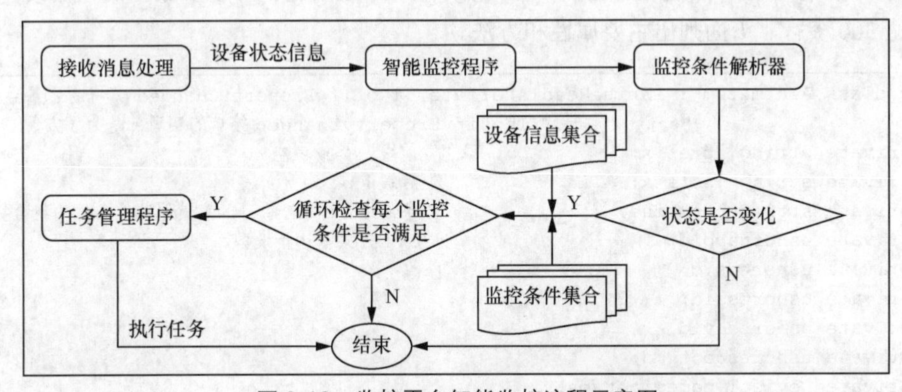

图3-16　监控平台智能监控流程示意图

设备状态没有变化不会触发任务的执行。而设备状态数据的变化，通过DMC的通信消息可以获得。触发条件，也称监控条件，是相关设备的状态满足一定条件时的状态集合。从计算机的视角看，就是多个条件表达式的“或”或“并且”的组合。最简单的监控条件就是单个设备的状态数据的变化，如“温度传感器获得的温度>32℃”。但智能监控条件经常是多个简单条件的组合。如主人希望晚上回家进门时，自动打开相关灯具。这里就涉及3个设备状态的检查：“光线传感器采集的光强度<60”并且“入户大门状态=打开了”并且“进入者=主人”。

一些更复杂的监控条件也十分常见。如一个8路的音乐触摸面板，每个按钮可以触发一个条件来播放不同风格和音量大小的音乐。但是，取消任何一个按钮，都要停止音乐播放。这里的监控条件就是“开关1=OFF”或者“开关2=OFF”或者……“开关8=OFF”。

所以，是否支持复杂监控条件的解析是衡量监控平台能否实现智能监控的核心基础，是智能监控能否高度自动化运行的基石。纵观目前市面主流的智能监控生态系统，毫不客气地说，几乎没有一家真正做到了智能监控。如果监控条件确实过于复杂，比如需要检索历史数据统计处理再做判断的监控，可以考虑放在专用的客户端程序里实现。全栈项目没有考虑这种复杂的监控情况。有志的读者，也可尝试编写这样的专用客户端程序。

图3-17所示是全栈项目实施的智能监控模块的类图。

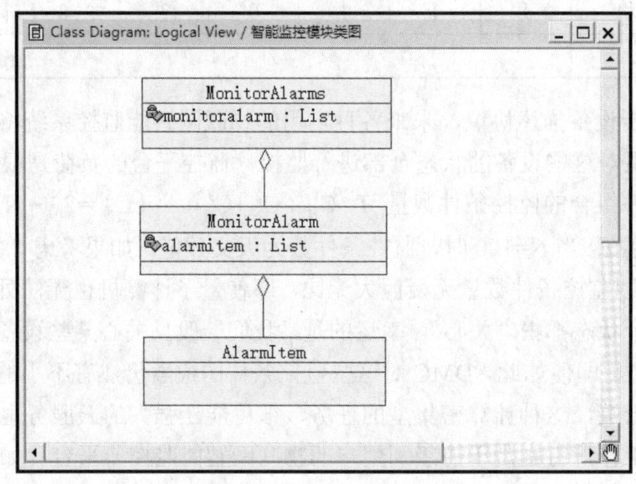

图3-17 智能监控模块类图

3.5.2 监控条件的设计 AlarmItem

AlarmItem的职责是描述监控条件（触发条件）、子设备查找，以及数据的存储读写功能。代码长达300多行，下面列出主要属性和方法。

```
public class AlarmItem : IWriteReadInterface, INotifyPropertyChanged //一条报警监控记录
{                                  //InotifyPropertyChanged接口的实现，是为了方便UI设计
    private string _prefix;                 //前缀：( 或者空
    private string _suffix;                 //后缀：)
    private string _combine;                //条件组合：&或者 |，与其他监控条件的组合关系
    private ushortappid;                    //5+1方式描述子设备
    private ushortdsid;
    private ushortssid;
    private ushortdevid;
    private ushortsubdevid;
    private DeviceTypedevicetype;
    private string functiondescription;     //子设备功能描述：为用户呈现功能描述
    private string operate;                 //数据比较符：<、=、>、包含，视子设备类型而定
    private string _value;                  //状态数值内容，根据deviceType决定
    private bool valueIsConstant;           //比较值是否常量
```

```
    public bool OK;                          //存放计算结果
    ……
    public AlarmItem() {…… }                  //构造函数
    public void ReadFromStream(BinaryReaderbr) {……}                   //读写方法
    public void WriteToStream(BinaryWriterbw) {……}
    public static IDeviceFindDevice(IotDMPsdmps, AlarmItem item){……}     //查找方法
    public bool DeviceStringToItem(string devinfo) {……}//910.1.0.0.AO.1字符串解析为Item
    public static string AlarmItemToString(AlarmItem item, IotDMPsdmps) {……}//文字描述
    public static void StringToAlarmItem(ref AlarmItem item, string sub) {……}
    //子设备的文字描述转换为子设备的属性
    public IBaseDeviceGetSubdevice(IotDMPsAllSmartHomes) {……}
    //获得监视对象是哪个子设备
}
```

目前支持简单条件的“或”和“并”的组合，也支持一层深度的括号优先组合（即括号不能嵌套）。从逻辑运算的角度看，任何复杂的逻辑运算最终都可以简化为“或”和“并”的运算，因此设计的智能监控条件基本满足了大部分物联网智能监控的要求。

3.5.3　智能监控类 MonitorAlarm

智能监控类 MonitorAlarm，其主要职责是对监控条件是否成立进行复杂计算处理，为调用程序提供方便。属性含两个主要内容：监控条件集合、要执行的场景任务。主要方法是计算监控条件。类的实现代码很多，超过千行代码，下面列出主要内容，并配有注释。

```
public class MonitorAlarm : INotifyPropertyChanged       //一个监控项目
{
    private int _num;
    public event PropertyChangedEventHandlerPropertyChanged;
    private string description;                          //对监控内容的文字描述
    private string taskname;                             //触发报警时执行的任务
    private bool candisarm;              //是否可以撤防：撤防后，DMC不再检查该条件
    private bool used;                                   //是否可用/禁用
    public List<AlarmItem> Items { get; set; }           //包含多个监控条件的集合!
    public MonitorAlarm()                                //构造函数
    {    ……
        Items = new List<AlarmItem>();
    }
    public bool WriteToStream(BinaryWriterbw) { …… }    //保存到文件
    public void ReadFromStream(BinaryReaderbr) ) { …… }//从文件装入
    public string GetMonitorExpression()) { …… }        //监控条件的友好字符串表达式
    public int CheckBracketsLegal()) { …… } //检查条件表达式中的括号是否匹配：要配对
    public bool Contains(ushortappid, ushortdsid, ushortssid, ushort did, ushortsdid,
string dvtype) ) { …… }            //检查监控项目是否涉及某子设备：不涉及，立即跳过计算
    public bool Satisfied(IotDMPsAllSmartHomes, IBaseDevice dv, IotDictionary json,
            bool firstmain ,bool single = false) { …… }//核心计算功能！！未来可改进
}
```

Satisfied 方法是智能监控的核心处理方法。第一个参数 IotDMPs 传递了整个监控平台所有设备的信息；第二个参数 IbaseDevice 指明了是检查哪个子设备；第三个参数 IotDictionary 是 DMP 上传的设备状态信息字典；第四个参数表示计算监控条件的方式，为“true”时，表明监控条件集合的第一个条件是主监控条件——只有它的状态发生变化时，才会计算后续条件。否则整个监控计算结果直接为“false”！这种情况在实际应用中也是经常会遇到的，比如我们触摸一个开关（主监控条件），希望灯光亮起，但前提是在光线较暗时才有效。该参数为“false”时，

所有监控条件地位一样。计算的最终结果与普通的逻辑运算结果一样。第五个参数代表传递进来的状态数据是单个子设备的还是多个子设备的状态数据。

该方法有很多地方可以改进。因为每个行业对物联网监控的要求不一样，通用的处理方法虽然解决了大部分监控的要求，但还是难以满足更加复杂的监控要求。我们未来设想的办法是，提供一个计算接口，由使用者自己去开发计算方法，就像开发设备监控驱动程序的模式。在编制监控条件时，可以选择通用方法，也可由使用者自己去选择特定计算方法，如此可解决行业复杂监控的要求。或者，编写专用的第三方客户端程序实现复杂监控（推荐）。

3.5.4 智能监控管理者类 MonitorAlarms

一般的设计原则会为对众多同一类型对象的管理设计一个管理对象。因此设计了智能监控管理者类 MonitorAlarms。代码如下，可以看到其有非常熟悉的内容。

```
public class MonitorAlarms                                    //监控报警文件，包含多个报警条件
{
    private int Flag { get; set; }                            //唯一识别码: 0xE5E5E5E5
    public string FileName;                                   //保存报警内容的文件
    public List<MonitorAlarm> MonitorItems { get; set; }//★★包含多个报警记录★★
    public MonitorAlarms(int flag, string fn)                 //构造函数有一个存储数据的文件名参数
    {
        Flag = flag;FileName = fn;
        MonitorItems = new List<MonitorAlarm>();
        LoadFromFile();                                       //从文件读入数据
    }
    public bool SaveToFile() {......}                         //保存监控数据到文件
    public void LoadFromFile() {......}                   //从文件装入数据
}
```

3.5.5 智能监控的实施

图 3-16 所示展示了监控平台智能监控流程。结合 UI 设计，介绍几个主要功能的实现。图 3-18 所示是监控中心智能监控的 UI。

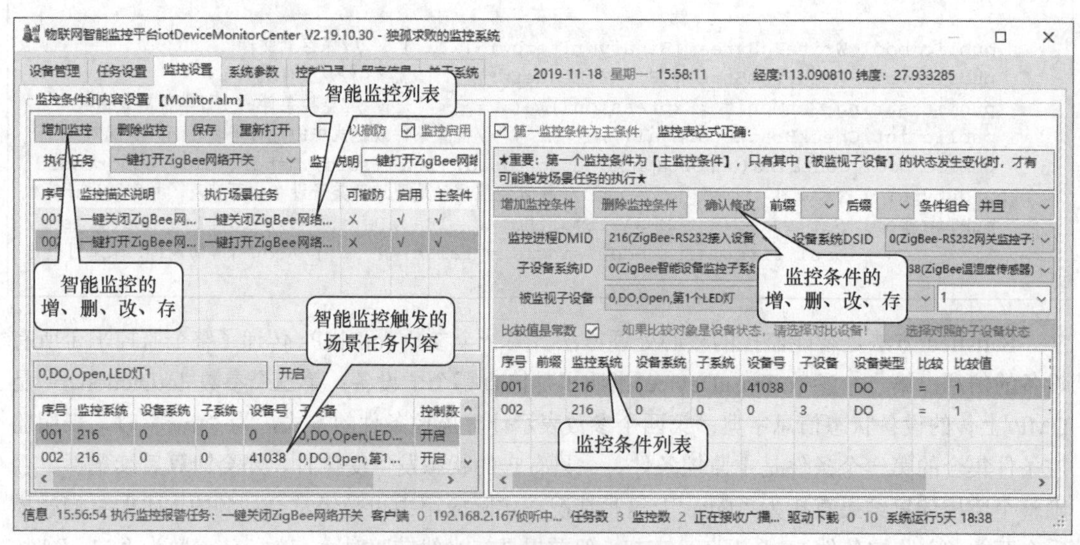

图 3-18 DMC 智能监控 UI

智能监控的增、删、改、存，逻辑比较简单，读者可自行参阅源代码。这里介绍一下监控条件的保存逻辑。当我们修改了一条监控条件的参数时，单击【确认修改】按钮，系统会自动计算该监控条件集合的表达式是否正确，并给出提示。事件响应代码如下。

```
private void btnModifyAlarm_Click(object sender, EventArgs e)//修改监控条件内容!
{
    if (lvMonitors.SelectedItems.Count == 0) return;          //没有选中一个监控项目
    if (lvAlarms.SelectedItems.Count == 0) return;            //没有选中一个监控条件
    int index = lvMonitors.SelectedItems[0].Index;            //Alarms是监控管理者对象
    MonitorAlarmmonitoritem = Alarms.MonitorItems[index];  //选中的一个智能监控项目
    int index2 = lvAlarms.SelectedItems[0].Index;
    AlarmItem item = Alarms.MonitorItems[index].Items[index2];//选中的监控条件
    UIToAlarmItem(ref item);                                  //UI 设置的内容转移到对象中
    AlarmItemToGridItem(item, lvAlarms.Items[index2]);        //在 UI 表格中呈现
    ShowMonitorExpressionCorrect(monitoritem);                //显示计算结果！！
    MonitorItemToGridItem(monitoritem, lvMonitors.Items[index]);//UI 呈现动作内容
}
```

关键方法是 ShowMonitorExpressionCorrect，如下所示。

```
void ShowMonitorExpressionCorrect(MonitorAlarmmonitoritem)
{
    tbConditions.Text = monitoritem.GetMonitorExpression();//监控条件表达式
    int br = monitoritem.CheckBracketsLegal();//检查条件表达式中的括号是否匹配：要配对
    if (br > 0)
    {
        lbExpression.Text = "监控表达式缺少右括号(: " + br.ToString() + "个";
        tbConditions.ForeColor = Color.Red;
    }
    else if (br < 0)
    {
        lbExpression.Text = "监控表达式缺少左括号(: " + (-br).ToString() + "个";
        tbConditions.ForeColor = Color.Red;
    }
    else
    {
        lbExpression.Text = "监控表达式正确: ";
        tbConditions.ForeColor = Color.Black;
    }
}
```

当需要的智能监控设置好后，单击【重新打开】按钮，DMC 会清除原来的监控，重新加载新的监控条件。当设备状态数据到达时，触发智能监控业务流程的实施。

在处理接收 DMP 发来消息的方法中，有如下代码。

```
void ProcessDMPInfo(IotDictionary json)           //★★处理 DMP 发来的信息★★
{
    if (json == null) return;
    string cmd = json.GetValue("cmd");            //先检查通信数据字典的 cmd 命令词条
    if (cmd == null) return;
    if (cmd == IotMonitorProtocol.DEVSTATE)       //指令类型为：状态数据
    {
```

```
        NotifyClient(json);          //先直接传递数据给在线的本地客户端: 未做任何过滤处理
        CheckAlarm(json);            //检查是否触发监控条件，核心代码
        if (tcpClient != null && tcpClient.Connected)
        {                            //tcpClient是DMC连接云通信服务器的通信对象
            json.AddNameValue("dmc", "1");  //监控平台发给云服务器的标志
            tcpClient.Send(json.GetBytes());//通过云端传递数给云端远程连接客户
        }
    }……
}
```

核心设计方法 CheckAlarm 的功能，就是对监控平台登记的所有监控条件进行一一对比检查；如果发现条件满足，就启动指定的场景任务去实现复杂的设备操作。这个方法值得读者仔细阅读理解，最好绘制流程图。

```
public void CheckAlarm(IotDictionary json)
{
    string sappid = json.GetValue("dmid");                  //监控进程编号
    string _dsid = json.GetValue("dsid");                   //设备系统号
    string _ssid = json.GetValue("ssid");                   //子设备系统号
    string sdevid = json.GetValue("did");                   //设备号
    string ssubid = json.GetValue("sdid");                  //子设备号
    string stype = json.GetValue("type");                   //子设备类型
    string svalue = json.GetValue("value");                 //子设备状态数据
    if (sappid == null || _dsid == null || _ssid == null || sdevid == null ||
    stype == null || svalue == null) return;
    ushortappid = ushort.Parse(sappid);
    ushortdsid = ushort.Parse(_dsid);
    ushortssid = ushort.Parse(_ssid);
    ushortdevid = ushort.Parse(sdevid);
    DeviceType dt = (DeviceType)Enum.Parse(typeof(DeviceType), stype);
    ushortsubid = 0;
    if (ssubid != null)                                     //单个设备状态数据
    {
        subid = ushort.Parse(ssubid);
        IBaseDevice dv = IotDMPs.GetOneSubdevice(AllDMPs, appid, dsid, ssid,
                devid, subid, stype);                       //1.检查有无该子设备
        if (dv == null) return;
        //2.扫描监控项目列表，不在监控项目中或者已经撤防: 不处理
        for (int i = Alarms.MonitorItems.Count - 1; i>=0; i--)
        {
            MonitorAlarmmonitoritem = Alarms.MonitorItems[i];//一个监控条件
            if (!setting.bSetAlarm&&monitoritem.CanDisarm) continue;
            //3.系统已经撤防，并且监控项目允许撤防: 不再监视
            if (!monitoritem.Used) continue;                    //禁用的监控: 不再监视
            if (!monitoritem.Contains(appid, dsid, ssid, devid, subid, stype))
continue;
            //4.判断监控项目是否包含该监视该设备
            if (monitoritem.Satisfied(AllDMPs, dv, json,
monitoritem.Firstmaincondition, true))
            //5.扫描检查监控条件列表是否满足
            {
                StartAlarm(monitoritem, json);                  //6.触发报警功能
```

```
                ChangeDeviceState(dv, dt, json, subid, true);
                //7.修改设备状态数据：执行后，立即修改设备状态，避免二次触发
            }
        }
        ChangeDeviceState(dv, dt, json, subid, true);           //最终都要修改设备状态
    }
    else            //传递的是多个子设备的状态数据
    {
        IMonitorSystemBasems = IotDMPs.GetMonitorSystem(AllDMPs, appid);
        IDevicehd = IotDMPs.GetDevice(ms, dsid, ssid, devid);  //hd: 实际硬件设备
        if (hd == null) return;
        devid = hd.DID;
        if (dt == DeviceType.DI)                                //处理 DI 报警监控
        {
            for (int n = 0; n<hd.DIDevices.Count; n++)    //0.扫描每个子设备状态数据
            {
                IBaseDevice dv = hd.DIDevices[n];          //1.获取子设备
                subid = dv.SDID;
                for (int i = Alarms.MonitorItems.Count - 1; i>=0; i--)
                //2.扫描监控项目列表，不在监控项目中或者已经撤防：不处理
                {
                    MonitorAlarmmonitoritem = Alarms.MonitorItems[i];
                    if (!setting.bSetAlarm && monitoritem.CanDisarm) continue;
                    //3.系统已经撤防，并且监控项目允许撤防：不再监视
                    if (!monitoritem.Used) continue;       //不使用的监控：不再监视
                    if(!monitoritem.Contains(appid, dsid, ssid, devid, subid,
stype)) continue;                                //4.判断监控项目是否包含该监视该设备
                    if (monitoritem.Satisfied(AllDMPs, dv, json,
                        monitoritem.Firstmaincondition))//5.检查监控条件是否满足
                    {
                        ChangeDeviceState(dv, dt, json, n);//6.修改设备状态数据
                        StartAlarm(monitoritem, json);  //7.启动报警功能
                    }
                }
            }
            for (int n = 0; n<hd.DIDevices.Count; n++)
            {
                    IBaseDevice dv = hd.DIDevices[n];
                    ChangeDeviceState(dv, dt, json, n); //8.都要修改设备状态数据
            }
        }
        else if (dt == DeviceType.DO) {……}   //处理 DO 报警监控：类似的处理，不再赘述
        else if (dt == DeviceType.AI) {……}   //处理 AI 报警监控
        else if (dt == DeviceType.AO) {……}   //处理 AO 报警监控
        else if (dt == DeviceType.SI) {……}   //处理 SI 报警监控
        else if (dt == DeviceType.SO) {……}   //处理 SO 报警监控
    }
}
```

正是由于设备描述协议的作用，我们可以对所有子设备的状态进行监控，在代码上可以穷举所有可能的监控条件。这里不得不感谢该协议的“伟大”之处。

监控方法 CheckAlarm 还有很多需要改进的地方。目前没有充分考虑如何避免循环重复触发任务的执行。期望读者提出好的方法和技术来解决该问题，并共享。

监控平台的三大基本功能模块的设计与实现，就介绍到此。一些具体的实现代码，请参阅源代码。后续部分的有些功能很有必要了解，因此会做简单介绍。

3.6 用户管理模块的设计

用户在监控中心可对任何功能进行操作，具有无限制的权限。但用户通过客户端对系统进行监控时，某些操作有必要受到限制，登录过程必不可少。

这次我们不定义 user 类，而是直接操作一个 XML 文档，该文档包含登录用户的最基本信息。文档名为 user.xml。

3.6.1 用户文档结构

user.xml 文档的结构如下。

```
<MyGrid>
<Row>
<序号>001</序号>
<姓名>张三丰</姓名>
<密码>1234567</密码>
<操作权限>11111</操作权限>
</Row>
<Row>
<序号>002</序号>
<姓名>欧阳锋</姓名>
<密码>123456</密码>
<操作权限>11111</操作权限>
</Row>
 ......
<GridWidth>
<Width>38</Width>
<Width>68</Width>
<Width>114</Width>
<Width>73</Width>
</GridWidth>
</MyGrid>
```

Row 对象是用户登录信息；GridWidth 是 XML 以表格呈现时每列的宽度。为此定义了一个类 myGrid，提供了读写 XML 文档内容及其表格布局的信息。请读者自行阅读 myGrid.cs 文档。

由于设计较早，这个不太好的设计一直没有改过来。说它不好，是因为它把业务数据与不相干的可视化信息混淆在一起，破坏了最基本的设计原则。如果有机会，需要改过来。

图 3-19 所示是用户登录信息维护设计界面。

登录通信使用 TCP/IP 通信标准和 3 个核心协议。为简化使用底层 socket 通信，对其进行封装以适应我们的通信协议。在通用智能监控库 SmartControlLib 项目中，定义了 MyTcpClient 类和 ConnectClient 类。

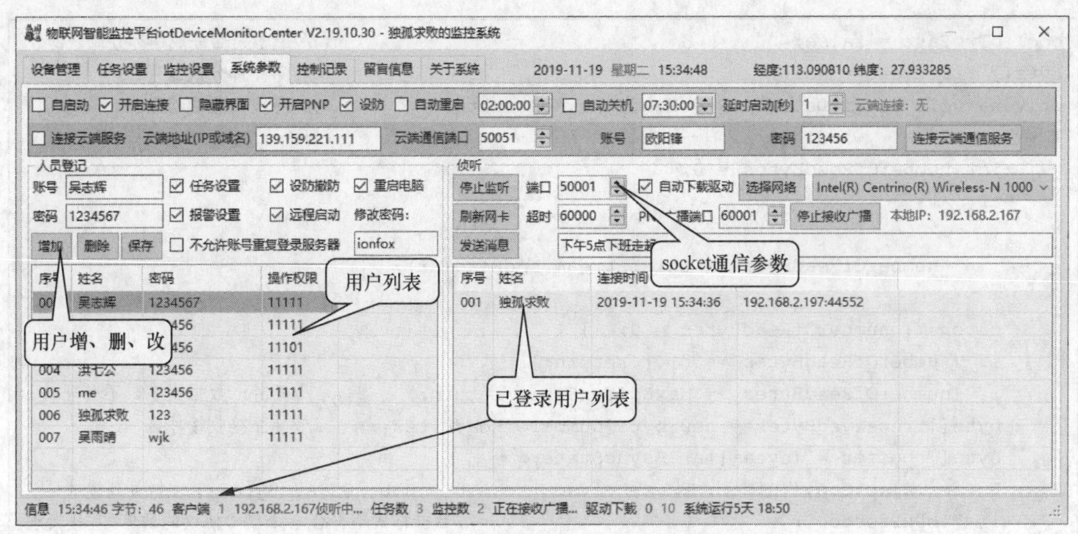

图 3-19 用户登录信息和登录状态显示

3.6.2 客户端通信类 MyTcpClient

MyTcpClient 类是一个客户端通信对象，在 MyTcpClient.cs 文档中定义，其职责是帮助客户端连接服务端。在图 3-19 所示界面的右侧，有设置 TCP/IP 通信的最基本的通信参数：IP 地址（与网卡有关）和端口号。

TCP/IP 通信是互联网通信的一种标准，物联网工程专业的学生应该熟练掌握。MyTcpClient 类较大，超过 600 行代码。这里介绍其设计原则，如下所示。

（1）定义了很多事件 event：包括连接成功、失败、断网、接收数据等，方便调用程序使用。

（2）定义了初始化通信、连接、发送数据的方法。

（3）定义了网络数据异步接收处理方法。这是重点，需要解释一下。

HandleTcpServerConnected 方法是连接服务端成功后的处理方法，如下所示。

```
private void HandleTcpServerConnected(IAsyncResultar)
{
    try
    {
        this.tcpClient.EndConnect(ar);
        this.RaiseServerConnected(Addresses, Port);                  //触发连接成功事件
        stream = this.tcpClient.GetStream();                         //保存网络读取数据流
        byte[] buffer = new byte[tcpClient.ReceiveBufferSize];
        stream.BeginRead(buffer, 0, buffer.Length,this.HandleDatagramReceived, buffer);
       //设置异步读取数据的处理方法 HandleDatagramReceived
    }
    catch (Exception ex)
    {
        RaiseServerExceptionOccurred(this.Addresses, this.Port, ex);//引发连接异常事件
    }
}
```

当成功接收到服务端发来的数据时，会异步调用 HandleDatagramReceived 方法来处理数据。该方法针对 3 个核心协议做了一些处理，代码如下（流程图请读者自己绘制一下）。

```
bool bTwoPart = false;                                          //数据是否分成两部分或多部分
byte[] firstPart = null;                                        //第一部分数据
private void HandleDatagramReceived(IAsyncResultar)             //异步处理通信数据
{
    int numberOfReadBytes = 0;
    try
    {
        numberOfReadBytes = this.stream.EndRead(ar);
    }
    catch  { numberOfReadBytes = 0;  }
    if (numberOfReadBytes == 0) { return;}
    if (numberOfReadBytes >= MaxBufferSize) return;             //意外: 数据太多, 不处理
    byte[] receivedBytes = new byte[numberOfReadBytes];         //建立接收缓冲区
    byte[] buffer = (byte[])ar.AsyncState;
    Buffer.BlockCopy(buffer, 0, receivedBytes, 0, numberOfReadBytes);//拷贝到缓冲区
    if (!bSHProtocol)                          //数据格式不符合3个核心协议的通信,直接处理
    {
        Buffer.BlockCopy(buffer, 0, receivedBytes, 0, numberOfReadBytes);
        this.RaiseDatagramReceived(this.tcpClient, receivedBytes);//触发接收数据事件
        ContinueRead();                                         //继续读取网络数据
        return;
    }                                                           //以下为标准数据字典结构
    Buffer.BlockCopy(buffer, 0, receivedBytes, 0, numberOfReadBytes);
    //判断是否为IotDictionary结构
    IotDictionary json = IotDictionary.ConvertBytesToIotDictionary(receivedBytes,
flag);
    if (json != null)                                           //合法结构: 完整数据包
    {
        this.RaiseDatagramReceived(this.tcpClient, receivedBytes);
        this.RaisePlaintextReceived(this.tcpClient, receivedBytes);
        bTwoPart = false;                                       //单独数据包
    }
    else //不合法, 可能被分成几个包发送过来: 超大数据包或网络原因
    {                                                           //先判断flag
        if (!bTwoPart)                                          //新收到部分数据
        {
            if (numberOfReadBytes < 4) return;                  //不合法数据长度
            int b1, b2, b3, b4;
            int position = 0;
            //首先读取标志
            b1 = receivedBytes[position++];
            b2 = receivedBytes[position++];
            b3 = receivedBytes[position++];
            b4 = receivedBytes[position++];
            int _flag = (b1 << 24) + (b2 << 16) + (b3 << 8) + b4;
            if (_flag == flag)                                  //合法数据被分成两次发过来
            {
                bTwoPart = true;
                firstPart = new byte[numberOfReadBytes];//保存该数据
                Buffer.BlockCopy(buffer, 0, firstPart, 0, numberOfReadBytes);
            }
        }
        else //if (bTwoPart)                                    //接着上次的部分, 合成一个数据
```

```
            {
                int len = firstPart.Length;                           //第一部分长度
                if (len + numberOfReadBytes >= MaxBufferSize)   //数据太多，不处理
                {
                    ContinueRead();
                    bTwoPart = false;
                    return;
                }
                byte[] allPart = new byte[len + numberOfReadBytes];//保存该数据
                Buffer.BlockCopy(firstPart, 0, allPart, 0, len);
                Buffer.BlockCopy(receivedBytes, 0, allPart, len, numberOfReadBytes);
                json = IotDictionary.ConvertBytesToIotDictionary(allPart, flag);
                if (json == null)                                  //还没接收完毕，继续接收
                {
                    firstPart = new byte[len + numberOfReadBytes];//重新保存该数据
                    Buffer.BlockCopy(allPart, 0, firstPart, 0, len + numberOfReadBytes);
                }
                else
                {
                    this.RaiseDatagramReceived(this.tcpClient, allPart);//触发事件
                    this.RaisePlaintextReceived(this.tcpClient, allPart);
                    bTwoPart = false;
                }
            }
        }
    ContinueRead();                                                  //继续读取网络数据
}
```

继续读取网络数据 ContinueRead 方法的代码，如下所示。

```
private void ContinueRead()
{
    if (tcpClient == null) return;
    if (tcpClient.Connected)                       //有可能断开了
    {
        byte[] buffer = new byte[tcpClient.ReceiveBufferSize];
        try
        {
            stream.BeginRead(buffer,0,buffer.Length,this.HandleDatagramReceived,buffer);
        }
        catch { }
    }
}
```

这样设计后，客户端通信对象的使用就很简单了：构建 MyTcpClient 对象后，初始化，然后开始连接。以后所有的处理都是通过触发事件的处理方法来完成的。比如，当网络断开时，触发断开连接事件，你可以在该事件处理代码中重新进行连接，或者转到登录界面。具体使用代码，请读者阅读源代码。

3.6.3 服务端连接类 ConnectClient

监控中心 DMC 作为通信服务端，时刻侦听客户端的连接。当客户端连接成功后，DMC 就

会建立一个服务端到客户端的连接，我们设计了一个 ConnectClient 类来描述这个连接。

与 MyTcpClient 类的设计类似，定义了较多的通信相关的事件、数据发送方法以及接收数据线程。为了监控平台的需要，我们定义了一些属性，如下所示。

```
public class ConnectClient                            //保存连接到服务器的客户端
{
    public event OnTextReceived OnTcpTextReceived;
    public event OnDataReceived OnTcpDataReceived; //接收到客户端数据事件
    public event OnSendDataError OnSendDataError;  //发送数据失败：一般是断网
    public string IP;                              //保存客户端 IP 地址
    public string rights;                          //权限字符串，可用于各种目的
    public string User;//登记用户名，也可用于登记连接设备的识别号，如 IeeeOrMacAddress
    //智能监控进程 DMP 最高允许一个“子设备系统”使用一个 Socket 与服务器程序连接。使用设备系统作为
      整体接入，系统过于复杂、庞大，目前不支持
    public iotSubDeviceSystem subDeviceSystem = null;//客户端子设备系统描述(也可以不使用;
                                               特定设备监控驱动程序可使用，方便代码编写)
    public ushort ConnectID = 0;//客户端连接 ID，便于识别。可能是设备系统 ID、子设备系统 ID 或
                              设备 ID(也可以不使用，可方便设备监控驱动程序编写代码)
    public string Description;                     //连接描述：一般用于子设备系统连接
    public bool canComunication;                   //是否可以正常通信
    public int illComunication = 5;                //非法通信次数，当减为 0 时，断开连接
    public bool bSHProtocol;                       //是否遵守核心协议
    ......
}
```

当客户端初次连接到服务端时，canComunication 属性为 false。如果用于用户登录，DMC 只接收处理登录指令，其他指令不处理，并且 illComunication 属性减 1。当 illComunication 减为 0 时，服务端直接断开连接。当登录成功后，canComunication 设置为 true，表示可以正常通信了。

如果用于设备登录，一旦连接就直接把 canComunication 设置为 true，进入正常通信状态。同时可登记子设备系统的相关信息（在携带 devinfo 词条的情况下），方便 DMP 检索查询设备。

ConnectClient 类设计了 Communicate 方法，用于接收网络通信数据。它必须在线程中运行，避免程序阻塞。其工作方式与 MyTcpClient 类的数据处理方法类似，如下所示。

```
bool bTwoPart = false;                          //数据是否分成两部分
byte[] firstPart = null;
public void Communicate()
{
    int numberOfReadBytes;
    byte[] bytes;
    bytes = new byte[MaxBufferSize];
    while (true)                                //无限循环，需放在线程中运行
    {
        try
        {
            if ((numberOfReadBytes = ns.Read(bytes, 0, MaxBufferSize)) == 0)
            {
                Thread.Sleep(10);               //不退出，暂停
                continue;
            }
```

```
        }
        catch (Exception ex)
        {
            Console.WriteLine(ex.ToString());//Console.WriteLine("Missing,
                                                    disconnected");
            break;
        }
        if (numberOfReadBytes >= MaxBufferSize) continue;//数据太多，不发送
        byte[] receivedBytes = new byte[numberOfReadBytes];
        Buffer.BlockCopy(bytes, 0, receivedBytes, 0, numberOfReadBytes);
        if (!bSHProtocol)            //不符合 SHP 协议，直接处理
        {
            if (OnTcpDataReceived != null)          //触发处理数据事件
                OnTcpDataReceived(new TextReceivedEventArgs<byte[]>(this,receivedBytes));
            continue;
        }
        IotDictionary json = IotDictionary.ConvertBytesToIotDictionary
(receivedBytes, flag);
        if (json != null)                           //合法数据
        {
            bTwoPart = false;
            if (OnTcpDataReceived != null)          //触发事件
                OnTcpDataReceived(new TextReceivedEventArgs<byte[]>(this, receive
dBytes));
            if (OnTcpTextReceived != null)
                OnTcpTextReceived(new TextReceivedEventArgs<string>(this,
json.ToString()));
        }
        else                                        //不合法，可能被分成几个包发送过来
        {
            if (bTwoPart)                           //接着上次的部分，合成一个数据
            {
                int len = firstPart.Length;         //第一部分长度
                if (len + numberOfReadBytes >= MaxBufferSize)//数据太多，不处理
            {
                bTwoPart = false;
                continue;
            }
            byte[] allPart = new byte[len + numberOfReadBytes];//保存该数据
            Buffer.BlockCopy(firstPart, 0, allPart, 0, len);
            Buffer.BlockCopy(receivedBytes, 0, allPart, len, numberOfReadBytes);
            json = IotDictionary.ConvertBytesToIotDictionary(allPart, flag);
            if (json == null)                       //还没接收完毕，继续接收
            {
                firstPart = new byte[len + numberOfReadBytes];//重新保存该数据
                Buffer.BlockCopy(allPart, 0, firstPart, 0, len + numberOfReadBytes);
            }
            else
            {
                bTwoPart = false;
                if (OnTcpDataReceived != null)
                    OnTcpDataReceived(new TextReceivedEventArgs<byte[]>(this,
allPart));
```

```
                if (OnTcpTextReceived != null)
                    OnTcpTextReceived(new TextReceivedEventArgs<string>(this,
                        json.ToString()));
                bTwoPart = false;
            }
        }
        else                                                    //新收到部分数据
        {
            if (numberOfReadBytes < 4) continue;                //不合法数据长度
            int b1, b2, b3, b4;
            int position = 0;
            //首先读取标志
            b1 = receivedBytes[position++];
            b2 = receivedBytes[position++];
            b3 = receivedBytes[position++];
            b4 = receivedBytes[position++];
            int _flag = (b1 << 24) + (b2 << 16) + (b3 << 8) + b4;
            if (_flag == flag)                                  //合法数据被分成多次发过来
            {
                bTwoPart = true;
                firstPart = new byte[numberOfReadBytes];  //保存该数据
                Buffer.BlockCopy(bytes, 0, firstPart, 0, numberOfReadBytes);
            }
        }
    }
    if (!canComunication)                                       //未验证允许通信状态
    {
        illComunication--;                                      //最多允许 5 次非法通信
        if (illComunication < 0) break;
    }
}                                                               //退出循环就结束连接
ns.Close();
m_tcpClient.Close();
}
```

以上两个通信对象在其他程序模块后也大量使用。如果读者喜欢直接使用底层Socket通信，也可编写自己的通信代码取代全栈项目的通信对象。

3.7 云端通信模块的设计

全栈项目的监控中心是基于局域网结构的，部署在本地而非云端。这样带来了安全性（不接入互联网），同时，也可方便不同通信类型的设备接入监控中心，特别是像串口这样直接连线接入监控中心的设备。物联网监控平台在局域网运行是很常见的情况。但如果需要远程监控，则必须要把监控中心接入互联网。

实现的方案有很多种。

A．可以使用类似“花生壳”的第三方服务把本地服务器映射到互联网服务器，提供域名访问机制。这种方式使用简单，但通信质量较差。如果需要高质量的连接，则费用大幅提升。

B．向互联网接入服务商申请 IP 接入。这种方案通信质量好，带宽大，但对中小企业或家庭而言，价格不菲，难以普及。

C. 购买云虚拟机，在其上部署 Web 服务或通信服务。

我们选择 C，并且直接在虚拟机上运行一个或多个通信服务程序即可，几乎无须部署工作，几分钟就能配置好程序工作参数。对虚拟机的要求极低，价格在几百元/年，普通家庭都可以承受。最大的好处在于，随时可以更换云虚拟机（参见后面章节）。

3.7.1　云通信服务器方式

监控中心只需连接到云通信服务器，建立起双向通信（见图 1-4）。

客户端也可连接到云通信服务器，由云通信服务器搭建一个通信桥梁，从而完成用户远程监控的要求。如图 3-20 所示描述了三者之间的通信关系。

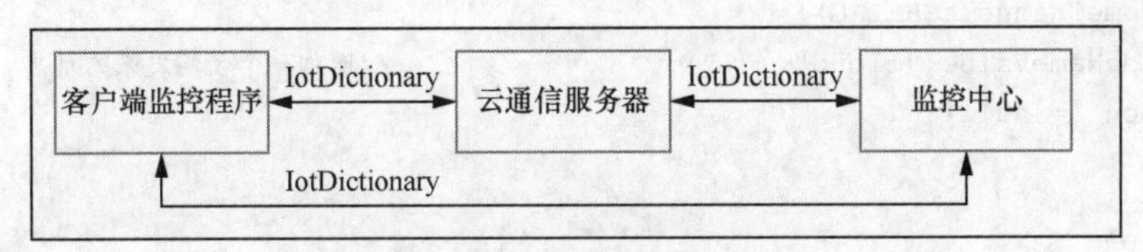

图 3-20　远程通信示意图

客户端程序可选择从云端或 LAN 接入监控中心。不管哪种方式，通信数据包都是符合协议的字典数据格式。

图 3-19 所示界面的上方，有 DMC 连接云通信服务器的参数，包括账号、密码、IP 地址和通信端口号。DMC 使用 MyTcpClient 对象去连接服务端，方法代码如下。

```
MyTcpClient tcpClient;//DMC 作为客户端连接云虚拟机服务器，TCP 通信
private bool MakeConnection(string sIP, string Port)          //尝试连接设备服务器
{
    try
    {
        IPAddressipaddress = IPAddress.Parse(sIP);
        btnConnectCloud.Enabled = false;
        tcpClient = new MyTcpClient(new IPAddress[1] { ipaddress }, int.Parse(Port),
null,SmartHomeChannel.SHFLAG, Encoding.UTF8, true);
        tcpClient.tcpClient.ReceiveBufferSize = MaxBufferSize;
        tcpClient.tcpClient.SendBufferSize = MaxBufferSize;
        tcpClient.tcpClient.ReceiveTimeout = 60000;
        tcpClient.tcpClient.SendTimeout = 60000;
    }
    catch (Exception ex)
    {
        lbCloud.Text = "连接云服务失败 " + sIP + ":" + Port + " " + ex.Message;
        btnConnectCloud.Enabled = true;
        return false;
    }
    tcpClient.OnTcpServerConnected += tcpClient_ServerConnected;//挂接事件处理方法
    tcpClient.OnTcpDatagramReceived += tcpClient_OnTcpDatagramReceived;
    tcpClient.Connect();                                                   //开始连接
    return true;                                                           //成功连接
}
```

DMC 连接服务端成功后，会收到服务器发来要求登录的指令，然后 DMC 在收到数据事件处理方法 *tcpClient_OnTcpDatagramReceived* 中发送登录信息，如下所示。

```
private void tcpClient_OnTcpDatagramReceived(TcpDatagramReceivedEventArgs<byte[]>e)
{
    if (!tcpClient.Connected) return;
        this.Invoke(new OnProcessSHPTcpData(ProcessRowData), e.Datagram, e.TcpClient);
}
    //实例化处理方法 ProcessRowData 的代码如下
private void ProcessRowData(byte[] buffer, TcpClient client)
{
     IotDictionary json = IotDictionary.ConvertBytesToIotDictionary(buffer,
     SmartHomeChannel.SHFLAG);
     json.AddNameValue("cloud", "1");                    //增加一个云端发来的标志
     if (json != null)
     try
     {
         ProcessCloundCommand(json, client);             //真正处理数据的方法
     }
     catch { }
}
```

终于看到了处理云端发来数据的方法，代码如下。

```
private void ProcessCloundCommand(IotDictionary json, TcpClient client)
{
     string cmd = json.GetValue("cmd");
     if (cmd == IotMonitorProtocol.LOGIN)                //"500"登录指令
     {
         string login = json.GetValue("login");
         if (login != null && login == "1")              //要求自动登录
             SendRegInfo();                              //发送登录连接信息
         else if (login == "OK")                         //服务端回复“成功登录”，检查操作权限
         {
             string ip = json.GetValue("ip");
             lbCloud.Text = "登录云服务 OK " + (ip != null ? ip : "") + "-->" +
                         client.Client.RemoteEndPoint.ToString();
             connectCount = 0;                           //重新计算登录次数
             tcpClientOK = true;
         }
         else
         {
             tcpClient.Close();
             lbCloud.Text = "登录信息错误";
             btnConnectCloud.Text = "连接云端通信服务";
             btnConnectCloud.Enabled = true;
         }
     }
     else                                                //其他类型的数据转发局域网
     {
```

```
        ProcessCommand(json, client);              //和局域网连接用户发送的数据一样处理
    }
}
```

除了处理登录指令，其他监控指令直接交给 ProcessCommand 方法处理，该方法是 DMC 处理局域网连接用户发送数据的方法。也就是说，远程监控与本地监控的功能是一模一样的。请读者自行参阅源代码。

发送登录连接信息的方法 SendRegInfo 有点特殊，我们设计了在数据包中包含 DMC 登记的用户的所有信息，即 user.xml 文档的内容，如下所示。

```
private void SendRegInfo()                                              //登录云服务器
{
    IotDictionary json = new IotDictionary(SmartHomeChannel.SHFLAG);//建立字典结构
    json.Clear();                                          //开始构建监控指令数据字典内容
    json.AddNameValue("cmd", IotMonitorProtocol.LOGIN);              //"500"登录指令
    json.AddNameValue("user", tbCloudName.Text);
    json.AddNameValue("password", tbCloudPassword.Text);
    json.AddNameValue("dmc", "1");                        //监控平台连接的标志，客户端连接没有!
    string sFn = Application.StartupPath + "\\user.xml";
    FileStream fs = new FileStream(sFn, FileMode.Open, FileAccess.Read, FileShare.Read);
    json.AddNameValue("stream", fs);                      //把登录用户信息全部传给云服务器
    fs.Close();
    fs.Dispose();
    if (tcpClient == null) return;
    if (!tcpClient.Connected) return;
    tcpClient.Send(json.GetBytes());
}
```

如果我们更新了监控中心登录用户的信息，只需重新登录一次云服务器，云服务器中保存的用户信息就可立即更改生效。实际上，云服务器根本不需要保存用户数据到磁盘上，这保障了数据的安全性。

3.7.2 云 Web 网站方式

目前只实现了实时监控的要求，但大型监控平台对于离线监控数据查询、统计、分析也很重要。设计成 Web 服务网站的模式，可较好地解决该问题。

初步设想是，在云通信服务器上，部署 MySQL 数据库（主要是免费），将云通信过程中的数据，分门别类地存储到数据库中。这个过程其实很简单，只是需要安装数据库，对家庭用户来讲，有些困难。

然后，编写 Web 服务端程序，以 http、https 协议提供服务。这些程序也不太困难，本科水平的程序员是可以做到的。

最后，也是比较麻烦的，干脆通过 Web 服务提供实时监控功能，用户通过 Web 浏览器就能监控。好在，当前的 Web 开发工具都提供了实时 Socket 通信功能，实时监控是可以实现的。当然，要让对超大规模设备的远程接入监控系统且保持实时长连接，使用 WebSocket 通信会有些问题，建议购买云服务商提供的消息队列服务，可解决大规模实时长连接问题。缺点是过于依赖云服务商，程序不兼容，因为每个服务商提供的消息队列服务的使用方法有所不同。

期望有读者能实现这些功能。当然，这样一来，整个监控平台的部署、运行，难度就显得大很多了，需要专业人员协助才能完成。

3.8 数据存储模块的设计

在监控中心本地存储数据也是很有必要的，且较容易实现。可以使用数据库，也可以使用文件。为减少客户的使用难度，全栈项目使用文件系统存储数据（或者使用 SQLite 免安装的小型数据库）。

图 3-21 所示是设计的监控数据查询界面。

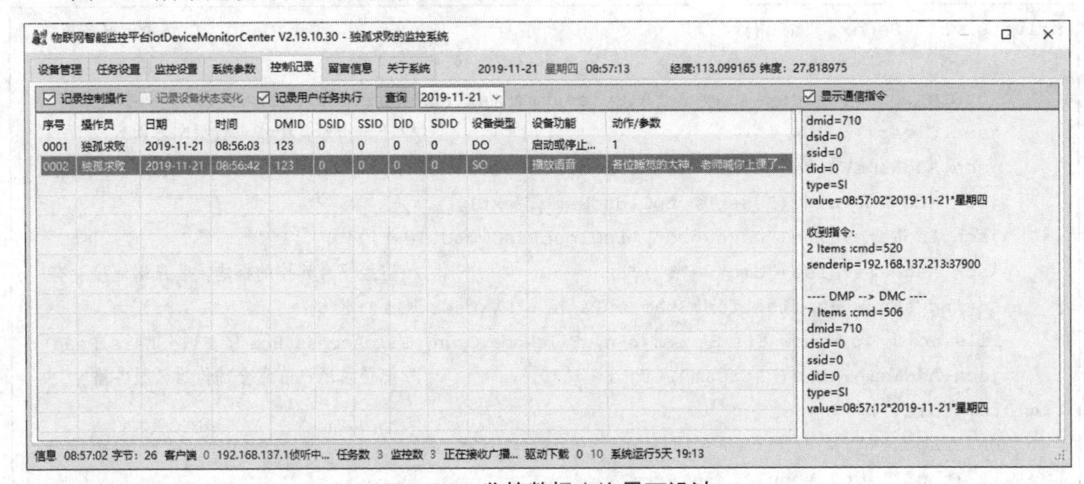

图 3-21　监控数据查询界面设计

该功能的实现是在客户端程序、DMP 程序发送数据到 DMC 的时候触发完成的。在分析处理数据之前或之后，把数据存入文件即可。

功能实现的代码较简单，请读者自行阅读源代码。需要注意的是，监控中心是以当天日期作为文件名来存储数据的；当时间过 0 点时，会自动使用一个新的文件。历史数据文件保存在 History 子文件夹中，如图 3-22 所示。

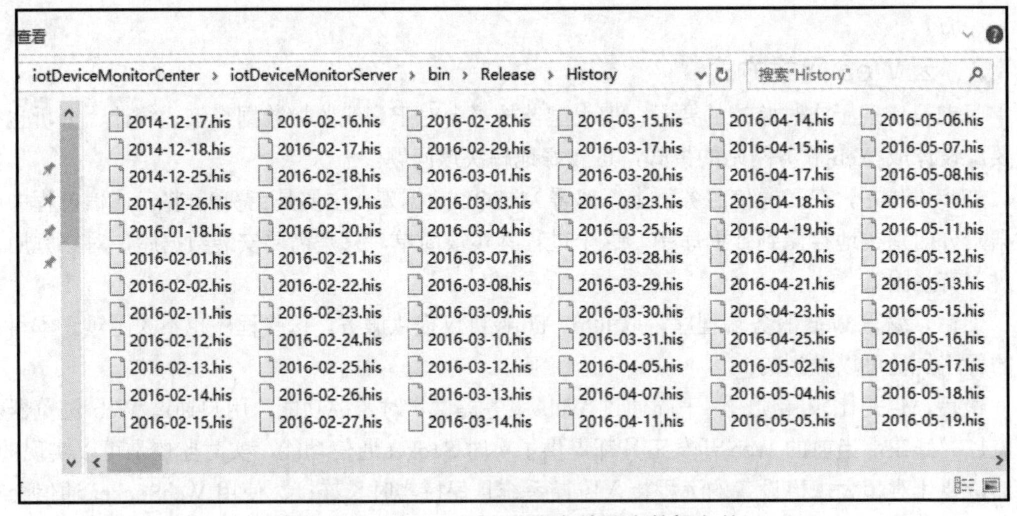

图 3-22　History 子文件夹存放历史数据文件

文件内容是以文本方式记录的，可用任何文本编辑工具打开阅读，如图 3-23 所示。

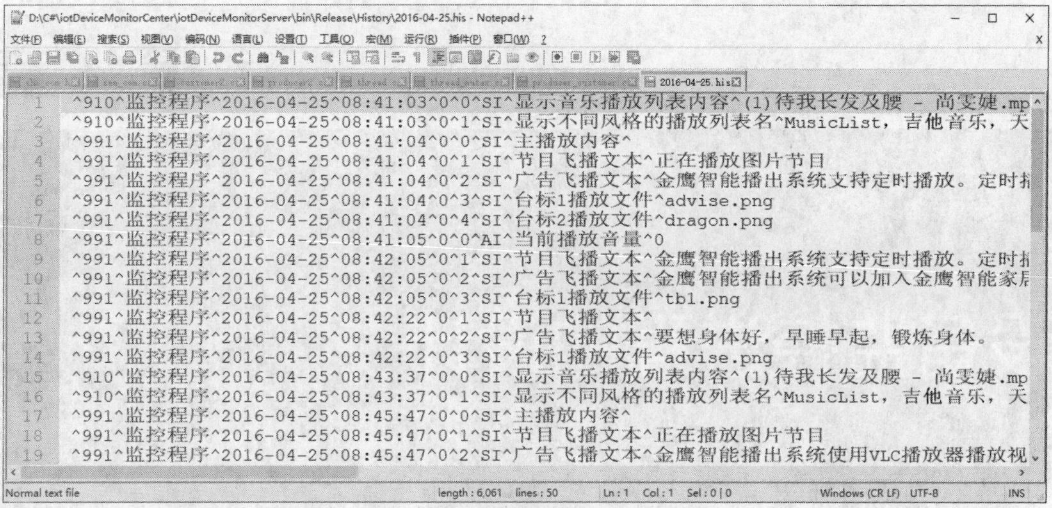
D:\C#\iotDeviceMonitorCenter\iotDeviceMonitorServer\bin\Release\History\2016-04-25.his - Notepad++
^910^监控程序^2016-04-25^08:41:03^0^0^SI^显示音乐播放列表内容^(1)待我长发及腰 - 尚雯婕.mp
^910^监控程序^2016-04-25^08:41:03^0^1^SI^显示不同风格的播放列表名^MusicList，吉他音乐，天
^991^监控程序^2016-04-25^08:41:04^0^0^SI^主播放内容^
^991^监控程序^2016-04-25^08:41:04^0^1^SI^节目飞播文本^正在播放图片节目
^991^监控程序^2016-04-25^08:41:04^0^2^SI^广告飞播文本^金鹰智能播出系统支持定时播放。定时播
^991^监控程序^2016-04-25^08:41:04^0^3^SI^台标1播放文件^advise.png
^991^监控程序^2016-04-25^08:41:04^0^4^SI^台标2播放文件^dragon.png
^991^监控程序^2016-04-25^08:41:05^0^0^AI^当前播放音量^0
^991^监控程序^2016-04-25^08:42:05^0^1^SI^节目飞播文本^金鹰智能播出系统支持定时播放。定时播
^991^监控程序^2016-04-25^08:42:05^0^2^SI^广告飞播文本^金鹰智能播出系统可以加入金鹰智能家居
^991^监控程序^2016-04-25^08:42:05^0^3^SI^台标1播放文件^tb1.png
^991^监控程序^2016-04-25^08:42:22^0^1^SI^节目飞播文本^
^991^监控程序^2016-04-25^08:42:22^0^2^SI^广告飞播文本^要想身体好，早睡早起，锻炼身体。
^991^监控程序^2016-04-25^08:42:22^0^3^SI^台标1播放文件^advise.png
^910^监控程序^2016-04-25^08:43:37^0^0^SI^显示音乐播放列表内容^(1)待我长发及腰 - 尚雯婕.mp
^910^监控程序^2016-04-25^08:43:37^0^1^SI^显示不同风格的播放列表名^MusicList，吉他音乐，天
^991^监控程序^2016-04-25^08:45:47^0^0^SI^主播放内容^
^991^监控程序^2016-04-25^08:45:47^0^1^SI^节目飞播文本^正在播放图片节目
^991^监控程序^2016-04-25^08:45:47^0^2^SI^广告飞播文本^金鹰智能播出系统使用VLC播放器播放视
Normal text file
length : 6,061 lines : 50
Ln : 1 Col : 1 Sel : 0 | 0
Windows (CR LF) UTF-8
INS

图 3-23 文件内容以文本方式记录

未来版本准备在云服务器上存储记录设备信息、状态信息、操控信息等，扩充系统的行业应用功能，比如数据统计、数据挖掘、行为分析、人工智能等。

3.9 设备监控系统的安全设计和总结

设备监控系统的安全性是非常重要的，怎么强调都不过分。智能手机“误开”他人门锁，智能音箱播放“恐怖”外来声音，网络摄像头出现他人家庭的视频，各种扎心新闻让人们对监控系统的安全性格外关注。我们也从各个方面对作为系统核心部分的监控中心进行了安全性设计。本节就来总结一下，以便读者对安全性要求有个整体把握，也便于改进笔者自己今后的监控系统。

1. 结构设计上的安全保障

客户端程序是无法直接连接设备系统的，只要设备不留后门，黑客是无法直接攻击设备的。必须本地或远程登录监控中心，输入账号密码，才能通过监控中心（边缘计算中心）间接监控设备。账号密码也随时在监控中心更换。

2. 通信连接安全性设计

监控中心设计成可在本地局域网工作，因此断开互联网连接，可杜绝黑客从互联网攻击设备系统。其实，像家庭内部、办公楼、厂区等小范围的设备监控，完全可以在局域网内运行，从而使安全性得到保障。

3. 监控中心也被设计成无法直接监控设备

监控中心对设备的监控是通过独立运行的监控进程程序实现的。监控进程与物理设备的连接可以是有线或无线的。如果对安全性要求极高，建议使用有线连接，防止黑客通过无线信号的截获、篡改来攻击设备。

4. 设备级别的控制限制

在我们通用的设备监控系统中，每个物理设备都被设计抽象为 6 类子设备的集合，对每个子设备，我们都设计了控制黑名单和白名单（参见第 4 章）。在黑名单上的登录账号，是无法控制设备工作的，只能获取设备状态信息；而白名单限制了特定账号才能监控设备。客户端每次发来的设备监控指令，都会得到黑、白名单的验证，杜绝设备的非法访问。

目前还没有对监控指令进行加密处理，期望读者能设计实现，这样安全性就更高了。

第 4 章

设备监控进程的设计

监控中心 DMC 只负责管理监控进程 DMP，并与之通信。具体对设备的监控全部交由 DMP 处理。这样的松散结构有助于系统的稳定和扩展。由于设备的多样性，也不可能使用一个监控程序去与多种设备交互。

所以设备监控进程是专门为某类设备服务的程序。这些设备内部使用相同的协议工作，所以指定 DMP 使用一个设备监控驱动中间件来完成设备系统与监控平台之间的数据转换工作（中间件的开发见后续章节）；只有这样，监控平台才能使用统一的协议去监控所有不同类型的设备系统。建议本章学习时间：1～4 周（代码近 5000 行）。

4.1 设备监控程序的功能设计

DMP 的主要业务功能是负责接收设备系统发来的状态信息，并报告给监控中心；同时接收 DMC 发来的监控指令，通过设备监控驱动模块把指令翻译成设备系统的本地指令，再传递给设备系统，从而控制设备工作。

图 4-1 所示是监控进程系统的用例图。

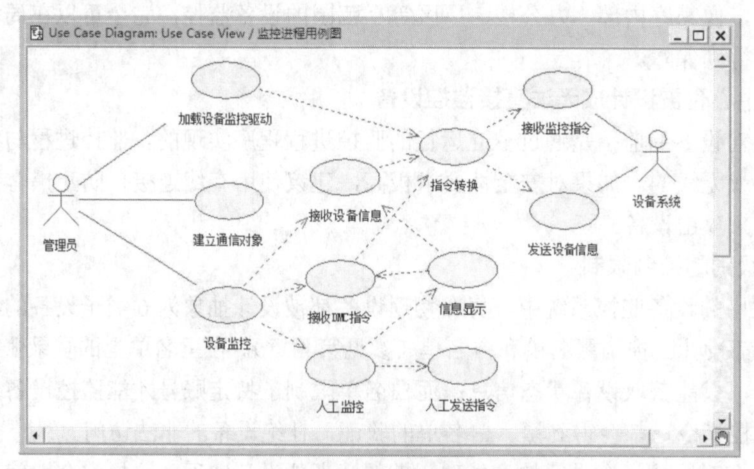

图 4-1 DMP 用例图

4.1.1 建立通信对象

根据 DMC 传递的监控驱动程序文件名和参数，可获得通信类型，并根据参数建立通信对象。TCP/IP 通信的参数，由 DMC 传递过来。但对串口通信，需要在 DMP 内部配置保存，下次启动时，使用这些串口配置来设置通信参数。串口通信参数保存在文件 comport.xml 中，放在 iotmonitorsetXXX 文件夹中，“XXX”是 DMP 的监控进程编号 DMID。

4.1.2 加载设备监控驱动程序

根据设备监控驱动程序的文件名动态加载驱动程序，并传递通信对象给驱动程序。注意：驱动程序内部并没有构建通信对象的方法，需要 DMP 先建立再传递给它。

设备驱动程序的核心作用是充当协议翻译器。监控平台使用标准的 3 个协议组织数据，即“官方”语言（Official Protocol）；设备系统使用企业内部自建的协议组织数据，即“方言”（Local Protocol），所以需要一个翻译器。

图 4-2 所示展示了监控驱动程序 DMD 在 DMP 中的作用。

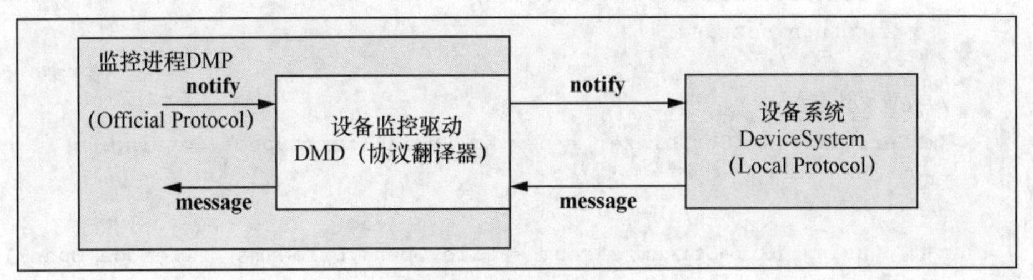

图 4-2 DMD 的作用

4.1.3 设备监控

在设备监控驱动程序加载后，DMP 进入正常的监控状态，主要接收设备信息、DMC 监控指令并做出处理反应。所以监控功能的实现嵌入在通信数据的处理方法中。

为了调试的方便，在监控进程设计了 UI，主要用于设备信息的显示，以及通信数据内容的显示；提供 UI 来修改设备的一些描述信息，方便用户重新设置设备。比如，把“第一个开关”修改成“客厅灯开关”。

4.2 设备监控程序的详细设计与实现

监控进程没有设计过多的业务类，只有两个通信参数配置类（CommParameter、ServerPortParameter）以及一个程序配置类（Setting）。主要使用通用监控程序模块 SmartControlLib 内定义的对象进行工作。

CommParameter 类：对串口通信的监控驱动 DMD，需要保存串口通信配置参数。

ServerPortParameter 类：对 TCP/IP 通信的监控驱动 DMD，需要保存 TCP 通信配置参数。

以上两个类很简单，请读者自行阅读。

Setting 类：几乎所有的应用程序都会有配置文件，用于永久保存应用的一些参数。这个类大都设计为单实例模式（有关设计模式的书很多，软件工程课程也有相关学习内容）。其结构如下。

```
public class Setting                                              //配置文件
{
    private string FileName;                                      //配置文件名
    private static Setting setting = null;                        //静态私有变量
    ……                                                            //共有属性定义
    Setting()                                                     //私有构造函数：单件设计模式!!
    {
        FileName = AppDomain.CurrentDomain.BaseDirectory + "\\Setting.xml";
        ……
    }
    public static Setting LoadSettings(string _FileName) //获取对象的公共静态方法！！
    {
        if (setting != null  && setting.FileName == _FileName)  return setting;
        if (!File.Exists(_FileName))                              //配置文件不存在
        {
            setting = new Setting();          //类的内部代码还是可以调用私有构造方法的!
            setting.FileName = _FileName;
            return setting;
        }
        //配置文件存在
        XmlSerializerxmlSerializer = new XmlSerializer(typeof(Setting));
        try
        {
            using (FileStream stream = File.Open(_FileName, FileMode.Open))
            {
            setting = xmlSerializer.Deserialize(stream) as Setting;
                setting.FileName = _FileName;
                return setting;
            }
        }
        catch
        {
            setting = new Setting();
            setting.FileName = _FileName;
            return setting;
        }
    }
    public void Save()                                                //保存信息
    {
        using (FileStream stream = File.Create(FileName))
        {
            XmlSerializer ser = new XmlSerializer(typeof(Setting));
            ser.Serialize(stream, this);
            stream.Close();
        }
    }
}
```

单实例模式的特点就是，无法直接实例化对象，只能通过静态方法或工厂类获得。在程序任何地方获取该类对象，得到的都是同一个对象，保证了数据的一致性。

图4-3所示是主程序启动的流程图。

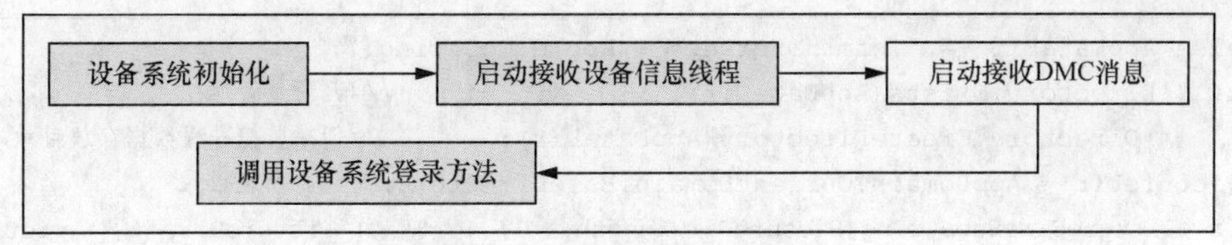

图 4-3 DMP 启动流程图

相应代码在窗口的加载代码中，如下所示。

```
private void FrmMonitor_Load(object sender, EventArgs e)
{
    InitLoad();
    ......
    StartWatchDevice();
    StartReceiveNotify();
    monitorSystemmethod.Login(new object[] { this.monitorSystem });
    //最后调用设备对象登录方法
}
```

核心功能在于设备系统的初始化，其流程图如图 4-4 所示。

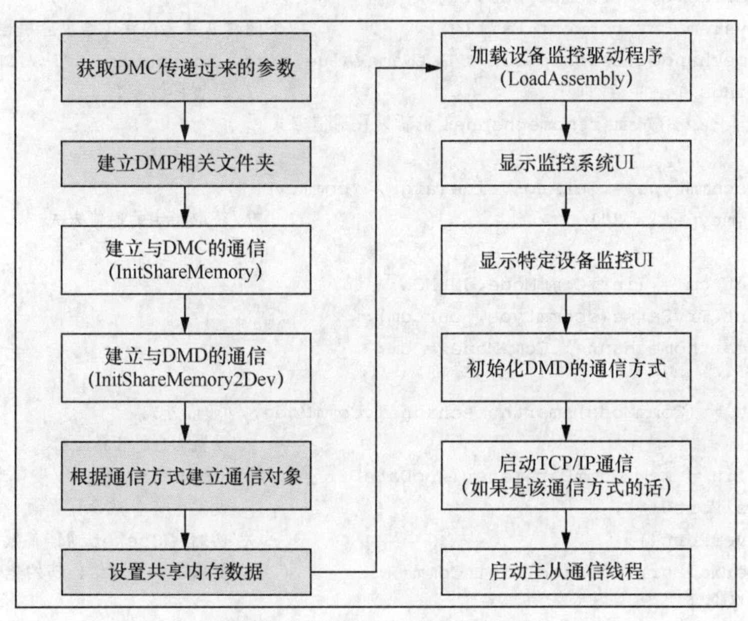

图 4-4 DMP 系统初始化流程图

当初始化完毕，DMP 基本准备就绪。剩下的工作就是处理通信事件。启动代码的主要部分如下，后续将对主要方法做设计介绍。

```
private void InitLoad()
{
    String[] args = System.Environment.GetCommandLineArgs();        //获取启动参数
    AppId = GetChannelNumber(args);                          //获取启动的监控进程编号 DMID
    DMID = AppId;                  //由于设计历史遗留问题，AppId 一直保留着，其实就是 DMID
    AppDataDir = Application.StartupPath;                    //设置程序放置数据文件的目录
    if (AppDataDir.Substring(AppDataDir.Length - 1) != "\\")AppDataDir += "\\iotmonitorset"
                                                      + AppId.ToString();
```

```
else AppDataDir += "iotmonitorset" + AppId.ToString();
if (!Directory.Exists(AppDataDir))                          //判断是否存在
     Directory.CreateDirectory(AppDataDir);             //创建监控进程数据存放目录
PictureDir = AppDomain.CurrentDomain.BaseDirectory;//图片所在目录
if (PictureDir.Substring(PictureDir.Length - 1) != "\\") PictureDir += "\\picture";
else PictureDir += "picture";
if (!Directory.Exists(PictureDir))  Directory.CreateDirectory(PictureDir);
                                                       //创建新路径
setting = Setting.LoadSettings(AppDataDir + "\\iotmonitorset.xml");//建立配置文件
……
InitShareMemory(ref mutex);                          //建立DMP与监控中心iotDMC间的通信机制
if (!smarthomeshareMemory.m_ok)
System.Environment.Exit(0);                          //不能建立共享内存，结束应用程序!
if (smarthomechannel.loaded)
     System.Environment.Exit(0);                     //已经加载了，同一DMP不允许启动2个实例!
AssemblyDll = smarthomechannel.assembly;
if (AssemblyDll == "") AssemblyDll = FindAssemblyDll(args);//找到监控驱动程序集名字
if (AssemblyDll == "") System.Environment.Exit(0);//DMP没有传递设备监控驱动文件名
InitShareMemory2Dev(ref mutex2dev);                  //建立DMP与DMD间的通信机制，见图4-2
if (!smarthomeshareMemory2dev.m_ok)
     System.Environment.Exit(0);                     //不能建立共享内存，结束应用程序!
smarthomechannel.description = GetNameValue(args, "description");//DMP文本描述信息
setSettings();                                            //设置环境参数
//根据共享内存参数smarthomechannel重新设置通信方式
……
string scommtype = GetArgsValue(args, "commtype");
if (scommtype != "")                                      //获取指定的通信方式
{
     int cm = (int)CommMode.UNKNOW;
     int.TryParse(scommtype, out cm);
     smarthomechannel.CommMode = cm;
}
commtype = (CommMode)smarthomechannel.CommMode;//通信方式
……                                                        //设置UI通信界面
commconfig = new CommParameter(AppDataDir + "\\comport.xml");//串口通信参数
SetSerialPortUI();                                        //设置串口参数设置界面
InitServerPort();                                         //初始化Socket通信参数
if (rbSerialPort.Checked) InitComm();                     //如果是串口通信，初始化串口通信端口
//共享内存设置
smarthomechannel.appid = AppId;                           //设置共享内存的内容
smarthomechannel.loaded = true;            //DMM设置已经加载标志，防止启动多个程序实例!
smarthomechannel.assembly = AssemblyDll;
……
if (!LoadAssembly(AssemblyDll))            //★★从驱动程序或驱动文件装入设备系统的信息★★
     System.Environment.Exit(0);
if (AppId != monitorSystem.DMID)
monitorSystem.DMID = AppId;                //★★初始化智能监控设备号，要与监控中心传来的一致!!
                                             后续要传递给厂家的设备监控系统或云通信服务器★★
……
ShowMonitorSystem(monitorSystem);          //显示监控系统
if (currentDevice != null) LoadOneDevice(currentDevice);//显示特定设备的信息
InitDeviceDriver();                        //初始化智能监控设备系统的通信方式
```

```
    if (rbTcpIP.Checked) StartListenOrConnect();//如果是 TCP/IP 通信，开启侦听或连接
    InitCommThread();                          //最后才启动主从通信线程
}
```

4.2.1 建立与 DMC 的通信 InitShareMemory

在复杂应用程序中，多进程、多线程编程是非常普遍的。当几个线程访问同一资源时，为了保证操作的原子性，避免可能的冲突，需要设置信号量或互斥来保证线程间的同步或异步机制。本程序使用互斥机制来访问消息队列。

InitShareMemory 方法能在 DMC 与 DMP 之间建立共享内存和消息队列，其中使用了互斥机制。相关代码如下。

```
SmartHomeChannel  smarthomechannel;          //映射到共享内存的对象指针
ShareMemory  smarthomeshareMemory;           //共享内存对象：用于进程间交换数据 DMC<->DMP
Mutex mutex;
Mutex mutexshare;                            //用于进程间同步
void InitShareMemory(ref Mutex mutex)        //共享内存对象：SHS<->DMM
{
    if (!CreateMutex(SmartHomeChannel.mutexname + "Notify" + AppId.ToString(),
                                                       ref mutex))
        System.Environment.Exit(0);      //DMC→DMP: Notify 消息队列访问使用的互斥
    if (!CreateMutex(SmartHomeChannel.mutexname+"Message"+AppId.ToString(),
            ref mutexshare))             //DMP→DMC: Message 消息队列访问使用的互斥
        System.Environment.Exit(0);
    smarthomeshareMemory = newShareMemory(mutex,
                            SmartHomeChannel.SHFLAG, mutexshare);
    SmartHomeChannelaChannel = new SmartHomeChannel();
    smarthomeshareMemory.Init(SmartHomeChannel.sharememoryfile + AppId.ToString(),
                         Marshal.SizeOf(aChannel));//建立消息队列和共享内存
    if (smarthomeshareMemory.m_ok)
    {
        smarthomechannel =               //从共享内存中获取 DMC 传来的参数
          (SmartHomeChannel)smarthomeshareMemory.ShareMemoryToObject(aChannel);
    }
}
```

4.2.2 建立与监控驱动模块 DMD 之间的通信

同样地，在 DMP 与监控驱动模块间也需要建立消息队列与共享内存，方便进行数据传递和交换。代码几乎一样，只是互斥和消息队列的名称不一样，如下所示。

```
void InitShareMemory2Dev(ref Mutex mutex)  //建立消息队列和共享内存对象：DMP↔DMD
{
    if (!CreateMutex(SmartHomeChannel.mutexname + "DeviceNotify" + AppId.ToString(),
            ref mutex))  System.Environment.Exit(0);
    if (!CreateMutex(SmartHomeChannel.mutexname + "DeviceMessage" + AppId.ToString(),
              ref mutexshare))    System.Environment.Exit(0);
    smarthomeshareMemory2dev = new ShareMemory(mutex, SmartHomeChannel.SHFLAG,
                            mutexshare);
    SmartHomeChannelaChannel = new SmartHomeChannel();
```

```
    smarthomeshareMemory2dev.Init(SmartHomeChannel.sharememoryfile + "Device" +
                        AppId.ToString(), Marshal.SizeOf(aChannel));
    if (smarthomeshareMemory2dev.m_ok)
    {
        smarthomechannel2dev =
        (SmartHomeChannel)smarthomeshareMemory2dev.ShareMemoryToObject(aChannel);
    }
}
```

4.2.3 动态加载设备监控驱动程序 LoadAssembly

在建立了通信对象后，启动方法需要动态加载监控驱动对象，这是系统的核心方法。它负责创建具体的监控系统 MonitorSystem，获取监控接口方法 ImonitorSystemmethod，并从配置文件获取上次操控监控系统的状态，便于在 UI 呈现监控信息。流程比较简单，请读者自行绘制，代码如下，做了较详细的讲解。

```
Assemblyasm = null;                             //程序集对象
ImonitorSystemBase  monitorSystem;              //智能监控程序集数据接口
ImonitorSystemMethod  monitorSystemmethod; //智能监控程序集方法接口
string classType = "";
private bool LoadAssembly(string dll)           //★★动态加载厂家的智能监控驱动程序集★★
{
    string fn = Application.StartupPath+  //驱动程序默认放在 Drivers 文件夹中
            "\\Drivers\\"+Path.GetFileNameWithoutExtension(dll)+".dll";
    if (!File.Exists(fn)) return false;
    try
    {
      if (asm == null)
      asm = Assembly.LoadFrom(fn);                          //动态加载程序集
    }
    catch { return false; }
    if (asm == null) return false;
    classType = System.IO.Path.GetFileNameWithoutExtension(dll) + ".MonitorSystem";
    //类名必须为: XXX.monitorSystem
    type smarthome = asm.GetType(classType);                //获取指定对象类型
    if (smarthome == null) Application.Exit();              //连接库不是合法驱动
    string shfn = AppDataDir + "\\monitorSystem.iot";  //存储某个具体监控系统参数的文件
    object obj = Activator.CreateInstance(smarthome, new object[] { shfn });
                        //创建 DMD 对象，构造函数有两个参数
    monitorSystem = (IMonitorSystemBase)obj;                //转换为具体的监控系统对象
    monitorSystemmethod = (IMonitorSystemMethod)obj;   //转换为监控方法对象
    if (smarthome == null) Application.Exit();              //连接库不是合法驱动
    if (!File.Exists(shfn)) monitorSystem.SaveToFile();//监控系统文件不存在，立即建立
    //以下获取最后一次操控的设备系统 DeviceSystem 的对象，便于显示 UI
    currentDeviceSystem = GetDeviceSystem(monitorSystem, setting.lastDSID);
    currentSubDeviceSystem = GetSubDeviceSystem(monitorSystem, setting.lastDSID,
                            setting.lastSSID);
    currentDevice = GetDevice(monitorSystem, setting.lastDSID,
                            setting.lastSSID, setting.lastDID);
    return true;
}
```

4.2.4 显示特定设备的系统信息

如果监控进程以黑匣子方式后台运行，完全可以不需要UI，且效率会更高。但出于编辑修改监控系统参数，以及可视化监控效果的需要，全栈项目还是设计了较复杂的界面来展示监控状态，也方便进行调试，特别是在没有移动监控App的情况下，在监控中心可直接进行设备操控。图4-5所示是设备系统信息的显示设计界面。图4-6所示是实际运行的一个UI。

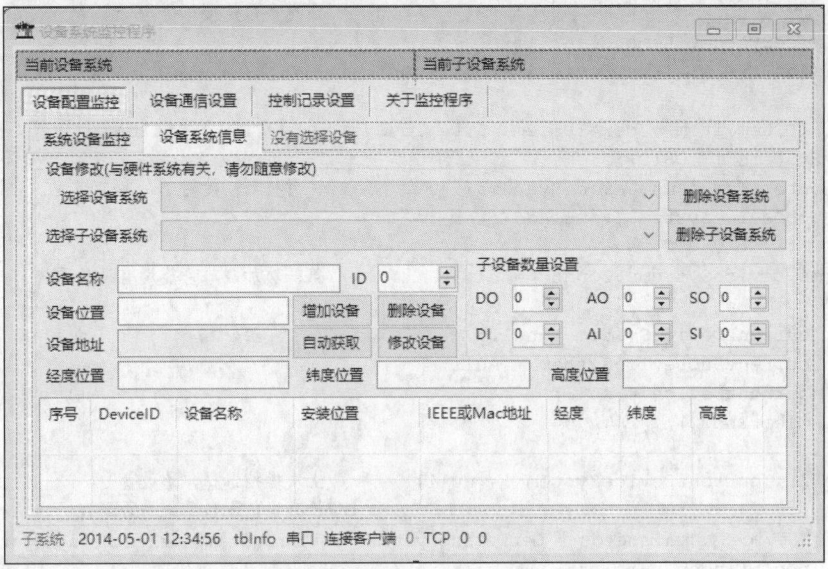

图4-5 设备系统信息的显示设计界面

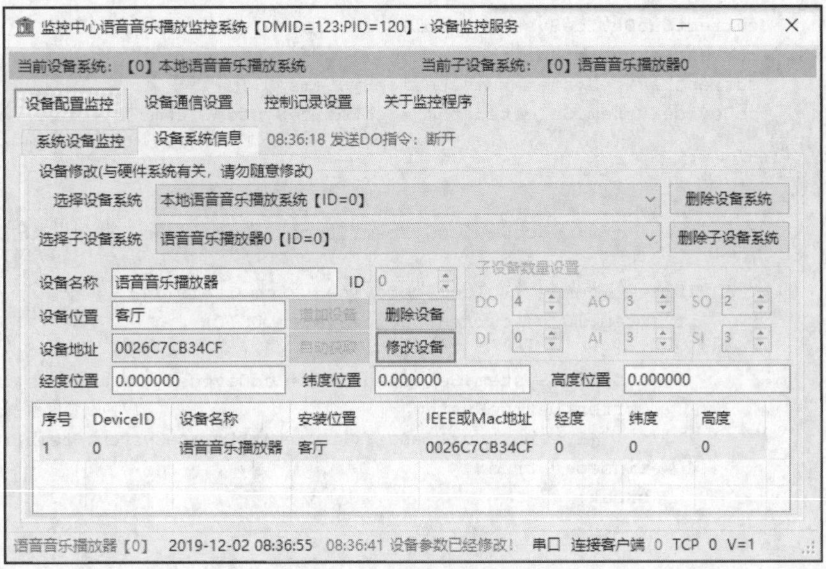

图4-6 DMP的UI设计

UI设计使用了传统的WindowsForm设计，虽然业务逻辑与UI设计混在一起是非主流设计方法，但运行的效率还是可以的。由于设计时间较早，DMP的设计没有使用WPF、.net coe等技术设计方法。

UI设计的细节，包括控件名称、布局、事件响应代码等，请读者使用Visual Studio打开参阅。

ShowMonitorSystem()方法用于显示监控系统特定设备系统的信息。它的主要流程如下。

在设备系统下拉框显示所有的设备系统→在子设备系统下拉框显示特定设备系统的所有子设备系统→在表格中显示特定子设备系统的所有具体设备的信息。

这样可以在该界面选择本 DMP 中任何一个具体设备，并显示其相关信息，代码如下。

```
void ShowMonitorSystem(ImonitorSystemBase ms)   //在 UI 显示 IMonitorSystemBase 内容
{                                               //注意参数是接口类型
    cbDeviceSystem.Items.Clear();
    for (int i = 0; i<ms.DeviceSystems.Count; i++)//填充设备系统下拉框
    {
        IDItem item = new IDItem(ms.DeviceSystems[i].Description,
ms.DeviceSystems[i].DSID);
        item.Tag = ms.DeviceSystems[i];         //注意技巧: 使用 Tag 保存信息
        cbDeviceSystem.Items.Add(item);
    }
    if (ms.DeviceSystems.Count == 0)            //第一次加载，可能没有设备系统
    {
        currentDeviceSystem = null;
        currentSubDeviceSystem = null;
        currentDevice = null;
        ClearShow();
    }
    else if (currentDeviceSystem != null)       //上次操控选择，不改变 UI
    {                                           //检查当前设备系统是否还在
        IDeviceSystemBase ds = GetDeviceSystem(monitorSystem,currentDeviceSystem.DSID);
        bool finded = false;
        if (ds == null)                         //上次操控的设备系统已经移去
        {
            currentSubDeviceSystem = null;
            currentDevice = null;
            currentDeviceSystem = ms.DeviceSystems[0];
            cbDeviceSystem.SelectedItem = cbDeviceSystem.Ttems[0];
        }
        else
        {
            for (int i = 0; i<cbDeviceSystem.Items.Count; i++)//找到原来的选择
            {
                IDItem item = (IDItem)cbDeviceSystem.Items[i];
                if (item.ID == currentDeviceSystem.DSID)
                {
                    cbDeviceSystem.SelectedItem = cbDeviceSystem.Items[i];
                    currentDeviceSystem =                  //必须重新制定
                        (IDeviceSystemBase)(((IDItem)cbDeviceSystem.Items[i]).Tag);
                    finded = true;
                    break;
                }
            }
            if (finded == false)
            {
                currentSubDeviceSystem = null;
                currentDevice = null;
                currentDeviceSystem = ms.DeviceSystems[0];
                cbDeviceSystem.SelectedItem = cbDeviceSystem.Items[0];
            }
        }
    }
```

```
    else                                                        //没有操控过设备
    {
        currentDeviceSystem = ms.DeviceSystems[0];
        currentSubDeviceSystem = null;
        currentDevice = null;
        cbDeviceSystem.SelectedItem = cbDeviceSystem.Items[0];
    }
        if (currentDeviceSystem == null) lbdsid.Text = "当前设备系统: 无";
        else lbdsid.Text = string.Format("当前设备系统:【{0}】{1}",currentDeviceSystem.DSID,
                                        currentDeviceSystem.Description);
        ShowSubDeviceSystem();                                  //显示子设备系统，参阅源代码
        lbSubDevices.Text = "呈现完成";
        if (currentDevice != null)
        lbSubDevices.Text = string.Format("{0}【{1}】", currentDevice.DeviceName,
                                currentDevice.DID);
}
```

关于 UI 的代码较杂乱、繁多，请读者自行参阅，不再做过多介绍。

4.2.5 显示特定设备的监控信息

在图 4-6 所示界面选择一个具体设备后，在监控 UI 以图文方式显示该设备的所有子设备的信息，并提供监控操作的界面。

图 4-7 所示是一个音乐播放器虚拟设备的所有子设备的监控 UI。

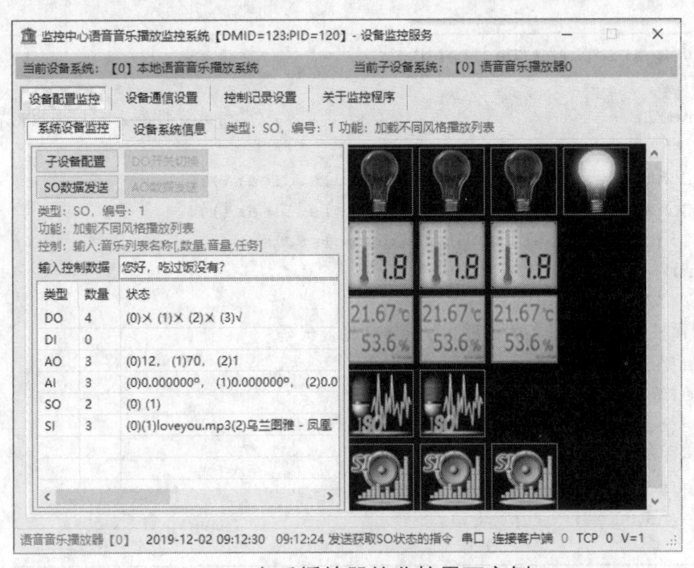

图 4-7 音乐播放器的监控界面实例

LoadOneDevice 方法用于显示一个具体设备的监控信息，代码如下。

```
void LoadOneDevice(IDevice device)                          //参数是接口类型
{
    lvSubDevice.Tag = device;                               //技巧: 用表格的 Tag 属性保存目前选择的设备
    ShowOneDeviceInfo(device);
    ShowSubDeviceInfo(device);
    if (device != null)
        lbSubDevices.Text = string.Format("{0}【{1}】", device.DeviceName, device.DID);
    else
        lbSubDevices.Text = "";
}
```

ShowOneDeviceInfo 方法显示设备的基本信息。

ShowSubDeviceInfo 方法显示子设备的监控信息，有较复杂的代码，如下所示。

```
void ShowSubDeviceInfo(IDevicehd)                   //显示子设备信息：参数是接口类型
{
    lvSubDevice.Items.Clear();                      //显示表格清空
    if (hd != null)
    {
        string[] newrow = { "00", "", "", "" };//显示 DO 子设备
        newrow[0] = "DO";
        newrow[1] = hd.DODevices.Count.ToString();
        newrow[2] = hd.GetState(DeviceType.DO);
        ListViewItem item = new ListViewItem(newrow);
        item.Tag = DeviceType.DO;
        lvSubDevice.Items.Add(item);
        ……                                          //以下为 DI、AO、AI、SO、SI 子设备的显示
    }
    ShowAllDevicesPicture(hd);                      //显示所有设备图形
}
```

ShowAllDevicesPicture 方法用于在界面右边以图形方式显示子设备信息，并指定鼠标操作响应事件代码。

```
void ShowAllDevicesPicture(IDevicehd)               //接口参数
{
    if (hd == null)                                 //没有选定设备，相应面板内容清空
    {
        plDO.Controls.Clear(); plDI.Controls.Clear();
        plAO.Controls.Clear(); plAI.Controls.Clear();
        plSO.Controls.Clear(); plSI.Controls.Clear();
        return;
    }
    //以下在不同面板中显示子设备的图形和鼠标事件相应代码
    DrawPicture(hd, DeviceType.DO);
    DrawPicture(hd, DeviceType.DI);
    DrawPicture(hd, DeviceType.AO);
    DrawPicture(hd, DeviceType.AI);
    DrawPicture(hd, DeviceType.SO);
    DrawPicture(hd, DeviceType.SI);
}
```

DrawPicture 方法的代码较多，请读者自行阅读。

4.2.6 初始化监控设备系统的通信

初始化了通信对象，加载和显示了监控系统的信息，DMD 并没有开始进行通信工作，必须调用监控系统接口的 InitComm 方法来实现。InitDeviceDriver()方法初始化智能监控设备系统的通信方式，代码如下。

```
void InitDeviceDriver()              //根据 DMP 传递的参数，正确初始化智能监控设备系统的通信方式
{
    try
```

```
    {                                        //注意传递参数的数量和顺序要与协议规定的一致!
        if (monitorSystem.bServer)   //设备为服务器
            monitorSystemmethod.InitComm(new object[] { comm, tcpClient,
                    smarthomeshareMemory2dev, smarthomechannel2dev });
        else                                 //DMD 为服务端
            monitorSystemmethod.InitComm(new object[] { comm, Clients,
                      smarthomeshareMemory2dev, smarthomechannel2dev });
    }
    catch { }
}
```

4.2.7 启动监控系统的通信

对于 TCP/IP 通信，驱动程序并不会直接主动与设备连接通信，需要启动程序完成该任务，DMD 只负责处理接收的数据，或者把设备信息发给 DMP。StartListenOrConnect 方法承担该任务，它建立通信线程，收发 TCP/IP 数据，建立数据接收处理事件等工作，代码如下。

```
private void StartListenOrConnect()
{
    if (smarthomechannel.bServer)           //设备系统为服务器
        StartConnetion();                   //主动连接设备系统
    else                                    //DMP 为服务端
        StartService(true);                 //启动通信侦听
}
```

StartConnetion 和 StartService 方法的代码多，请读者自行阅读。TCP/IP 通信的知识是物联网工程专业学生应该掌握的基本知识，且该类学生应具有实际编程能力。

4.2.8 启动监控系统的主从通信

如果是对传统设备的智能化升级改造，其程序没有实现设备状态信息改变时主动报告给 DMD 的功能（常见情况是其二次开发 SDK 没有实时传递状态信息的功能），为了较快获取其状态信息，DMP 可以周期性主动发起请求指令，让设备发送状态信息给监控系统。图 4-8 所示的“通信参数设置”界面提供了该选项。这是迫不得已的一种获取信息的方法，不建议使用。升级设备系统的软件代码为最佳方案。

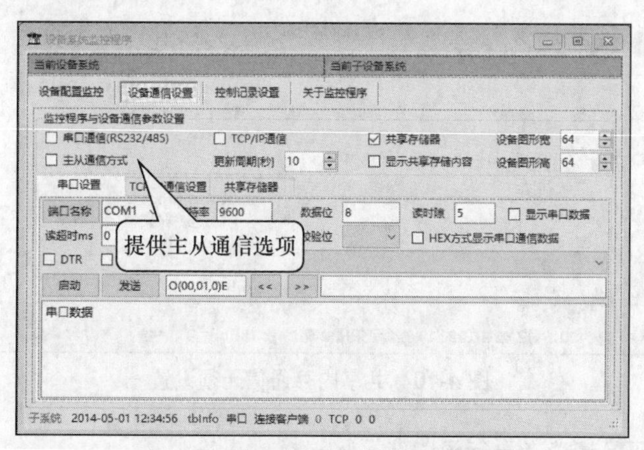

图 4-8 串口设置与主从通信设置

InitCommThread()方法就是建立一个线程，在后台定时发送请求指令来实现该功能。具体请读者自行阅读源程序代码。

关于多线程编程的技术，我们已经使用很多次了。希望读者能运用自如。

至此，DMP 的启动过程结束，监控系统进入正常的工作状态。

4.2.9 DMP 通信参数设置

为方便程序的调试，在 DMP 中设置了“通信参数设置”界面。图 4-9、图 4-10、图 4-11 所示是 3 种不同通信方式的设置界面和通信数据显示界面。

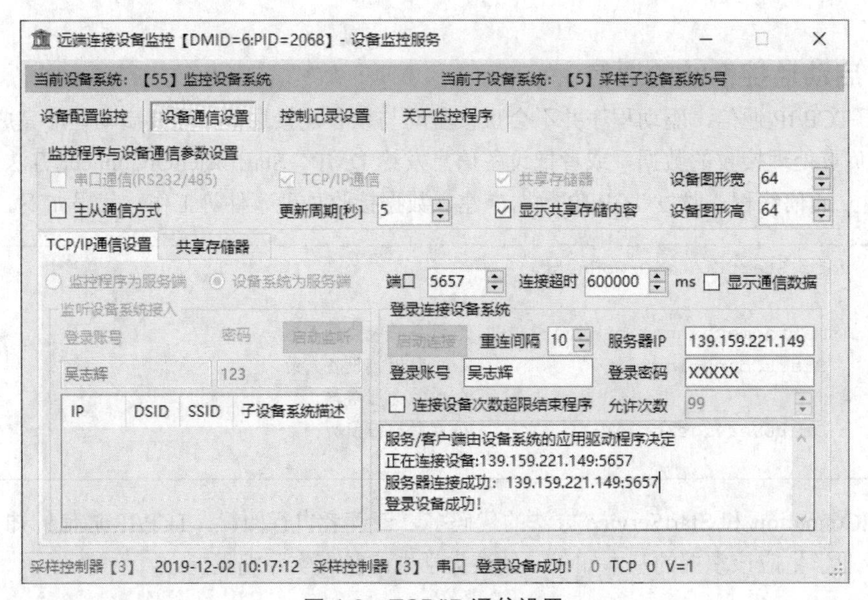

图 4-9 TCP/IP 通信设置

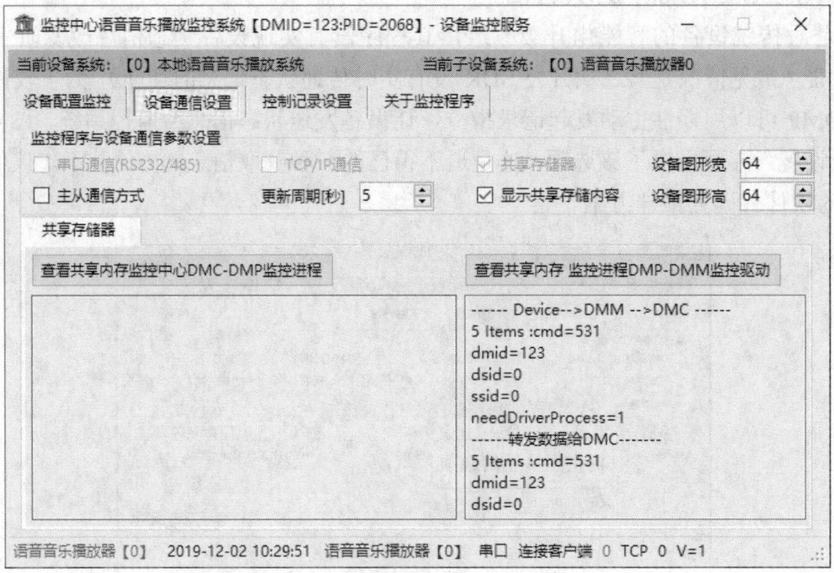

监控中心语音音乐播放监控系统【DMID=123:PID=2068】- 设备监控服务
当前设备系统：【0】本地语音音乐播放系统
当前子设备系统：【0】语音音乐播放器0
设备配置监控
设备通信设置
控制记录设置
关于监控程序
监控程序与设备通信参数设置
串口通信(RS232/485)
TCP/IP通信
共享存储器
设备图形宽 64
主从通信方式
更新周期[秒] 5
显示共享存储内容
设备图形高 64
共享存储器
查看共享内存监控中心DMC-DMP监控进程
查看共享内存 监控进程DMP-DMM监控驱动
------ Device-->DMM -->DMC ------
5 Items :cmd=531
dmid=123
dsid=0
ssid=0
needDriverProcess=1
------转发数据给DMC-------
5 Items :cmd=531
dmid=123
dsid=0
语音音乐播放器【0】 2019-12-02 10:29:51 语音音乐播放器【0】 串口 连接客户端 0 TCP 0 V=1

图 4-10 共享内存通信无须设置

其中的相关代码，请读者自行阅读。

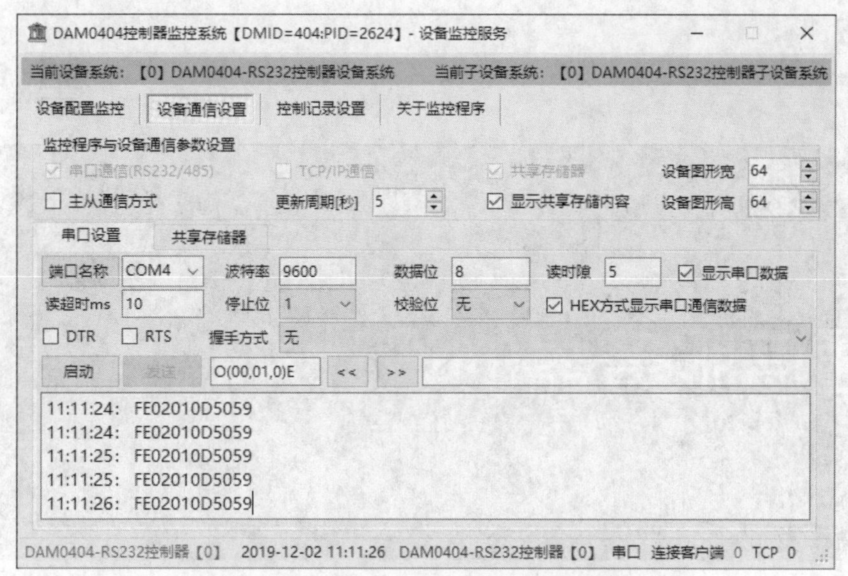

图 4-11 串口通信参数设置和通信数据显示

4.2.10 子设备参数修改

硬件厂商生产的设备，同一产品中各子设备的默认名称都是一样的。在用户购买后实际使用时，需要给它们一个确定的名称，方便用户选择、操控。在图 4-7 所示的界面中，选择表格中某子设备类型对应的行，然后单击【子设备配置】按钮，打开子设备配置界面，如图 4-12 所示。

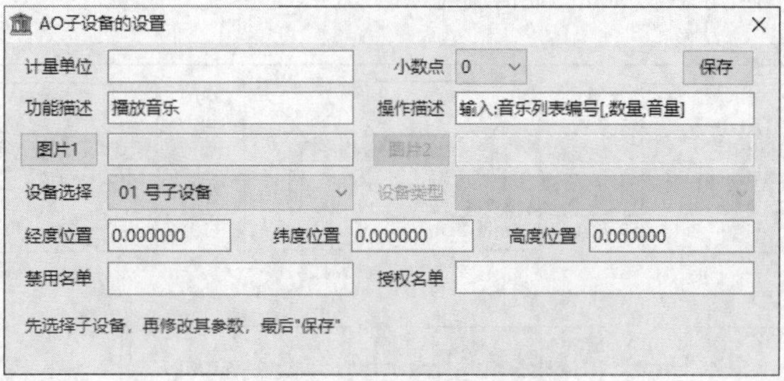

图 4-12 子设备参数修改界面

在此处提供了黑、白名单的编辑，在设备通信底层进行了操控安全性设置。每当客户端程序发送控制指令时，DMP 都会在此过滤掉非法操控。

小结： DMP 程序代码，根据 DMC 提供的参数，自动创建通信对象和加载监控驱动，为不同设备的接入提供了一个通用的监控程序。但仍有很多设计需要改进完善，期待读者能更好地实现，只要满足系统 3 个核心协议即可。

第5章

云通信服务器的设计

监控中心 DMC 部署在本地，带来了设备接入的多样性、灵活性和安全性。对设备的监控不依赖互联网，任务执行和智能监控稳定可靠。但设备的异地监控，可能需要从互联网远程监控整个系统，带来了不便性。为解决该问题，全栈项目设计了云通信服务程序，部署在互联网（虚拟）服务器上，使之成为远程通信的桥梁。该方案的设计有点复杂，图 5-1 所示是远程通信的结构图。图中表明了各程序间的通信流向。

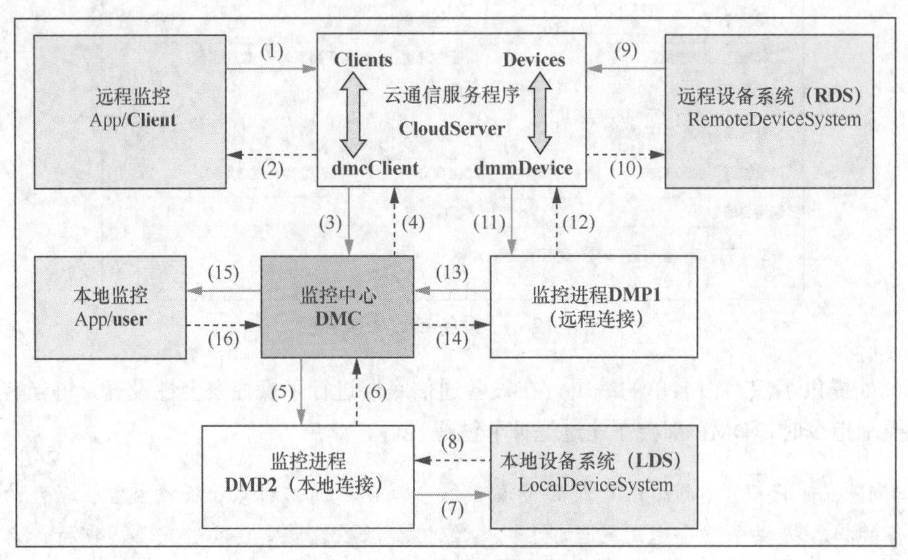

图 5-1　云通信服务程序的作用

云通信程序与 4 个程序间有通信关系：Client、DMC、DMP、RDS。因此也设计了 4 个通信对象（组），各自专门负责与特定程序交互，避免相互干扰。

下面先介绍远程客户端和远程设备系统与监控平台的通信流程，以使读者对复杂通信流程有个感性认识。建议本章学习时间：1～4 周。

5.1 云端通信流程介绍

介绍通信流程是为了更好地理解云通信服务的设计思路。没有好好理解原理，会导致阅读代码时感到“混乱”无序，毫无头绪。

5.1.1 远程客户端（或移动 App）监控设备通信流程

当客户端从互联网对设备进行监控时，需要通信服务器 CloudServer 在 Client 与 DMC 之间建立通信桥梁。DMC 每次启动时，会主动与 CloudServer 建立 Socket 通信，CloudServer 专门为 DMC 设计保留一个通信对象 dmcClient（图 5-1 中的（4））。同样，也为 Client 设计保留一个通信对象数组 Clients（图 5-1 中的（1）），设计为数组是因为允许有多个客户端同时连接到 CloudServer。

1. Client 的监控流程

在图 5-1 中，该指令的流向序列是：（1）→（3）→（5）→（7）；设备状态数据返回的流向是：（8）→（6）→（4）→（2）。

如果是监控远程设备，指令的流向序列是：（1）→（3）→（14）→（12）→（10）；设备状态数据返回的流向是：（9）→（11）→（13）→（4）→（2）。

读者可能会对第二种通信流程提出疑问：为什么 Client 不直接通过 CloudServer 把数据转发给 RDS？即走流程：（1）→（10）；返回数据走：（9）→（2）。

如果这样设计，则绕开了监控中心的统一监控协作，也绕开了监控进程驱动程序的底层过滤、转换等处理，失去了监控中心应有的作用！那好吧，把 DMC 的功能和监控驱动都搬到云服务器程序中去吧，这样不就解决问题了吗？确实可以实现，这与当前基于云的互联网的监控系统就“同流合污”了。谁好谁坏，由读者自行判断。本全栈项目则设计为本地监控，不想过多依赖互联网和物联网云服务商。毕竟是自己的设备，自己做主为好，安全最重要。

2. RDS 的监控流程

为了对远程异地设备进行统一监控，在 CloudServer 中设计了一个通信对象数组 Devices（图 5-1 中的（9）），允许多个不同的设备系统接入。为降低复杂性，目前只允许启动一个远程设备监控进程 DMP（图 5-1 中的 DMP1）。CloudServer 专门为该进程设计保留了一个通信对象 dmmDevice（图 5-1 中的（12））。这也就意味着，所有的远程接入设备，其程序都必须实现 3 个核心协议。

那没有完全实现核心协议的设备就不能远程接入了吗？其实解决方案是有的。图 5-2 所示是一个远程采样监控系统的设计实例。使用一个局部监控网关，较完美地解决了远程多种异构设备的入网问题。

只需在充当网关作用的平板或嵌入式设备的程序中实现设备描述协议，就可以把庞大的设备子系统异地接入监控中心。

通过 Devices 和 dmmDevice 通信对象，远程设备系统就像本地设备系统一样，以相同的方式（通过 DMP）接入监控中心。对于用户而言，其对设备的监控都是一样透明的。

5.1.2 本地客户端（或移动 App）监控远程设备通信流程

如果用户通过本机局域网连接 DMC，其对远程设备（RDS）的监控流程，在图 5-1 中是：（16）→（14）→（12）→（10）；设备状态数据返回的流向是：（9）→（11）→（13）→（15）。也就是说，所有指令和状态数据，都还是要通过 DMP 的处理才能放行，确保了监控的一致性、安全性。

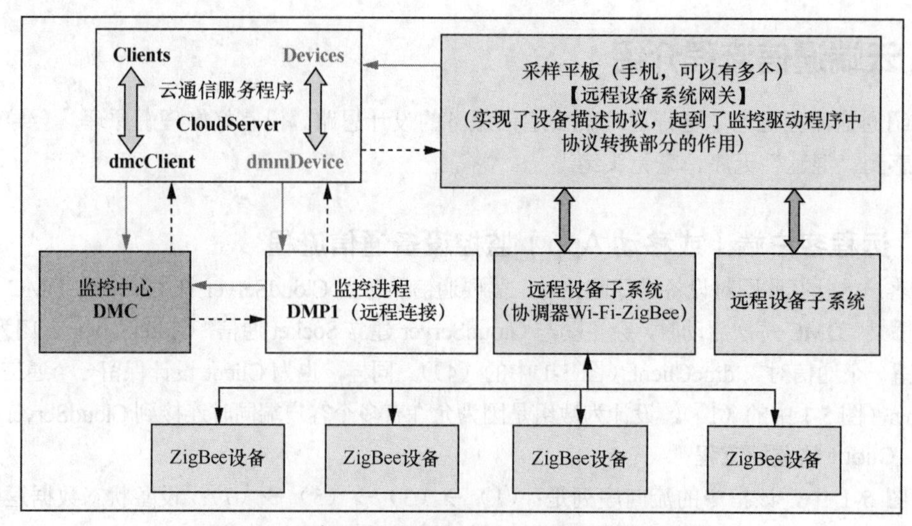

图 5-2　局部设备系统通过网关连接云通信服务器

5.2　云端通信对象的设计与实现

图 5-3 所示是通信连接及数据显示界面。

图 5-4 所示的登录信息显示界面，主要功能是远程用户登录的验证，把登录本地 DMC 的功能移到了云端，确保只有合法用户才能传递数据到 DMC。

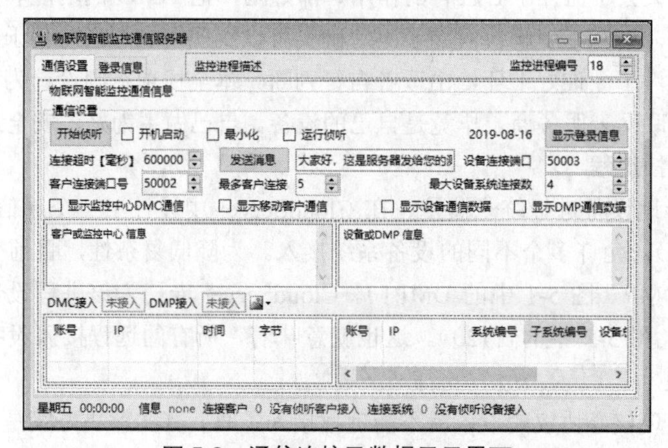

图 5-3　通信连接及数据显示界面

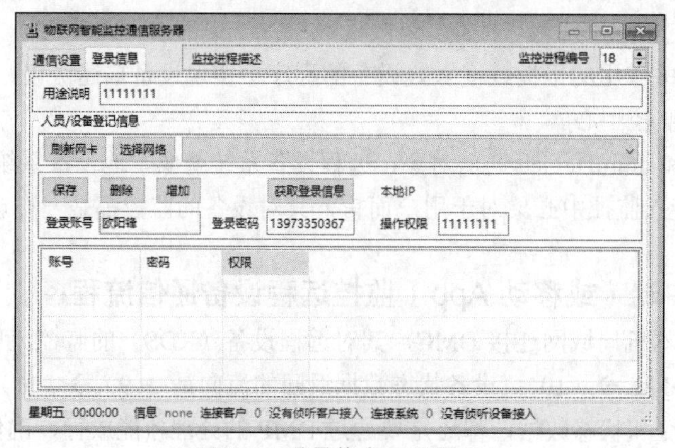

图 5-4　登录信息显示界面

5.2.1 远程客户端通信设计

远程 Client 要接入监控中心，需通过 CloudServer。因为允许有多个远程用户接入，所以设计了 Clients 通信对象，如下所示。

```
List<ConnectClient> Clients = new List<ConnectClient>();
```

ConnectClient 对象是专为监控系统优化了的 TCP/IP 通信对象，在通用监控工程项目库 SmartControlLib 中的文档 ConnectClient.cs 定义。需要注意的是，其 Communicate()方法必须在线程中运行。StartService 方法是通信程序启动通信侦听的代码，流程并不复杂，建议读者自己绘制程序流程图，内容如下。

```
private void StartService()                                     //启动侦听
{
    if (btnStartListen.Text == "开始侦听")
    {
        if (tStartListen != null)                               //通信侦听线程引进启动了，先退出
        {
            CloseAllClients();                                  //断开原来连接
            tStartListen.Abort();
            ……
        }
        try
        {
            tStartListen = new Thread(new ThreadStart(StartListen));//创建侦听线程
            tStartListen.Start();                               //启动线程
            tmListen.Start();                                   //启动检查客户端是否离线的定时器
            lbStartListen.Text = "侦听中……";
            btnStartListen.Text = "停止侦听";
        }
        catch  {
            lbStartListen.Text = "侦听失败! ";
            btnStartListen.Text = "开始侦听";
        }
    }
    else                                                        //停止客户端接入
    {
        if (tStartListen != null)
        {
            CloseAllClients();                                  //断开原来连接
            tStartListen.Abort();
            ……
        }
        btnStartListen.Text = "开始侦听";
        lbStartListen.Text = "侦听停止";
    }
}
```

StartListen 是线程的运行代码，是通信的核心内容，完成通信数据的处理和转发，代码如下。

```
private void StartListen()                                      //启动接收服务
{
```

```
    IPAddressipAddress = IPAddress.Any;
    try
    {  //也可以使用Socket代替TcpListener对象，但代码稍微复杂一点
        tcpListener = new TcpListener(ipAddress, (int)nPort.Value);
        tcpListener.Start();
        lbStartListen.Text = "客户侦听中……";
    }
    catch
    {
        tcpListener = null;
        lbStartListen.Text = "侦听端口失败！";
        return;
    }
    while (true)                                       //★★线程中的无限循环，主要代码★★
    {
        TcpClient tcpClient;
        try
        {
            tcpClient = tcpListener.AcceptTcpClient();
        }
        catch  { break;  //continue;  }
        int time = (int)nTimeOut.Value;
        ConnectClient newClient = new ConnectClient(tcpClient, time, flag, Encoding.UTF8,
        Clients);                                      //有客户端请求连接
        ……
        newClient.OnTcpDataReceived += newClient_OnTcpDataReceived;//挂接事件处理程序
        newClient.OnSendDataError += newClient_OnSendDataError;
        IotDictionary iotd = new IotDictionary(flag);
        if (Clients.Count >= MaxUsers)                 //服务器连接成员已满
        {                                              //按监控协议组织通信数据
            iotd.AddNameValue("cmd", IotMonitorProtocol.ERRHINT);
            iotd.AddNameValue("err", "服务器连接成员已满。请稍后再连接！");
            byte[] mes = iotd.GetBytes();
            newClient.Send(mes);
            newClient.m_tcpClient.Close();             //断开连接！！
            tcpClient = null;
            newClient = null;
            continue;
        }
        //回送一个请求登录信息，便于客户端上传账号、密码等信息
        iotd.AddNameValue("cmd", IotMonitorProtocol.LOGIN);
        iotd.AddNameValue("login", "1");               //要求自动登录
        byte[] mess = iotd.GetBytes();
        newClient.Send(mess);                          //以下编码在线程中处理接收数据
        Thread t = new Thread(new ThreadStart(newClient.Communicate));
        t.Start();
    } // end of while
}
```

我们看到，客户端连接对象的Communicate通信方法是在一个线程中运行的。现在，当客户端发送数据到CloudServer时，便会触发newClient_OnTcpDataReceived方法。这里就是云通信服务器处理数据的核心机制了，它的设计如下。

```
private void newClient_OnTcpDataReceived(TextReceivedEventArgs<byte[]> e) //收到原始数据
{
    try
    {
        this.Invoke(new OnProcessTcpData(ProcessTcpData),
                    new object[] { e.Datagram, e.TcpClient });
    }
    catch { }
}
```

通信事件处理代码是在线程中运行的，因为我们要在UI主线程界面显示数据，需要使用Invoke方法来异步执行一个方法。本例的方法是ProcessTcpData，带有两个参数，具体代码如下。

```
void ProcessTcpData(byte[] data, ConnectClient client) //处理客户端发来的指令！！
{
    try
    {
        ProcessCommand(data, client);
    }
    catch { }
}
```

Client参数指明是哪个客户端发来的数据，data是具体数据，是符合iotDictionary协议的字典结构的二进制数。下面是数据处理流程（流程图建议读者自己绘制）。

```
void ProcessCommand(byte[] data, ConnectClient client)  //处理客户端发来的指令！！
{
    IotDictionary iotd = IotDictionary.ConvertBytesToIotDictionary(data, flag);
    if (iotd == null) return;                   //非系统指令
    string dmc = iotd.GetValue("dmc");          //是否为监控平台发送的数据
    if (dmc != null)                            //监控中心发来的信息
    {
        ……
    }
    else if (chkShowMobile.Checked )            //移动客户端发来数据
    {//显示选项打开，显示数据内容
        txtBytes.Text += "\r\n** " + NowTimeString3(DateTime.Now) + " Mobile Client " + "
                    **\r\n" + iotd.ToString();……
    }
    string cmd = iotd.GetValue("cmd");          //主监控指令
    if (cmd == null) return;                    //无命令
    if (cmd == IotMonitorProtocol.LOGIN)        //登录指令
    {
        ……                                      //检查登录信息
        string rights = CheckLegal(user, password); //检查客户端非法性: 自行阅读源代码
        if (rights == null)                     //非法用户连接
        {
            iotd.DeleteName("login");           //不再要求自动登录
            iotd.AddNameValue("error", "登录信息错误!");
            iotd.DeleteName("stream");          //删除可能的多余信息
            iotd.DeleteName("deviceinfo");
```

```
            byte[] mes = iotd.GetBytes();
            client.Send(mes);
            MyDelayMs(500);
            client.m_tcpClient.Close();  //关闭！！
            return;  //直接返回！！
        }
        //验证合法用户后的处理
        ……
        if (dmc != null)  //监控平台接入云虚拟机
        {
            ……
        }
        else  //普通客户端的连接，加入用户列表
        {
            AddNewClient(client); //加入登录用户列表中，防止重复登录。自行阅读源代码
            string[] newrow = { "", " ", " ", " " };
            …… //加入可视化表格中显示
            iotd.AddNameValue("login", "OK"); //准备回传的信息
            iotd.AddNameValue("right", rights);
            iotd.AddNameValue("ip", client.IP);
            byte[] ret = iotd.GetBytes();
            client.Send(ret);  //回传登录成功信息和权限信息给连接客户
        }
    }
    else if (cmd == IotMonitorProtocol.CLIENTEXIT)      //客户端退出指令
    {……}
    else if (cmd == IotMonitorProtocol.TESTCONNECTION)  //连接测试指令
    {
        return;
    }
    else  //其他指令：相互转发即可
    {
        if (dmc != null) // DMC发来的信息
        {
            SendtoClient(iotd); //转发给用户：自行阅读源代码
        }
        else if (dmcClient != null && dmcClient.Connected)
        { //用户发来的信息，转发给监控中心DMC
            iotd.AddNameValue("sourceip", client.IP);   //增加标记，记住是谁发来的指令
            iotd.AddNameValue("cloud", "1");            //增加云虚拟机转化数据的标志
            iotd.AddNameValue("user", client.User);     //增加登录人员姓名，便于权限判断
            dmcClient.Send(iotd.GetBytes());            //发给监控平台
        }
        else  //DMC监控中心不在线
        {
            IotDictionaryjs = new IotDictionary(SmartHomeChannel.SHFLAG);
            js.AddNameValue("cmd", IotMonitorProtocol.TEXT);
            js.AddNameValue("text", "监控中心不在线,\r\n,请使用内网登录");
            client.Send(js.GetBytes());
        }
    }
}
```

可以看到，除了处理登录相关指令外，其他指令或数据都只需要转发而已，因此极大地减轻了云通信程序的数据处理压力。只需配置较低的云虚拟机即可承担通信服务器的工作。

5.2.2 与监控中心的通信设计

监控中心使用与普通远程客户端程序一样的方式来连接云通信服务器。唯一不同的就是在数据包中加入了“dmc”词条，便于 CloudServer 识别是 DMC 的通信数据。因此通信数据处理流程与客户端完全一样，使用的是同一个事件方法 ProcessCommand。我们把 5.2.1 小节的代码流程中省略的有关 DMC 通信的代码补全，如下所示。

```
void ProcessCommand(byte[] data, ConnectClient client)  //处理客户端发来的指令！！
{
    IotDictionary iotd = IotDictionary.ConvertBytesToIotDictionary(data, flag);……
    string dmc = iotd.GetValue("dmc");          //★★是否监控平台的请求连接★★
    if (dmc != null) //★★监控中心发来的信息★★
    {
        if (chkShowCmd.Checked)                 //显示是 DMC 发来的数据
        {
            txtBytes.Text += "\r\n** " + NowTimeString3(DateTime.Now) + " DMC " +
                                    " **\r\n" + iotd.ToString();
            txtBytes.SelectionStart = txtBytes.TextLength;
            txtBytes.SelectionLength = 1;
        }
    }
    else if (chkShowMobile.Checked)             //移动客户端发来数据
    {
        ……
    }
    string cmd = iotd.GetValue("cmd");
    if (cmd == null) return;                    //无命令
    if (cmd == IotMonitorProtocol.LOGIN)        //登录指令
    {
        #region  //检查登录信息
        string user = iotd.GetValue("user");
        string password = iotd.GetValue("password");
        if (user == null || password == null) return;
        ……
        //检查客户端非法性
        string rights = CheckLegal(user, password);
        if (rights == null)
        {
            ……
            return;  //直接返回！！
        }
        //检查携带的用户列表信息：在验证合法用户后
        byte[] cont = iotd.GetValueArray("stream");//stream 词条
        if (dmc != null && cont != null)    //★★监控中心登录数据包携带了用户账号表★★
        {
            string fn = Application.StartupPath + "\\user.xml";
            SaveToFile(fn, cont);                //其实为安全起见，完全可以不保存到磁盘文件
            LoadUser();                          //直接存储在内存中最好！
        }
```

```
        client.canComunication = true;        //可以正常通信了
        client.rights = rights;
        client.User = user;
        #endregion
        if (dmc != null)  //监控平台接入云虚拟机
        {
            if (dmcClient != null)
            {//原来的 DMC 如果登录了，先断开！只允许有一个 DMC 连接云平台
                try
                {
                    dmcClient.m_tcpClient.Close();
                }
                catch { }
                dmcClient = null;
            }
            dmcClient = client;  //dmcClient: 保存该专用通信对象
            iotd.AddNameValue("login", "OK");
            iotd.AddNameValue("right", rights);
            iotd.AddNameValue("ip", client.IP);
            dmcClient.Send(iotd.GetBytes());  //使用专用通信对象发数据给 DMC
            lbSHP.Text = "【" + NowTimeString3(DateTime.Now) + "】" + client.IP;
            return;
        }
        else  //普通移动客户端的连接，加入用户列表
        {……}
    }
    else if (cmd == IotMonitorProtocol.CLIENTEXIT)        //客户端退出
    {……}
    else if (cmd == IotMonitorProtocol.ASKUSERINFO)       //DMC 发来用户登录信息表
    {……}
    else
    {……}
}
```

5.2.3 与远程监控进程 DMP 的通信设计

远程监控进程 DMP，为了保持其独立性，并不使用 DMC 连接 CloudServer 的通信对象与云端通信，而是专门建立连接对象（参见监控进程设计章节）。

CloudServer 专门为该进程设计了一个通信对象 dmmDevice。当远程设备的数据到达云端时，通过 dmmDevice 转发数据给 DMP。这样与本地的设备监控模式完全一样。使用 tcpDeviceListener 对象侦听 DMP 和远程设备系统的连接。使用线程 tStartDeviceListen 来侦听 DMP 的连接。启动侦听的方法在 StartService()中，如下所示。

```
ConnectClient dmmDevice = null;    //监控平台之监控进程 DMP（DMM）通信对象
private void StartService()        //启动侦听
{
    ……
    tStartDeviceListen = new Thread(new ThreadStart(StartDeviceListen));
    tStartDeviceListen.Start();
    ……
}
```

StartDeviceListen 方法启动连接服务，如下所示。

```
private void StartDeviceListen() //启动接收服务
{
    IPAddressipAddress = IPAddress.Any;
    try  //有可能端口冲突，创建失败
    {
        tcpDeviceListener = new TcpListener(ipAddress, (int)nPort2.Value);
        tcpDeviceListener.Start();
        lbStartDeviceListen.Text = "设备侦听中……";
    }
    catch
    {
        tcpDeviceListener = null;
        lbStartDeviceListen.Text = "侦听端口失败！";
        return;
    }
    while (true) //无限循环，等待设备系统和DMP的接入
    {
        TcpClienttcpClient;
        try
        {
            tcpClient = tcpDeviceListener.AcceptTcpClient();
        }
        catch {  break;  //continue;  }
        int time = (int)nTimeOut.Value;
        ConnectClient newClient = new ConnectClient(tcpClient, time, flag,
                              Encoding.UTF8, Clients);
        if(Devices.Count >= setting.nMaxDeviceSystems)
        {//超过最大限制，直接断开连接
            newClient.m_tcpClient.Close();//直接断开连接
            SendMessageToClient("远程连接设备子系统数量已达到最大值");    //阅读源代码
            continue;
        }
        ……
        newClient.OnTcpDataReceived += newClient_OnTcpDataReceived2; //事件处理方法
        newClient.OnSendDataError += newClient_OnSendDataError2;
        Thread t = new Thread(new ThreadStart(newClient.Communicate));
        t.Start(); //在线程中运行通信方法Communicate!!
        IotDictionaryiotd = new IotDictionary(flag);    //回送登录要求指令
        iotd.AddNameValue("cmd", IotMonitorProtocol.LOGIN);
        iotd.AddNameValue("login", "1");               //要求自动登录
        byte[] mess = iotd.GetBytes();
        newClient.Send(mess);
    }
}
```

数据的处理在 newClient_OnTcpDataReceived2 方法中实现，代码如下。

```
private void newClient_OnTcpDataReceived2(TextReceivedEventArgs<byte[]> e)
{
    try
    {
```

```
        this.Invoke(new OnProcessTcpData(ProcessTcpData2),
                                    new object[] { e.Datagram, e.TcpClient });
    }
    catch { }
}
```

异步处理数据的方法在 ProcessTcpData2 中，代码如下。

```
void ProcessTcpData2(byte[] data, ConnectClient client) //处理 DMP、远程设备发来的指令
{
    try
    {
        ProcessCommand2(data, client);
    }
    catch { }
}
```

具体数据处理方法与客户端通信处理几乎一样，我们关注与 dmmDevice 相关的代码，如下所示。

```
void ProcessCommand2(byte[] data, ConnectClient client) //处理 DMP、远程设备发来的指令
{
    IotDictionary iotd = IotDictionary.ConvertBytesToIotDictionary(data, flag);
    if (iotd == null) return;                          //非系统指令
    string dmm = iotd.GetValue("dmm");                 //★是否监控平台的请求连接★
    string rmtdev = iotd.GetValue("rmtdev");           //★是否远程设备的数据交互★
    string cmd = iotd.GetValue("cmd");
    ……
    if (chkShowDMM.Checked && dmm != null)             //显示 DMM 发来数据
    {
        if (txtString.Text.Length > 2000) txtString.Text = "";
            txtString.Text += string.Format("\r\n--【{0}】bytes,{1},DMM {2}\r\n{3}",
        data.Length, NowTimeString3(DateTime.Now), client.IP, iotd.ToString());
        txtString.SelectionStart = txtString.TextLength;
        txtString.SelectionLength = 1;
        txtString.ScrollToCaret();
    }
    if (cmd == null) return;                           //无命令
    if (cmd == IotMonitorProtocol.LOGIN)               //登录指令，所有云通信服务器连接都需要登录
    {   //检查登录信息
        string user = iotd.GetValue("user");
        string password = iotd.GetValue("password");
        if (user == null || password == null) return;
        //检查客户端非法性
        string rights = CheckLegal(user, password);
        if (rights == null)                            //客户端非法
        {
            ……
            client.m_tcpClient.Close();                //关闭！！
            return;  //直接返回！！
        }
        client.canComunication = true;                 //可以正常通信了！！
```

```
        client.rights = rights;
        client.User = user;
        if (dmm != null)                   //★监控 DMP 接入云服务器★
        {
            if (dmmDevice != null)      //原来已有的连接删除：只允许一个 DMP 连接到云端
            {
                try  {dmmDevice.m_tcpClient.Close();}
                catch { }
                dmmDevice = null;
            }
            string dmid = iotd.GetValue("dmid");   //DMM 登录信息记录了监控进程编号
            DMID = ushort.Parse(dmid);            //监控进程编号
            nDMID.Value = DMID;
            setting.DMID = DMID;
            setting.Save();
            dmmDevice = client;                //保存新的连接
            iotMonitorSystem.DMID = DMID;  //所属监控系统 ID，设备系统的 DMID 要修改
            for (int i = 0; i<iotMonitorSystem.deviceSystems.Count; i++)
                iotMonitorSystem.deviceSystems[i].DMID = DMID;
            string description = iotd.GetValue("description"); //监控描述
            if (description != null)
            {
                iotMonitorSystem.description = description;
                lbDescription.Text = description;
            }
            iotd.AddNameValue("login", "OK");
            iotd.AddNameValue("right", rights);
            iotd.AddNameValue("ip", client.IP);
            iotd.AddNameValue("deviceinfo", iotMonitorSystem.GetBytes());
            //云端接入的整个监控系统的信息传递给 DMP! 便于 DMP 更新设备
            dmmDevice.Send(iotd.GetBytes());
            lbSHM.Text = "【"+NowTimeString3(DateTime.Now) + "】" + client.IP;
            return;
        }
        else if (rmtdev != null)  //远程设备的连接，加入设备列表
        {……}
    }
    if (cmd == IotMonitorProtocol.CLIENTEXIT)                  //客户端退出
    {……}
    else if (cmd == IotMonitorProtocol.TESTCONNECTION)        //SHP 发来连接测试信息
    {
        return;
    }
    else if (cmd == IotMonitorProtocol.DEVICESYSTEMINFO)      //设备信息
    {……}
    else //其他指令，相互转发
     {
        if (dmm != null)              //监控驱动程序 DMM 发来的信息
        {
            SendtoDevice(iotd);   //DMP 指令转发给设备系统，读者自行阅读源代码
        }
        else if (dmmDevice != null && dmmDevice.Connected)
```

```
            {   //设备发来的信息，转发给 DMP
                iotd.AddNameValue("rmtdev", "1");//增加远程设备标志
                iotd.AddNameValue("rmtdevip", client.IP); //增加远程设备的 IP 标志
                dmmDevice.Send(iotd.GetBytes());//设备信息转发给 DMP
                ……
            }
            ……
        }
    }
```

DMP 接入云端服务器时，需要服务器保存该 DMP 的监控进程编号信息 DMID，因为远程设备系统并不知道自己属于哪个 DMID；如果设备系统也接入了云端，需要修改它们的 DMID 信息，便于监控平台实现对设备的定位查找。

对于 DMP 而言，CloudServer 只处理了登录信息，其他指令则几乎原样转发给了相应的远程设备系统。

5.2.4 与远程设备的通信设计

让远程设备以怎样的粒度接入服务器，需要我们认真思考。根据实际应用的经验，全栈项目选择了“设备子系统”（SubDeviceSystem）作为一个连接。图 5-5 所示是一个环境监测采样过程监控的远程设备接入结构图。

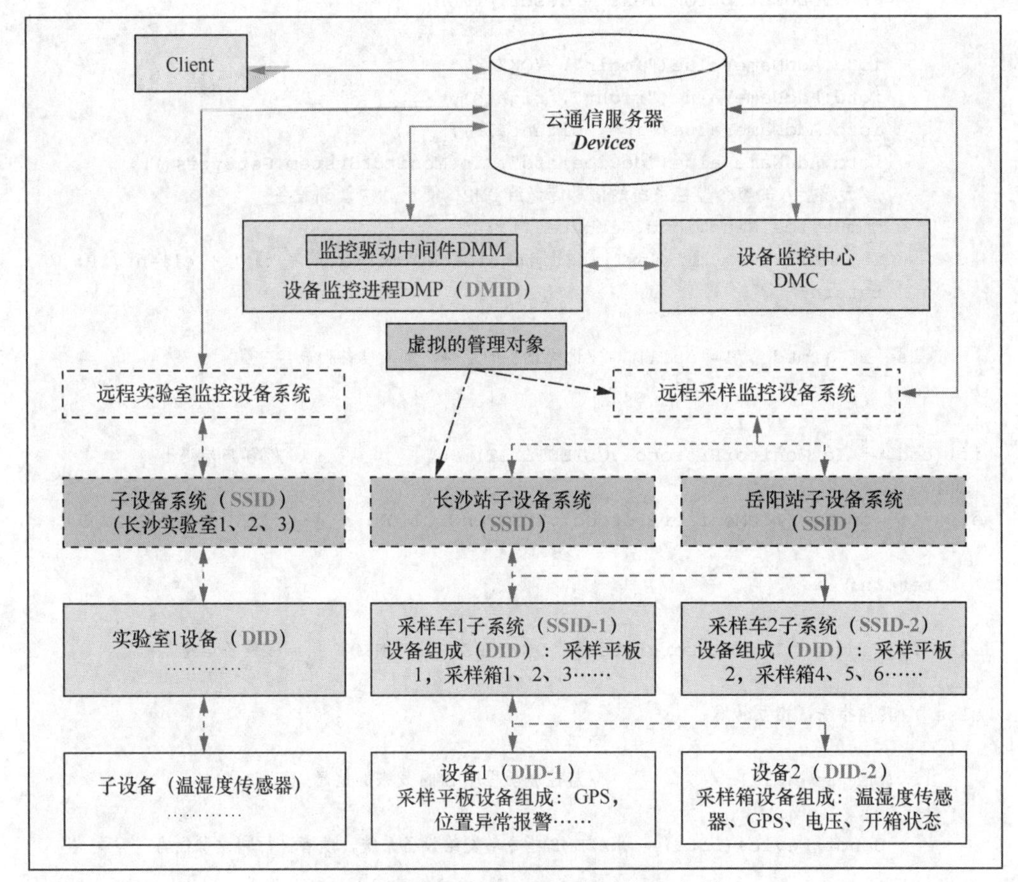

图 5-5 远程设备接入云通信服务器实例

在第 1 章关于设备描述协议的结构中，我们设计了“虚拟”的设备子系统、设备系统、监控系统 3 个概念，它们是因监控管理的需要而设计的管理对象，它们的标识 DMID、DSID、SSID 是可以人为设置的。

全栈项目在云通信服务程序中，我们设计用设备子系统作为连接对象是考虑到实际的监控配置需要。由于设备子系统可以大规模组网，因此配置有众多的设备；如图 5-5 所示，一个规模较大的监测机构，在各地设有监测分站，在采样监控这个设备系统分类时（视为不同 DSID），每个地区的检测站的采样监控作为一个设备子系统，这样在高层管理中很容易查看到其管理下的所有设备的相关信息。

但真正接入云端的子设备系统中，只有一个具有网关功能的设备（比如平板电脑、手机），其他内部组网的设备（如多个采样箱控制器），通过该网关间接接入云端。这样极大减少了直接接入云端设备的数量。

由于设备系统编号 dsid 和设备子系统编号 ssid 是可以人为设定的，管理员可合理、不冲突地分配 ID 资源给不同子设备系统，方便监控管理。在网关设备登录接入云端时，需要把 DSID、SSID 等信息告知服务器，以便建立正确的监控设备描述结构。

在程序设计中，我们定义了通信对象列表，每个连接代表一个子设备系统，如下所示。

```
List<ConnectClient> Devices = new List<ConnectClient>();
```

所有这些子设备系统都属于监控进程 DMP 所指定的监控系统（标识号为 DMID），因此定义了一个远程监控系统对象，如下所示。

```
iotMonitorSystem  iotMonitorSystem = new iotMonitorSystem();
```

远程设备系统连接云端的过程与 DMP 的连接过程一样，唯一不同的是，数据包中携带了“rmtdev”“dsid”“ssid”词条，便于区别与通信对象相关联的子设备系统。远程接入的设备并不知道自己所属的监控系统，即不知道 DMID 号；由 DMP 传递给云服务器，再由服务器往通信数据字典中添加“dmid”词条，这样完成设备的全路径识别。

处理设备发来数据的方法 ProcessCommand2 中有关设备的处理代码如下。

```
void ProcessCommand2(byte[] data, ConnectClientclient)  //处理远程设备发来的指令！！
{
    IotDictionary iotd = IotDictionary.ConvertBytesToIotDictionary(data, flag);
    ……
    string rmtdev = iotd.GetValue("rmtdev");     //是否为远程设备的数据交互
    string cmd = iotd.GetValue("cmd");
    ……
    if (cmd == null) return;                     //无命令
    if (cmd == IotMonitorProtocol.LOGIN)         //登录指令
    {
        string user = iotd.GetValue("user");
        string password = iotd.GetValue("password");
        if (user == null || password == null) return;
        string rights = CheckLegal(user, password);
        if (rights == null)                      //客户端非法
        {……return; }
        client.canComunication = true;           //可以正常通信了
        client.rights = rights;                  //保存登录相关信息
        client.User = user
```

```
if (dmm != null)                              //监控 DMP 接入云虚拟机
{……}
else if (rmtdev != null)                      //★远程设备的连接，加入设备列表★
{
    byte[] deviceinfo = iotd.GetValueArray("deviceinfo");  //获取子设备系统信息
    if (deviceinfo == null) return;     //没有携带设备信息，非法登录
    iotSubDeviceSystemsds = new iotSubDeviceSystem();
    sds.ReadFromBuffer(deviceinfo);     //一个通信对象连接一个设备子系统
    if (sds.SSID == 0)                  //非法系统，应该携带 dsid、ssid 信息
    {
        client.m_tcpClient.Close();
        return;
    }
    //不存在该子设备系统时，要加入列表保存，建立正确的设备描述结构
    int index = SubDeviceSystemExists(sds); //在 UI 连接列表 lvDevice 中查看是否有
                                              对应的子设备系统：读者自行阅读源代码
    if (index < 0) //★列表中没有登记子设备系统信息：新的子设备系统连接★
    {    //在 iotMonitorSystem.deviceSystems 中检查是否有该设备子系统
        index = FindDeviceSystem(sds);       //读者自行阅读源代码
        iotDeviceSystem ds = null;           //定义一个设备系统
        if (index < 0)                       //上级设备系统还没有建立
        {
            ds = new iotDeviceSystem();//★新建一个设备系统★
            ds.DMID = DMID;//设置 DMP 传来的监控进程编号
            iotMonitorSystem.deviceSystems.Add(ds); //重要！！
        }
        else
        {
            ds = iotMonitorSystem.deviceSystems[index];  //已有设备系统
            ds.DMID = DMID;
        }
       if (sds.parentdescription != "")ds.description = sds.parentdescription;
        ds.DSID = sds.DSID;                          //重要：层次结构要正确
        ds.subdeviceSystems.Add(sds);                //增加新设备子系统
        SaveDeviceSystems(devicesystemsfile);  //保存在本地！请读者阅读源代码
        client.ConnectID = sds.SSID;                 //记住是哪个子设备系统的连接!!
        client.subDeviceSystem = sds;
        client.User = user;
        AddNewDevice(client);//加入 Devices 通信对象列表
        …… //可视化现实到表格
        //通知 dmm 有关设备的信息，携带 ip，便于获取后修改 did、appid
        if (dmmDevice != null)
            SendDeviceSystemInfo(dmmDevice, client.IP);
    }
    else//有明确设备信息（曾经连接过云端一次）
    {    //刷新连接表格中有关信息
        ListViewItem item = lvDevice.Items[index];
        item.SubItems[0].Text = user;
        item.SubItems[1].Text = client.IP;
        item.SubItems[2].Text = sds.DSID.ToString(); //DSID
        item.SubItems[3].Text = sds.SSID.ToString(); //SSID
        item.SubItems[4].Text = sds.Devices.Count.ToString(); //子设备系统的设备数
        item.SubItems[5].Text = sds.description;
        client.User = user;
        client.ConnectID = sds.SSID;  //连接的子设备系统 ID!!
```

```
                client.subDeviceSystem = sds;
                AddNewDevice(client);
                //在 iotMonitorSystem.deviceSystems 中检查是否存在上级设备系统
                index = FindDeviceSystem(sds);//检索方法，请读者自行阅读源代码
                if (index >= 0)
                {
                    int cnt1 = iotMonitorSystem.deviceSystems[index].subdeviceSystems.
                    Count;for (int k = 0; k<cnt1; k++)
                    {
                   if (iotMonitorSystem.deviceSystems[index].subdeviceSystems[k].SSID
                ==
                    sds.SSID)
                    {  //已登记有设备系统
                      iotMonitorSystem.deviceSystems[index].subdeviceSystems[index]=sds;
                      break;
                    }
                  }
                }   //以下处理 DMP 在线的话，告知 DMP 设备信息，便于 DMC 登记
                if (dmmDevice != null)
                SendDeviceSystemInfo(dmmDevice, client.IP); //读者自行阅读源代码
                iotd.AddNameValue("login", "OK");
                iotd.AddNameValue("right", rights);
                iotd.AddNameValue("ip", client.IP);//因为设备不知道 DMID: 增加词条
                iotd.AddNameValue("dmid",setting.DMID.ToString());
                iotd.AddNameValue("description", setting.Description);
                byte[] ret = iotd.GetBytes();
                client.Send(ret);
            }
            return;
        }
    } //end of 登录指令
    if (cmd == IotMonitorProtocol.CLIENTEXIT)                    //客户端退出
    {…… }
    else if (cmd == IotMonitorProtocol.TESTCONECTION)          // DMP 发来连接测试信息
    {……}
    else if (cmd == IotMonitorProtocol.DEVICESYSTEMINFO)       //★重要! 设备信息指令★
       { //当子设备系统中设备有变化时会发送更新指令，比如新的设备加入了子系统时
       byte[] deviceinfo = iotd.GetValueArray("stream");     //获取设备信息
       if (deviceinfo == null) return;                       //没有携带设备信息，非法登录
       iotSubDeviceSystemsds = new iotSubDeviceSystem();
       sds.ReadFromBuffer(deviceinfo);
       if (sds.SSID == 0)//非法系统
       {  client.m_tcpClient.Close();   return;   }
       //不存在该设备系统时，要加入列表保存
       int index = SubDeviceSystemExists(sds);
       ……//处理过程如登录时的数据处理一样，见前面的代码
    }
    else //其他指令信息处理
    {   ……转发给 DMP   }
}
```

可见，子设备系统登录时，会携带子设备系统的全部信息给服务器，其中包含所属设备系

统 DSID 的信息，但不包含监控进程 DMP 的 DMID 信息。当子设备系统有新的设备入网时，会发送 DEVICESYSTEMINFO 指令，携带更新后的全部子设备系统信息。服务器程序需要根据这些信息建立正确的层次型设备描述结构，并通知 DMP 更新。

自此，对云通信服务器的 4 个主要通信对象及其处理方法介绍完毕。一些启动过程中的方法和 UI 事件处理方法，请读者自行参阅源代码。

图 5-6～图 5-8 所示是在华为云虚拟机上运行的服务器程序的几个实例。可以看到，服务器对机器的硬件配置要求不高。

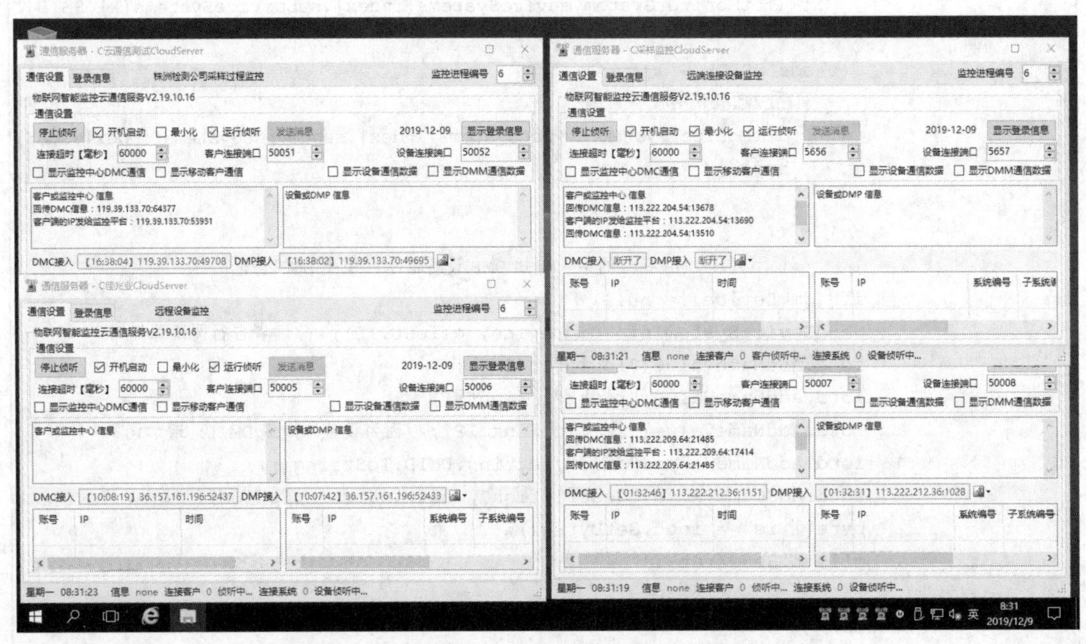

图 5-6 在云虚拟机上同时运行的 4 个通信服务程序

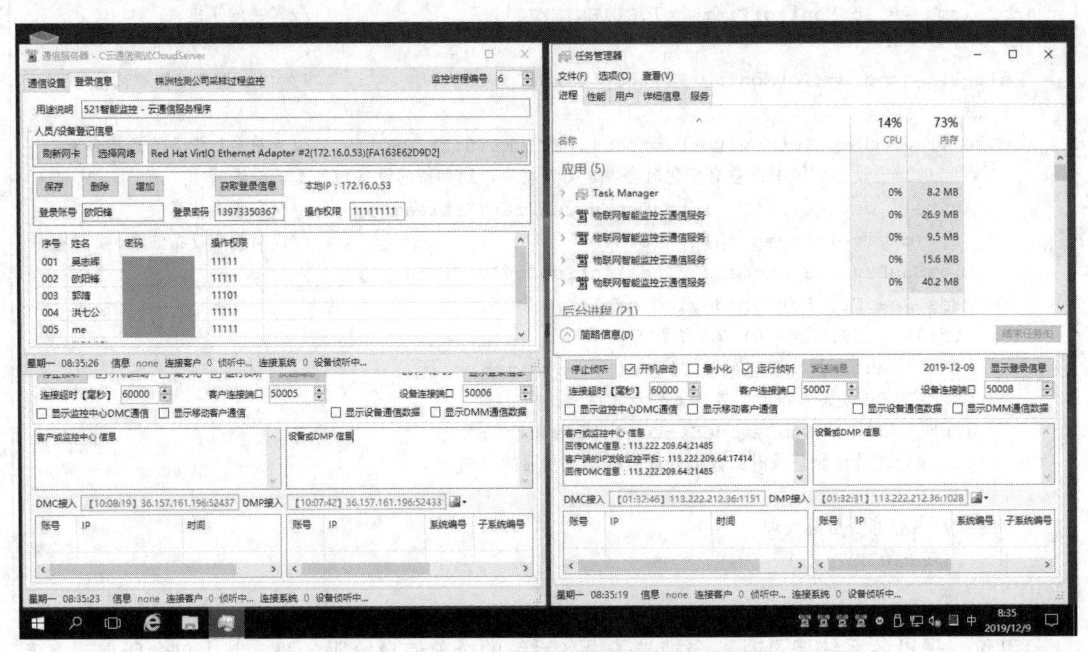

图 5-7 运行 4 个通信服务进程的资源开销

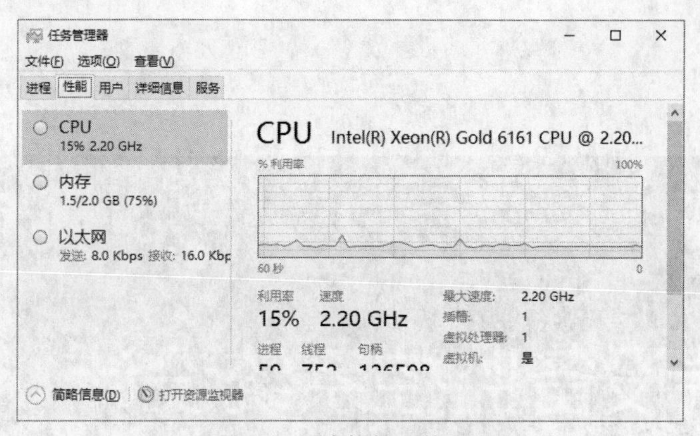

图 5-8　云虚拟机硬件配置

购买的云服务器的配置为单核 CPU 2.2G，2GB 内存，40GB 存储器，1MB 带宽，操作系统是 Windows，运行 4 个通信服务程序没有压力。

小结： 物联网应用系统的基本结构都是类似的——数据采集、传输、处理、行业应用。数据通信在其中起到了很重要的作用。学习掌握各种通信程序设计技能是全栈开发人员的必杀技。

第6章

客户端设备监控系统设计

全栈项目的监控平台在局域网内完全可以在“黑匣子”的方式下全自动运行。但有两种需求，需要开发客户端监控程序。其一，用户不太可能有权限接触监控中心 DMC（出于安全的考虑），无法在其上进行系统的配置或设置，用户需要在客户端对监控平台进行设置，包括对设备状态的直接查询和控制。其二，第三方的专业监控系统需要监控平台提供数据，它作为客户端连接到监控平台，如 110、119 公共服务平台或全市范围内的医疗服务中心接入千家万户的智能家居系统。后面这种情况也可反其道而行之，即监控平台作为客户端主动连接第三方的服务平台（如医疗监控服务中心），这种情况可参考 DMC 接入云通信服务器的设计，在 DMC 上增加该功能即可，读者可以自行扩展。

这两种需求都是有市场的。如政府部门提供的公共服务平台，基于为人民服务的思想，应该允许千家万户的智能家居系统免费接入其 110、119 报警系统，当有紧急情况发生时，服务平台能及时获得监控信息，做出决策，提高服务水平，并且为实施智慧城市的政府部门节省用于购买信息采集设备、网络设备，以及工程建设的巨额资金，也只有每个家庭都参与智慧城市的建设，这个城市才能称为真正的智慧城市。而对于商业化运营的服务机构（如远程健康监护报警中心），DMC 主动接入其服务平台需要收取费用。不管哪种方式，主动权还在拥有 DMC 的用户手中。如果担心隐私泄露和安全问题，完全可以断开对外的连接。

全栈实践项目只设计实现了主动接入 DMC 的客户端系统。

6.1 PC 客户端设备监控系统的设计

在企业、公司、政府机构中，使用 PC 进行监控的情况很常见。监控管理系统目前的趋势之一是使用地图导航。在地图上呈现监控设备的位置分布，同时提供显示设备信息和操控设备的 UI。图 6-1 所示是 PC 客户端监控程序的用例图。

可以看出，客户端程序还是有一定复杂性的。监控中心的一些功能也在客户端实现了。这样，用户不用接触 DMC 也可精确地对监控进行管理（除了设备监控进程 DMP 的配置）。如果用户有特别的行业智能监控要求也可以增加相应模块。客户端程序只要在线，就会实时收到设备状态信息，因此特定需求的智能监控是可以实现的。

接下来对各个主要模块的设计进行介绍。

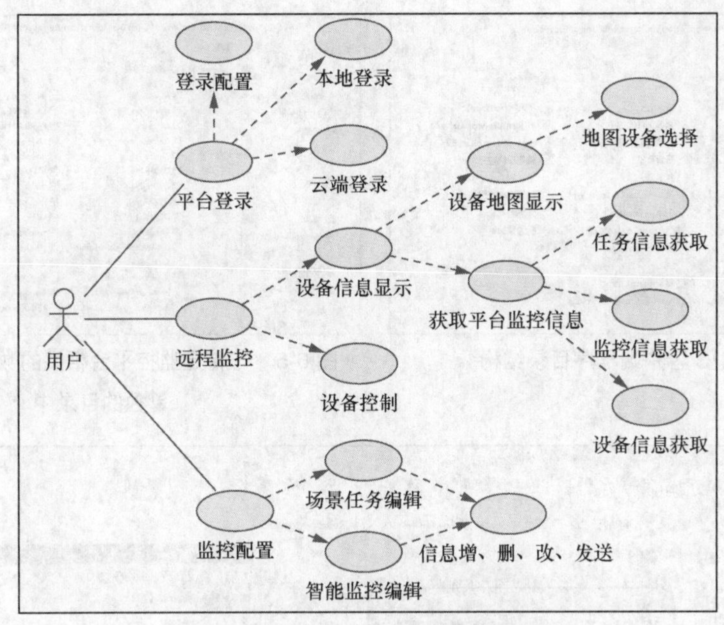

图 6-1 PC 客户端监控程序的用例图

6.1.1 登录模块设计

图 6-2 所示是登录界面设计。单击右侧的小三角，弹出增、删监控项目的选项，如图 6-3 所示。

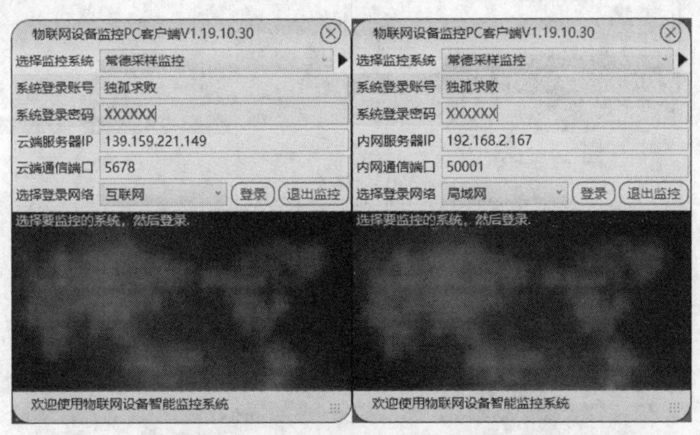

图 6-2 PC 客户端程序登录有两种选择

存储结构设计：建立一个新的登录选择（如“采样监控”），系统会自动建立一个文件夹来存储与该监控平台有关的信息。图 6-4 所示展示了系统根目录下的文件夹结构。

图 6-5 所示展示了登录特定监控平台后，其子目录下存放的相关文件结构。

开发风格的变化：这次我们不使用最传统的 WindowForm 开发模式，而是选用 WPF 风格的开发方式。如果读者对 WPF 有些陌生，建议先学习了解后，再来阅读本章。但 C#代码没有本质变化，不影响对源代码的理解。

图 6-6 所示是登录界面的 WPF 设计界面，界面右侧呈现了 PC 客户端程序 PCRemoteMonitor 的项目结构。

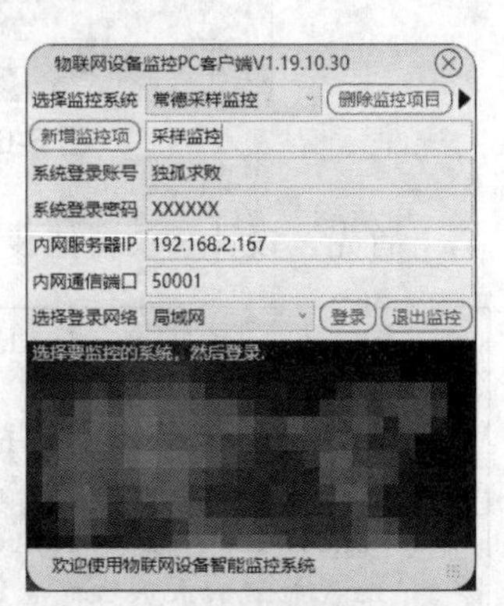

图 6-3 可以新增监控项以便登录不同的监控平台

图 6-4 PC 客户端程序目录结构

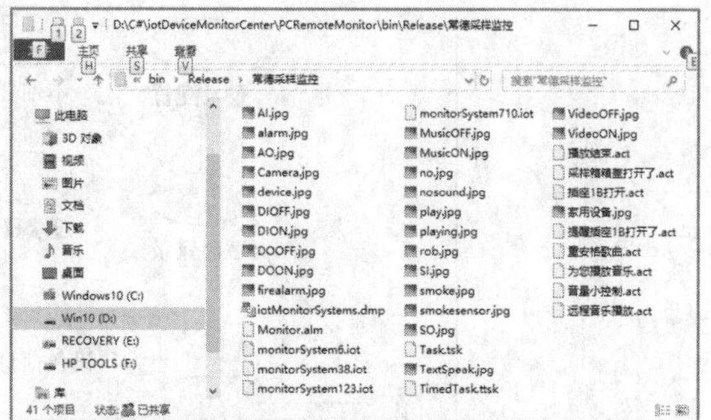

图 6-5 与特定监控平台相关的数据存放在一个单独的目录中

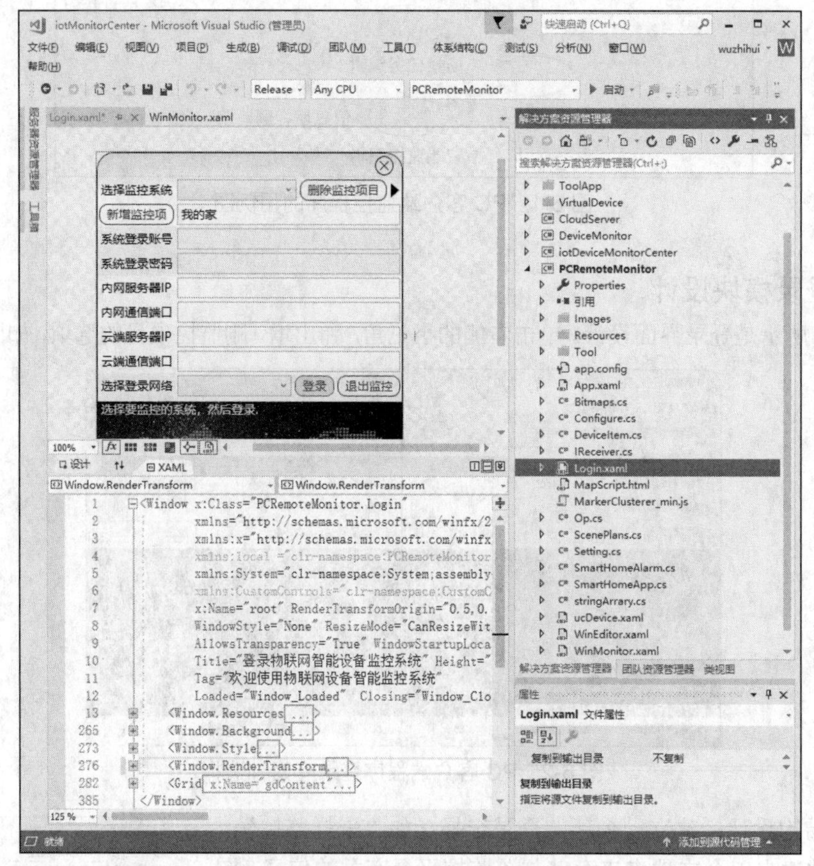

图 6-6 客户端程序的项目结构与登录界面的设计界面

首先，设计登录窗体装入后的处理代码 Window_Loaded 如下所示。

```
private void Window_Loaded(object sender, RoutedEventArgs e)
{
    this.Title = GetProductName() + "V"+ GetProductVersion(); //标题显示版本号
    AllMonitorSystems = new stringArrary("AllMonitorSystems.xml");
    configure = Configure.LoadConfigures(appPath + "PCMonitor.xml");
    lastMonitorSystem = configure.lastMonitorSystem;     //最近一次登录的监控平台索引号
    lstMonitors.ItemsSource = AllMonitorSystems.Items;  //呈现所有登录选项
    Application.Current.Properties["lastMonitorSystem"] = lastMonitorSystem;//保存
    //下面设置登录选择，触发选择事件，呈现相关登录信息
```

```
    lstMonitors.SelectedIndex = AllMonitorSystems.LocateItem(lastMonitorSystem);
    stdStart.Begin(); //动画显示: WPF的动画功能很强，请读者自行阅读
}
```

这里涉及两个类的设计：stringArrary 和 Configure，后者与 DMC 中的配置类 Setting 以及本系统中的 Setting 类的设计类似，是单实例设计模式。stringArrary 是用二进制存储字符串数组的一个类，很简单，请读者自行阅读源代码。用户添加的登录选择（监控平台别名），记录在该对象中，并存储在 AllMonitorSystems.xml 文档中。

当选择一个登录平台或程序设置登录某个平台时，触发下拉框事件，代码如下。

```
private void lstMonitors_SelectionChanged(object sender, SelectionChangedEventArgs e)
{   //选择不同监控系统
    if (lstMonitors.SelectedIndex < 0) return;
    string monitor = ((item)lstMonitors.SelectedItem).text;
    txtMonitorName.Text = monitor;
    lastMonitorSystem = txtMonitorName.Text;
    configure.lastMonitorSystem = lastMonitorSystem;          //用配置文件保存最近选择
    configure.Save();
    LoadSettins(); //装入登录信息
}
bool LoadSettins()
{
    this.btnLogin.IsEnabled = false;
    try
    {
        string fn = appPath + lastMonitorSystem + ".xml";    //登录配置文件
        setting = Setting.LoadSettings(fn);                  //静态方法: 装入登录信息
    }
    catch
    {
        lbInfo.Text = lastMonitorSystem + ": Can't create Setting File.";
        return false;
    }
    gdContent.DataContext = setting;              //通过绑定显示登录信息。这是WPF的优势
    cbLogMode.SelectedIndex = setting.mode;       //局域网还是互联网登录模式
    ......
    return true;
}
```

最重要的代码是，单击【登录】按钮时，执行的登录流程 LogIn1（局域网登录）和 LogIn2（互联网登录），除了登录参数不一样，流程是一样的。

```
void LogIn1()
{
    lbInfo.Text = "正在连接到智能监控平台服务器【" + txtMonitorName.Text+"】, ......" ;
    setting.Save();
    if (!MakeConnection(setting.IP1, setting.Port1.ToString())) return;  //连接失败
    btnLogin.IsEnabled = false; //然后等待DMC服务器应答
}
```

最重要的方法在 *MakeConnection* 中，如下所示。

```
private bool MakeConnection(string sIP, string Port)  //尝试连接服务器
{
    if (tcpClient != null){ tcpClient.Close();tcpClient.Dispose(); }
    LogInOK = false; //假设登录未成功
    IPAddress ipaddress = IPAddress.Parse(sIP);
    try
    {   // public MyTcpClienttcpClient;
        tcpClient = new MyTcpClient(new IPAddress[1] { ipaddress }, int.Parse(Port), null,
                    flag, Encoding.UTF8);
        tcpClient.tcpClient.ReceiveBufferSize = MaxBufferSize;
        tcpClient.tcpClient.SendBufferSize = MaxBufferSize;
    }
    catch
    {
        tcpClient = null;
        lbInfo.Text = "连接失败。检查服务器是否启动、通信参数是否正确、防火墙的安全设置";
        btnLogin.IsEnabled = true; //然后等待服务器应答
        return false;
    }//挂接事件处理方法
    tcpClient.OnTcpServerConnected += tcpClient_ServerConnected;  //处理连接成功事件
    tcpClient.OnTcpDatagramReceived += tcpClient_DatagramReceived;//接收数据处理方法
    tcpClient.OnTcpServerDisconnected += tcpClient_ServerDisconnected;
    tcpClient.OnServerExceptionOccurred += tcpClient_OnServerExceptionOccurred;
    tcpClient.Connect(); //连接服务端程序（DMC）
    return true;         //成功连接
}
```

可以看到，通信对象 MyTcpClient 的使用方法在 DMC、DMP 中几乎一样。先看成功连接服务端程序后的程序代码，如下所示。

```
private void tcpClient_ServerConnected(TcpServerConnectedEventArgs e)    //服务器连接了
{
    this.Dispatcher.Invoke(new OnShowMessage(ShowMessage), "<服务器信息>" +
                        e.ToString()); //异步显示一下信息
    StartTimer();    //启动定时器
    timer.Start();   //定时往服务端发送联络指令，确认服务器是否在线
    SendRegInfo();   //发送登录信息，与 DMC 连接云端程序类似
}
```

发送登录信息后，等待监控中心的回应（*tcpClient_DatagramReceived*），在登录界面主要处理几条指令，如下所示。

```
private void ProcessCommand(IotDictionary json)     //★★处理收到的数据★★
{
    string cmd = json.GetValue("cmd");             //主指令词条
    if (cmd == null) return;
    if(cmd == IotMonitorProtocol.TEXT)             //文本信息
    {
        string text = json.GetValue("text");
        if (text == null) return;
        lbInfo.Text = text;
    }
    else if (cmd == IotMonitorProtocol.LOGIN)       // "500"登录指令
```

```
{
   #region  登录验证
   string login = json.GetValue("login");
   if (login != null && login == "1") //要求自动登录
      SendRegInfo();                  //重新发送登录信息
   else if (login == "OK")            //成功登录
   {
      lbInfo.Text = "Login OK:\r\nIP=" + tcpClient.Addresses[0].ToString();
      LogInOK = true;
      CloseReceiver();
      stdEnd.Begin();                 //动画方式隐藏登录窗体
      WinMonitor win = new WinMonitor(this,tcpClient); //创建监控窗体
      Receivers.Add(win);             //订阅通信消息!
      win.Show();                     //显示监控窗体
   }
   else                               //登录失败
   {
      tcpClient.Close();              //停止通信
      ShowMessage("  登录失败\r\n 请输入正确的账号和密码.");
   }
   #endregion
}
if (!LogInOK) return;
//交给订阅对象程序处理!
for (int i = 0; i<Receivers.Count; i++)
try
{
   Receivers[i].ProcessReceiveData(json); //观察者对象的 Update 方法
}
catch { }
}
```

这里用到了一个接口类 *IReceiver* 和使用该接口的列表对象 *Receivers*，如下所示。

```
public List<IReceiver> Receivers = new List<IReceiver>();
```

我们设计使用发布订阅设计模式（也称观察者模式）处理通信数据。客户端程序只有一个通信对象 *tcpClient* 与监控平台（DMC 或远端通信服务器）连接，但客户端程序可能有多个窗体需要对接收到的同一个数据进行不同的处理，发布订阅设计模式正好可解决这个问题。该模式描述为：定义对象间一种一对多的依赖关系。当一个对象的状态发生变化时，所有依赖于它的对象都会得到通知并自动更新（较好的软件工程课程都会有所介绍的）。图 6-7 所示是它的类结构图。

对应本客户端程序，登录窗体对象就是被观察者 Subject，它维护着一个观察者（也称订阅者）列表 List<*IReceiver*>，监控窗体 WinMonitor 的实例是一个具体的 concreteObserver。Notify 方法对应着 ProcessCommand 方法。Uptate 方法对应着 ProcessReceiveData 方法。

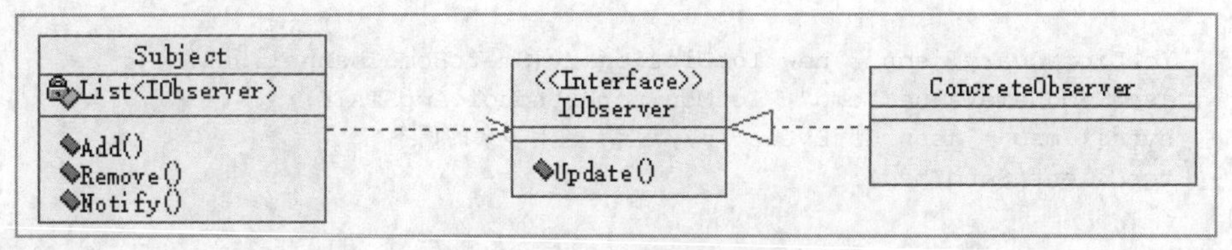

图 6-7　观察者模式类图

即每当通信对象收到数据后，会调用每个订阅者的 ProcessReceiveData 方法，这样每个订阅者可对同一数据进行不同的处理。如监控窗体对象，只关注设备状态信息的处理显示。

订阅者接口 *IReceiver* 非常简单，就两个方法，如下所示。

```
public interface IReceiver
{
    void  ProcessReceiveData(IotDictionary  json);  //处理接收数据的方法
    void  CloseReceiver();                          //结束对象
}
```

CloseReceiver 方法，主要用于从订阅列表中删除自己，起到 Subject 中的 Remove 的作用。当自己不需要接收消息时，可调用该方法减少系统处理开销。

6.1.2 客户端监控设计

正确登录监控平台后，进入客户端监控界面。图 6-8 所示为其设计的呈现界面。

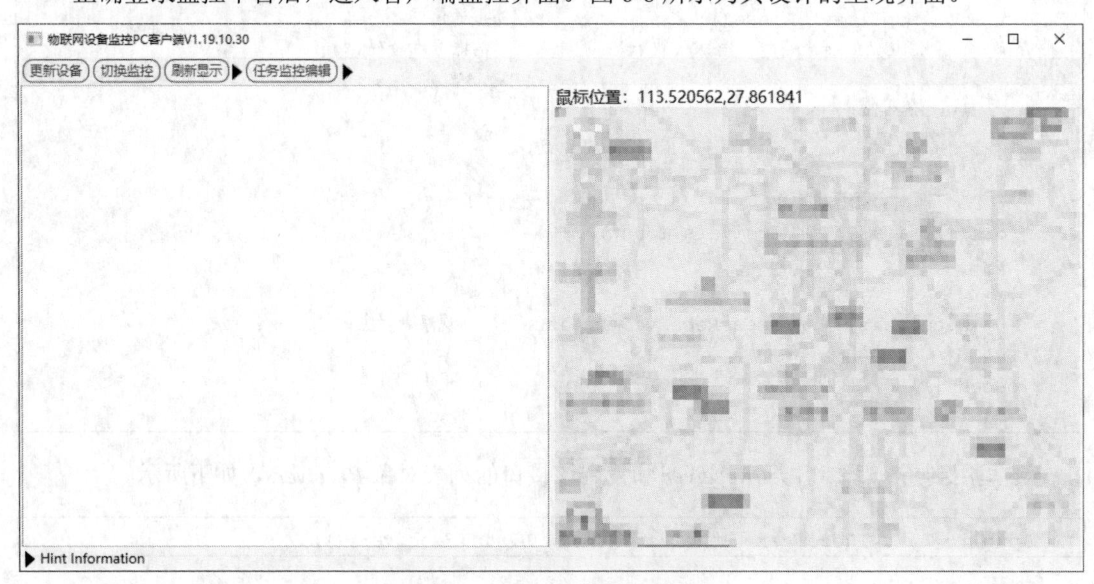

图 6-8 初次进入监控界面的情况

界面左侧用于显示设备的状态信息，右侧用于显示某些设备在地图上的坐标位置（此为敏感信息，故作打码处理。以下凡是涉敏信息，均如是处理）。

1. 设备更新

初次进入监控界面或有设备变动信息时，需要调用 GetAllDeviceSystem 方法"更新设备"。按照监控协议的格式下达请求更新指令，DMC 会把最新的整个监控平台接入的设备信息传递给客户端。以下是主要代码。

```
if (tcpClient == null) return;//没有连接服务器
try
{
    IotDictionary json = new IotDictionary(SmartHomeChannel.SHFLAG);
    json.AddNameValue("cmd", IotMonitorProtocol.AppSTATE);
    byte[] msg = json.GetBytes();//注意: 没有多余的词条
    tcpClient.Send(msg);
}
catch{ return; }
```

就这么简单。当DMC收到该指令后，就回传所有设备信息。由于DMC保存设备信息时使用了多个文件，其中一个用于保存登记的监控进程DMP的信息，每个监控进程DMP的信息单独保存在一个文件中，因此DMC会回传1+*N*个文件给客户端监控程序。*N*是监控进程的数量。理解了该结构，下面的通信数据处理程序就容易读懂了。建议读者自己绘出程序流程图。代码片段如下。

```
public void ProcessReceiveData(IotDictionary json)
{
    if (ShowCompleted == false) return;    //旨在显示数据时，不处理接收数据
    string cmd = json.GetValue("cmd");
    ……
    if (cmd == IotMonitorProtocol.AppSTATE) //就是这个指令!
    //获取所有DMP程序状态[stream=文件内容][id=dmid][state=1/0]
    {
        string id = json.GetValue("id");
        if (id == null)                     //没有指明是哪个DMP，默认就是登记DMP的文件数据
        {                                   //保存整个监控平台DMP信息的文件,注意保存的文件名
            string appfn = workdir+"iotMonitorSystems.dmp";
            byte[] cont = json.GetValueArray("stream");//数据在stream词条中
            if (cont != null)               //有内容!
            {
                ……
                WriteBytesToFile(appfn, cont); //写入文件保存
                LoadMonitorApps(appfn);        //重新读入登记DMP的信息,请读者自行阅读源代码
                GetDeviceSystem();//发出获取每个DMP监控的设备的指令，见后面介绍
            }
            return;
        }
        string state = json.GetValue("state");
        if (state != null) return;          //目前不处理DMP是否启动的信息。读者可自行完善
        string shmfn = workdir + "monitorSystem" + id + ".iot";
        //保存某个具体设备监控系统DMP信息的文件。注意文件名命名特点
        ……
        byte[] st = json.GetValueArray("stream");   //DMP设备描述信息
        if (st != null)                             //有设备
        {
            WriteBytesToFile(shmfn, st);            //写入文件保存
        }
        nDMPS++;                                    //请求发送下一个DMP的设备信息
        json.DeleteName("dmc");                     //移去标记!
        json.DeleteName("stream");
        if (nDMPS<MyMonitorApps.SmartHomeChannels.Count)    //还有DMP信息未获取
        {
            SmartHomeChannel chl = MyMonitorApps.SmartHomeChannels[nDMPS];
            ……
            json.AddNameValue("id", chl.appid.ToString());  //DMID信息
            tcpClient.Send(json.GetBytes());                //继续发出请求指令
            return;
        }
        else                                //所有DMP信息获取完毕，请求回传图片信息
```

```
        UpdatePicture();                              //开始更新图片
    }                                                 //AppSTATE 指令结束
    ......
```

这里说明一下：与设备监控程序 DeviceMonitor 一样，在用图形方式显示设备状态信息时，需要一些小图片。在客户端监控程序里，我们希望使用一样的图标方式来呈现信息，因此需要把 DMC 中使用的图片传过来，所以有了 UPDATEPICTURE 指令。UpdatePicture 方法就是发出该指令给 DMC。该方法的代码请读者自行阅读。

注意： DMC 为了减少传输数据量，首先只把图片文件的大小和文件名传过来；然后客户端判断，如果文件大小一样，说明文件未做改动，回传 need=0 的词条给 DMC，告知 DMC 无须传递该文件数据，直接传递下一个图片文件的信息即可。继续看代码，如下所示。

```
    else if (cmd == IotMonitorProtocol.UPDATEPICTURE)
    //UPDATEPICTURE = "504";更新图片[pic = fn][size = N][need = "1"][stream = byte[]]
    {
        string need = json.GetValue("need");
        string size = json.GetValue("size");              //图片文件大小
        string pic = json.GetValue("pic");                //图片文件名
        string index = json.GetValue("index");            //文件传输序号
        json.DeleteName("dmc");                           //移去标记!
        if (pic != null && size != null)                  //收到具体图片信息
        {
            int nsize = int.Parse(size);                  //1.首先获取所有图片列表
            int psize = GetFileSzie(workdir + pic);  //2.现有文件的大小，请读者自行阅读代码
            if (nsize == psize)                           //大小相等，无须更新
            {
              json.AddNameValue("need", "0");             //告知 DMC 无须传递该文件具体信息
              tcpClient.Send(json.GetBytes());            //发送请求指令
            }
            else                                          //需要更新图片
            {
                json.AddNameValue("need", "1");           //告知 DMC 需传递该文件具体信息
                tcpClient.Send(json.GetBytes());          //发送请求指令
            }
        }
        else                                              //收到图片文件具体内容
            {
            byte[] st = json.GetValueArray("stream");
            if (st != null)
            {
                WriteBytesToFile(workdir + pic, st);//写入文件保存
            }
            json.DeleteName("pic");
            json.DeleteName("stream");
            int nindex = int.Parse(index) + 1;            //下一个图片
            json.AddNameValue("index", nindex.ToString());
            json.AddNameValue("need", "1");
            tcpClient.Send(json.GetBytes());              //发送请求指令
        }
    }                                                     //UPDATEPICTURE 指令结束
    ......
}                                                         //ProcessReceiveData 方法结束
```

获取所有 DMP 安装的设备系统文件的方法，代码如下。

```
private void GetDeviceSystem()
{
    nDMPS = 0; //第一个 DMP
    try
    {
        SmartHomeChannel chl = MyMonitorApps.SmartHomeChannels[nDMPS];
        AddHint("获取系统信息：" + chl.name + " - " + chl.appid.ToString());
        IotDictionary json = new IotDictionary(SmartHomeChannel.SHFLAG);
        json.AddNameValue("cmd", IotMonitorProtocol.AppSTATE);
        json.AddNameValue("id", chl.appid.ToString()); //增加了 id 词条，指明是哪个 DMP
        byte[] msg = json.GetBytes();
        tcpClient.Send(msg);
        Delayms(50);
    }
    catch
    {
        return; //凡是涉及 IO 操作，尽量使用异常捕获机制来保证程序的健壮性
    }
}
```

2. 设备信息显示

获取设备信息后需要显示，并提供控制界面。

图 6-9 所示是设备系统完全展开显示的界面。这里使用了 TreeView 控件分层显示 DMP—设备系统—子设备系统—设备—子设备，便于在一个界面显示所有设备信息，也方便查看我们所关心的设备信息。同时，在呈现具体的子设备时，提供了控制设备的按钮和参数输入界面。

这样，虽然显得有些紧凑，但在一个界面就可以查看所有设备信息并进行控制，还是很方便的。如果读者有好的 UI 设计技巧，并且实现了，比如分类显示特定设备的 UI、提供搜索设备的 UI，也可以发给我们共享。

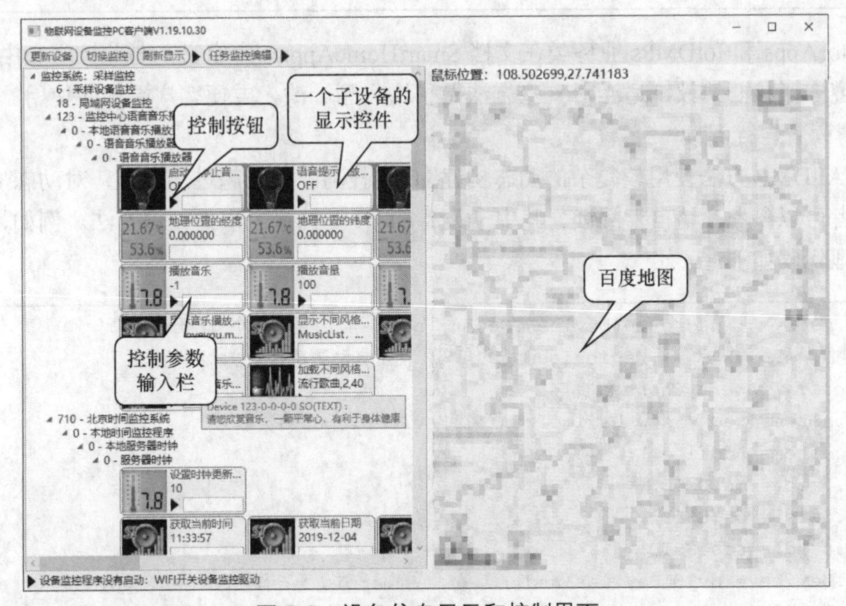

图 6-9 设备信息显示和控制界面

以下是单击【刷新显示】按钮的事件处理代码。

```
private void btnShowMonitor_Click(object sender, RoutedEventArgs e)
{
    string appfn = workdir + "iotMonitorSystems.dmp";  //保存整个设备系统信息的文件
    LoadMonitorApps(appfn);   //从文件重新读入所有 DMP 信息到 MyMonitorApps 保存
    LoadAllDMPs();            //★★装入所有监控系统 DMP 的详细信息★★
    ExpandAll(true);          //展开 TreeView 控件，显示所有节点
}
```

核心代码在 LoadAllDMPs 方法，如下所示。

```
MonitorApps MyMonitorApps = null; //监控程序 DMP 列表
IotDMPs AllDMPs = new IotDMPs();  //监控进程集合
void LoadAllDMPs()                //★★装入所有监控系统★★
{
    AllDMPs.Clear();
    for (int i = 0;i<MyMonitorApps.SmartHomeChannels.Count;i++)//处理每个 DMP
    {
        SmartHomeChannel chl = MyMonitorApps.SmartHomeChannels[i];
        AddHint("加载监控系统信息: " + chl.name + " - " + chl.appid.ToString());
        //从文件中获取监控系统 IMonitorSystem
        string fn = workdir + "monitorSystem" + chl.appid + ".iot";//保存某个具体
                                                           设备监控系统信息的文件
        ImonitorSystemBase ms = new MonitorSystemBase(fn);     //建立监控系统
        AllDMPs.monitorsystems.Add(ms);
        ms.DMID = (ushort)chl.appid;  //DMID !
        if (ms.DeviceSystems.Count == 0 )
            ms.Description = chl.description;
    }//End for DMP
    AddHint("加载监控系统信息完成，正在展示内容……");
    ShowAllDMP();
}
```

MonitorApps 和 IotDMPs 业务类在文档 SmartHomeApp.cs 中定义，与监控中心中使用的该类相似，遵守了核心协议，适当对一些方法做了增、删、改，方便客户端程序使用。代码超过 500 行，请读者自行阅读。

ShowAllDMP 方法使用较复杂的动态构建 UI 的技巧。代码超过 200 行，对动态 UI 设计感兴趣的读者可以参考，请自行阅读。其中子设备的 UI 还挂接了事件处理方法。例如，对 DI 子设备的处理代码如下。

```
for (int nsd = 0; nsd<dv.DIDevices.Count; nsd++) //显示每个 DI 子设备
{   //构建便于显示的对象，见 DeviceItem 类的代码，使用自动更新界面技术：实现了
    //InotifyPropertyChanged 接口
    DeviceItem item = new DeviceItem(allDeviceBitmaps);
    deviceItems.Add(item);
    item.dmid = ms.DMID;
    item.dsid = ds.DSID;
    item.ssid = sds.SSID;
    item.Device = dv.DIDevices[nsd];   //item.appid = smarthomes.appids[i];
    ucDevice sdv = new ucDevice();      //构建一个用户控件 UserControl，便于显示
    sdv.DataContext = item;             //绑定控件内容
```

```
    allDeviceBitmaps.AddBitmap(dv.DIDevices[nsd].PictureON, workdir);//关联图片
    allDeviceBitmaps.AddBitmap(dv.DIDevices[nsd].PictureOFF, workdir);
    pl.Children.Add(sdv);                                    //加入显示面板
    sdv.Tag = item5;                                         //记住节点
    sdv.img.Tag = dv.DIDevices[nsd];                         //用于保存是哪个子设备!!
    sdv.img.MouseLeftButtonDown += Img_MouseLeftButtonDown;  //鼠标事件处理
    sdv.btnSend.Tag = dv.DIDevices[nsd];                     //用于保存是哪个子设备!!
    sdv.btnSend.Click + = BtnSend_Click;                     //按钮
}
```

用户控件 ucDevice 的设计参见 ucDevice.xaml 文档，它定义了设备信息的显示内容和方式。这也是安卓 App 设计常用的手段。

用鼠标单击控件中的按钮时，会触发执行 *Img_MouseLeftButtonDown* 方法，该方法主动发送请求指令给具体的子设备（当然，通过 DMC 和 DMP 处理和转发），代码如下。

```
private void Img_MouseLeftButtonDown(object sender, MouseButtonEventArgs e)
{
    IBaseDevice dv = (e.Source as Image).Tag as IBaseDevice;  //注意:怎样获得设备相关信息!
    Grid gd = (e.Source as Image).Parent  as Grid;
    Border bd = gd.Parent as Border;
    ucDevice udv = bd.Parent as ucDevice;                    //用户控件得到了
    if (udv == null) return;
    TreeViewItem item = udv.Tag as TreeViewItem;
    item.IsSelected = true;         //GetParentHeadString方法获取子设备的5层描述识别ID
    string sID = GetParentHeadString(item.Parent as TreeViewItem);
    ShowHint(string.Format("单击{0}: 您选中的子设备是:  {1} {2}", e.ClickCount, sID,
dv.ToString()));
    string[] ids = sID.Split(new char[] { ','});
    if (ids.Length < 4) return;
    IotDictionary js = new IotDictionary(SmartHomeChannel.SHFLAG);
    js.AddNameValue("cmd", IotMonitorProtocol.DEVSTATE);     //请求设备状态数据指令
    js.AddNameValue("dmid", ids[0]);                         //5层结构表示
    js.AddNameValue("dsid", ids[1]);
    js.AddNameValue("ssid", ids[2]);
    js.AddNameValue("did", ids[3]);
    js.AddNameValue("sdid", dv.SDID.ToString());
    js.AddNameValue("type", dv.DeviceType.ToString());
    tcpClient.Send(js.GetBytes());
    AddHint(js.ToString());
}
```

单击控制按钮触发执行 *BtnSend_Click* 方法，过程与鼠标事件处理类似，只不过发送的是控制指令，其中的词条有些变化，完全符合核心协议。为节省篇幅这里不再列出，请读者自行阅读代码。

3. 百度地图的使用

一个具有较大规模的监控平台可能有设备部署在不同区域，或者有些设备是移动的。为了有“纵观全局”的效果，我们决定采用地图来显示设备的分布（仅有此作用而已，并无导航、搜索等功能），同时复习一下 javascript 的使用。

在设备描述协议中，监控系统、设备系统、设备子系统、设备、子设备都有坐标位置信息描述。这里我们只显示设备的位置（其他设备类对象的位置显示，读者可使用不同图标自行完善）。

首先，我们要决定选择哪些设备用于地图位置显示（并不是所有设备都要显示的）。单击图 6-9 所示界面中【任务监控编辑】按钮右边的小三角形按钮，弹出设备选择界面，如图 6-10 所示。

图中列出了整个监控平台所登记的所有设备，勾选需要显示的设备即可。选择完毕，单击【确认显示】按钮，程序重新在地图上显示相关设备的位置信息。

选中的设备放在 LocationDevices 和 LocationDevice 两个类中存储（整体与部分的关系）。它们定义在文档 DeviceItem.cs 中，主要功能是承担存储作用。请读者自行阅读代码。

图 6-11 所示是采样监控系统中 1 个采样车和 2 个采样箱控制器所在的位置信息。界面左侧呈现了这 3 个设备的信息，并可控制其输出类型的子设备。

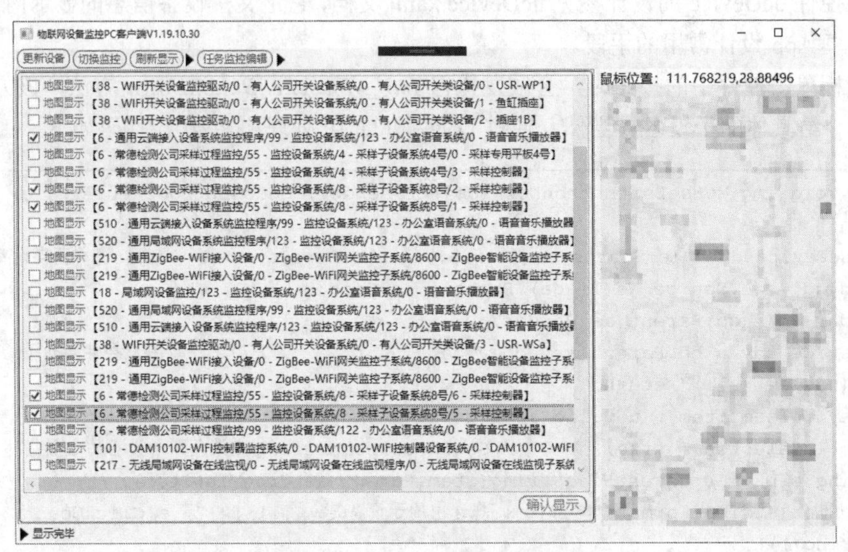

图 6-10 选择显示位置信息的设备

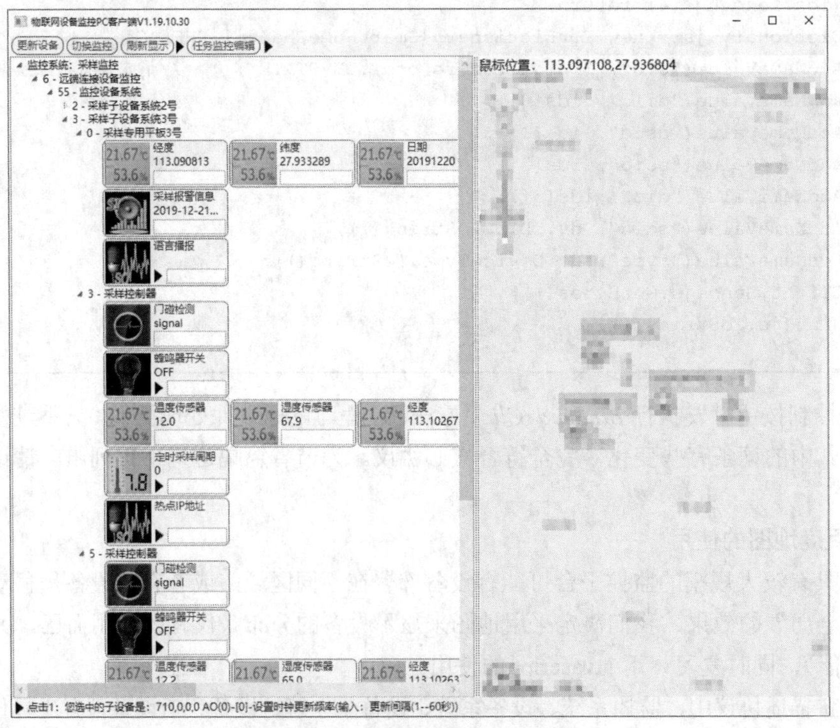

图 6-11 3 个设备位置信息的显示

当设备位置信息发生变化时，会向 DMC 发送位置变化指令，此时可移动修改设备在地图上的位置，实现实时位置监控。在通信数据处理代码中有如下片段。

```
public void ProcessReceiveData(IotDictionary json)
{
    string cmd = json.GetValue("cmd");
    if (cmd == IotMonitorProtocol.AppSTATE)  { …… }
    else if (cmd == IotMonitorProtocol.DEVSTATE)//DEVSTATE = "506";子设备状态数据
    {
        SetDeviceState(json); //在 UI 设置更新设备的状态：请自行阅读源代码
    }
    else if (cmd == IotMonitorProtocol.POSITIONCHANGED)  //★★位置变化指令★★
    //设备（不是子设备）位置有变化[dmid=M][dsid=N][sdid=SD][did=M][x=? ][y=? ]
    {
        string dmid = json.GetValue("dmid"); if (dmid == null) return;  //监控系统
        string dsid = json.GetValue("dsid"); if (dsid == null) return;  //设备系统
        string ssid = json.GetValue("ssid"); if (ssid == null) return;  //子设备系统
        string did = json.GetValue("did"); if (did == null) return;     //设备
        IDevice dv = IotDMPs.GetDevice(AllDMPs, ushort.Parse(dmid), ushort.Parse(dsid),
                        ushort.Parse(ssid), ushort.Parse(did));
        if (dv == null) return;
        string x = json.GetValue("x"); //经纬度
        string y = json.GetValue("y");
        try { dv.X = double.Parse(x); } catch { }
        try { dv.Y = double.Parse(y); } catch { }
        if (this.oprateBasic != null)  //有与 js 交互的对象，见后文介绍
        {
            LocationDevice locdv = oprateBasic.UpdatePosition(ushort.Parse(dmid),
                    ushort.Parse(dsid), ushort.Parse(ssid), ushort.Parse(did),
                    dv.X, dv.Y);
            if (locdv != null)          //有更新位置的设备存在
            {
                Object[] objArray = new Object[3];
                objArray[0] = locdv.description;
                objArray[1] = dv.X;
                objArray[2] = dv.Y;
                //调用浏览器文档对象的 InvokeScript 方法更新地图覆盖物
                MapWebBrowser.Document.InvokeScript("MoveOneMarker", objArray);
            }
        }
    } //end of POSITIONCHANGED
} //end of ProcessReceiveData
```

百度地图的使用，可参考其开发官网的相关资料，在浏览器中使用免费版的百度地图，获取 js 版本的 SDK。本客户端程序编写的网页 MapScript.html 包含了 js 使用百度地图的简要代码。为了与该 js 程序交互，在客户端程序里编写了专门的类 OprateBasic，在监控窗体启动时，创建该对象，代码如下。

```
private void Window_Loaded(object sender, RoutedEventArgs e)
{
    allDevices = new LocationDevices(AppDomain.CurrentDomain.BaseDirectory +
                                "LocationDevices.ldv");
```

```
    lstLocDevice.ItemsSource = allDevices.locationDevices;  //设置数据源
    gdLocationDevice.Visibility = Visibility.Collapsed;     //控件隐藏
    plMap.Visibility = Visibility.Visible;                  //控件显示
    string surl = AppDomain.CurrentDomain.BaseDirectory + "MapScript.html";
    Uri url = new Uri(surl);                                //打开的网页文档
    try
    {
        MapWebBrowser.Navigate(url);
        oprateBasic = new OprateBasic(this);                //创建交互对象
        MapWebBrowser.ObjectForScripting = oprateBasic;     //★★设置脚本交互对象★★
        }
    catch { }
    ShowCompleted = true;                                   //可以接收通信数据了
}
```

OprateBasic类的设计介绍如下，主要功能是为js程序提供数据。

```
[System.Runtime.InteropServices.ComVisible(true)]
public class OprateBasic//有关地图操作方法
{   //WPF版本提供的浏览器控件有些问题，这里使用WindowForm版本的浏览器
    System.Windows.Forms.WebBrowser MapWebBrowser;
    WinMonitor owner;
    public OprateBasic(WinMonitor owner)   //构造函数
    {   //通过函数依赖，让对象知晓监控窗体，并可使用其公有的属性和方法
        this.owner = owner;
        MapWebBrowser = owner.MapWebBrowser;
        GetAllLocations();                      //装入所有设备的位置信息
    }

    public LocationDevice DeviceExists(ushortdmid, ushortdsid, ushortssid, ushortdid)
    {   //检索一个设备是否存在于列表中
        for (int i = 0; i<locationDevices.Count; i++)
        {
            LocationDevice dv = locationDevices[i];
            if (dv.dmid == dmid && dv.dsid == dsid && dv.ssid == ssid && dv.did == did)
                return dv;                      //返回设备位置对象
        }
        return null;
    }

    public List<LocationDevice> locationDevices = new List<LocationDevice>();
                                                //位置列表对象
    public void GetAllLocations()               //装入所有设备的位置信息到列表
    {
        locationDevices.Clear();
        for (int i = 0; i<owner.allDevices.locationDevices.Count; i++)
        {
            if (owner.allDevices.locationDevices[i].bshow == false) continue;
            locationDevices.Add(owner.allDevices.locationDevices[i]);
        }
     }

    Public LocationDevice UpdatePosition(ushortdmid,ushortdsid,ushortssid,
```

```
                ushortdid,doubleX,doubleY)//检索是否有需要更新位置的设备
    {
        LocationDevice dv = DeviceExists(dmid, dsid, ssid, did);
        if (dv == null) return null;
        dv.lng = X;//有设备需要更新位置
        dv.lat = Y;
            return dv;
    }

    //===以下是为 js 程序提供数据的方法===//
    public int GetLocNumbers()
    {
        return locationDevices.Count;
    }
    public double GetLocLng(int i)  //采样点位置
    {
        return locationDevices[i].lng;
    }
    public double GetLocLat(int i)
    {
        return locationDevices[i].lat;
    }
    public string GetLocName(int i)
    {
        return locationDevices[i].devicename;
    }
    public string GetLocToolTip(int i)
    {
        return locationDevices[i].description;
    }

    string locName = "市环境监测院"; //以下提供一个地图开始显示时的中心位置
    double lng = 112.968643;
    double lat = 28.051756;
    public double GetLocationlng()    { return lng; }
    public double GetLocationlat()    { return lat; }
    public string GetName(){ return locName; }
}  // end of class OprateBasic
```

OprateBasic 单独设计是考虑业务功能的独立性、可扩展性，将来修改维护方便，不过多涉及其他对象。

下面介绍浏览器网页的设计，很简单，不到 200 行代码，如下所示。

```
<!DOCTYPE html>
<html>
    <head>
    <meta http-equiv = "Content-Type" content = "text/html; charset = utf-8" />
    <meta name = "viewport" content = "initial-scale = 1.0, user-scalable = no" />
    <style type = "text/css">
    body, html, #allmap {
        width: 100%;
        height: 100%;
        overflow: hidden;
```

```
        margin: 0;
        font-family: "微软雅黑";
        }
    </style>
    <script type = "text/javascript"
        src = "http://api.map.baidu.com/api?v = 2.0&ak =您的百度地图开发key"></script>
    <script type = "text/javascript"
    src = http://api.map.baidu.com/library/TextIconOverlay/1.2/src/TextIconOverlay_
min.js"/>
    <script type = "text/javascript" src = "MarkerClusterer_min.js"></script>
    <title>地图展示</title>
    </head>
    <body>
      <div id = "movedistance" style = "float:left"></div>
      <div id = "labelname" style = "float:left"></div>
      <div id = "labeldistance" style = "float:left; color:#00F">   </div>
      <div id = "labelhint" style = "float:left; color:#0F0"></div>
      <div id = "allmap"></div>
      <div id = "lng" style = "visibility:hidden"></div>
      <div id = "lat" style = "visibility:hidden"></div>
    </body>
</html>

<script type = "text/javascript">
    //官网有许多百度地图API功能示例代码，复制过来即可
    var map = new BMap.Map("allmap");                          //创建Map地图实例
    map.centerAndZoom(new BMap.Point(112.968643, 28.051756), 9);  //初始化地图，设置中
                                                                    心点坐标和地图级别
     var marker;
     var currentposmarker;                                     //当前位置标记
     var markerok = 0;
    map.addEventListener("tilesloaded", makeMarker);           //加载地图后，显示监测对象位置

    //添加地图类型控件
    map.addControl(new BMap.MapTypeControl({
    mapTypes: [
        BMAP_NORMAL_MAP,
        BMAP_HYBRID_MAP
      ]
     }));
     var navigationControl = new BMap.NavigationControl({
     //靠左上角位置
     anchor: BMAP_ANCHOR_TOP_LEFT,
     //LARGE类型
      type: BMAP_NAVIGATION_CONTROL_LARGE,
     //启用显示定位
    enableGeolocation: true
     });
    map.addControl(navigationControl);

     var geolocationControl = new BMap.GeolocationControl();
    geolocationControl.addEventListener("locationSuccess", function (e) {
      //定位成功事件
```

```
    var address = '' '';
    address += e.addressComponent.province;
    address += e.addressComponent.city;
    address += e.addressComponent.district;
    address += e.addressComponent.street;
    address += e.addressComponent.streetNumber;
    alert("当前定位地址为: " + address);
  });
  geolocationControl.addEventListener("locationError", function (e) {
    //定位失败事件
    alert(e.message);
  });
  map.addControl(geolocationControl);
  map.addControl(new BMap.ScaleControl());
  map.addControl(new BMap.OverviewMapControl());

  map.setCurrentCity("湖南省长沙市");  //设置地图显示的城市，此项是必须设置的
  map.enableScrollWheelZoom(true);   //开启鼠标滚轮缩放
  map.setDefaultCursor("crosshair");

  map.addEventListener("mousemove", GetlngAndlat);
  function GetlngAndlat(e) {
    if (e.point.lng != null) {
      document.getElementById("lng").innerHTML = e.point.lng;
      document.getElementById("lat").innerHTML = e.point.lat;
      document.getElementById("labelname").innerHTML = "鼠标位置: " + e.point.lng
  + "," + e.point.lat;//labelhint
    }
  }
  //根据参数建立中心点覆盖物
  function makeMarker() {
    if (markerok == 1) return;
    var dlng = window.external.GetLocationlng();
    var dlat = window.external.GetLocationlat();
    var name = window.external.GetName();
    var myIcon = new BMap.Icon("Images\\png-0004.png", new BMap.Size(32, 32));//图标
    var point = new BMap.Point(dlng, dlat)
    marker = new BMap.Marker(point, { icon: myIcon });                    //创建点
    map.centerAndZoom(point, 10);
    var label = new BMap.Label(name, { offset: new BMap.Size(0, -23) });
  marker.setLabel(label);
  marker.setTop(true);
  label.setStyle({ opacity: "0.4" });
  map.addOverlay(marker);
  myIcon = new BMap.Icon("Images\\png-0003.png", new BMap.Size(54, 32)); //人员图标
  currentposmarker = new BMap.Marker(point, { icon: myIcon });          //创建点
  var label = new BMap.Label("当前位置", { offset: new BMap.Size(0, -23) });
  currentposmarker.setLabel(label);
  map.addOverlay(currentposmarker);
  makeLocationMarker();
  markerok = 1;                                                          //已经建立
  }
  var PointArrLocation = [];
```

```
var devicemarkers = [];

//显示所有设备位置
function makeLocationMarker() {
  map.clearOverlays();                          //清除所有原来覆盖物
  devicemarkers.length = 0;
  var ArrayLng = [];
  var ArrayLat = [];
  var ArrayName = [];
  var ArrayToolTip = [];
  var total_num = window.external.GetLocNumbers(); //从交互对象OprateBasic获取数据
  for (var i = 0; i<total_num; i++) {
        ArrayLng.push(window.external.GetLocLng(i));//从交互对象OprateBasic获取数据
        ArrayLat.push(window.external.GetLocLat(i));
        ArrayName.push(window.external.GetLocName(i));
        ArrayToolTip.push(window.external.GetLocToolTip(i));
  }

PointArrLocation.length = 0;
for (var i = 0; i<=ArrayLng.length-1; i++) {    //偶数索引存经度，奇数存维度
    PointArrLocation.push(new BMap.Point(ArrayLng[i], ArrayLat[i]));
}

var myIcon = new BMap.Icon("Images\\beizi.png", new BMap.Size(32, 32)); //杯子图标
for (var i = 0; i<=ArrayLng.length-1; i++) {    //偶数索引存经度，奇数存维度
    var locmarker = new BMap.Marker(PointArrLocation[i], { icon: myIcon });
    var label = new BMap.Label(ArrayName[i], { offset: new BMap.Size(0, -23) });
    var labelStyle = {
color: "#f00",
backgroundColor: "#ffff88"
        };
    label.setStyle(labelStyle);
    locmarker.setLabel(label);
    locmarker.setTitle(ArrayToolTip[i]);
    devicemarkers.push(locmarker);
    locmarker.enableDragging();                 //可拖曳
  }                                             //使用聚合方式显示覆盖物
  var markerClusterer = new BMapLib.MarkerClusterer(map, { markers: devicemarkers });
}

function FindDevice(boxid) {
  for (var i = 0; i<devicemarkers.length; i++) {
    if (devicemarkers[i].getTitle() == boxid) {
return devicemarkers[i];
    }
  }
  return null;
}

function MoveOneMarker(idstring, lng, lat)      //在地图上显示编号为idstring的设备
{
var marker = FindDevice(idstring);
if (marker == null) {                           //还没有登记该设备
```

```
            return;
    }
    else {                   //已经登记了
            marker.setPosition(new BMap.Point(lng, lat));
    }
      }

    function Dragend(e) {
      var p = e.target.getPosition();
      var s = e.target.getTitle();
    document.getElementById("labelname").innerHTML = s + ",位置: " + p.lng + "," + p.lat;
    window.external.MoveLocation(p.lng, p.lat, e.target.getTitle());
     }

    function ShowTitle(e) {
      var p = e.target;
      var point = p.getPosition();
      var s = p.getTitle();
    document.getElementById("labelname").innerHTML = s + ",位置: " + point.lng +
            "," + point.lat;
    }
</script>                    //网页脚本结束
```

对 javascript 编程不太熟悉的读者可先行自学该语言。相关图书和视频很多，10 天左右便可入门编写程序。

现在，当设备信息变化时，监控界面可实时更新其状态，位置有变化时，地图显示其新位置。还可以对输出子设备进行控制。比如，可让远程设备的蜂鸣器响起，让远程平板电脑语音报警，等等。客户端实时监控的功能基本实现了。

完善：为了更直观地显示设备的状态信息，需要提供一些复杂的显示控件来帮助。比如对仪表仪器，可用各种指针式仪表盘、数码仪表盘、动画仪表盘等描述设备状态，使对实际仪表设备的呈现更加贴切，尤其在工业现场监控，这点非常重要。其实其实现起来没有任何技术难度，就是设计自己的控件而已，希望读者能实现。

通用性设计计划：我们准备为每个子设备再添加一个属性，用于描述其使用的仪表控件的名字（也可以使用现在的图片文件属性）。设计一个通用的仪表控件接口，这些仪表控件实现该接口并编译为 dll 代码，就如同监控驱动程序一样。在显示子设备状态时，自动调用仪表接口来呈现自己，并可交互。

6.1.3 客户端场景任务的编辑

一键启动场景任务的执行是体现物联网应用系统设备互联互通的重要特征。在监控中心 DMC 中，我们已经设计实现了。但在 DMC 上操作终究不方便，甚至没有机会接触 DMC。因此在客户端监控程序提供场景任务的编辑功能是很有必要的。

特别提示： 场景任务的执行还是在 DMC 上实现的，与客户端程序是否在线没有任何的关系；客户端只能编辑场景任务内容。

图 6-12 所示是场景任务呈现界面。图 6-13 所示是打开了定时任务编辑、控制指令编辑界面后的 UI。

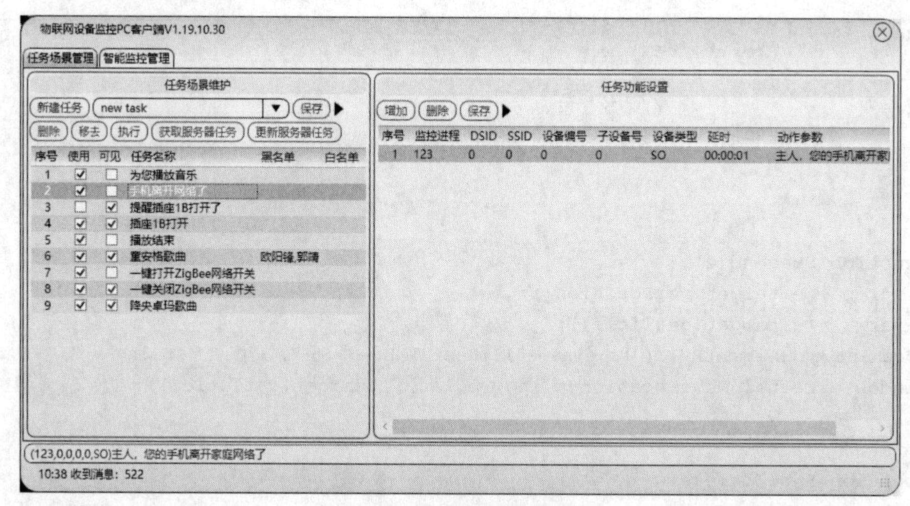

图 6-12 场景任务呈现界面

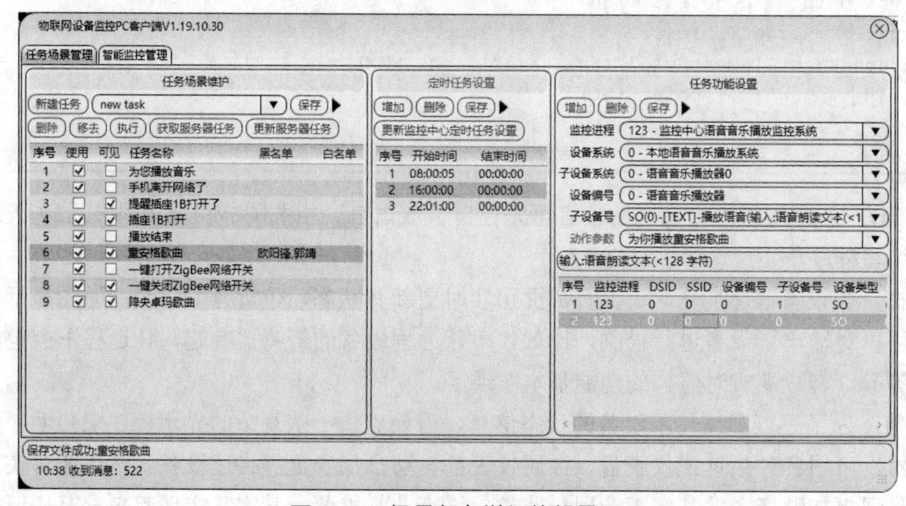

图 6-13 场景任务详细编辑界面

编辑窗体也是一个观察者对象，实现了 *IReceiver* 接口，定义如下。

```
public partial class WinEditor : Window, IReceiver { …… }
```

因此，也有通信数据的处理方法 *ProcessReceiveData*，但它只对 4 种指令感兴趣，如下所示。

```
public void ProcessReceiveData(IotDictionary json)
{
    string cmd = json.GetValue("cmd");
    if (json != null) AddHint(DateTime.Now.ToShortTimeString() + "收到消息: " + cmd );
    if (cmd == IotMonitorProtocol.TEXT) { …… }
    else if (cmd == IotMonitorProtocol.ERRHINT) { …… }
    else if (cmd == IotMonitorProtocol.GETTASK) { …… }
    //GETTASK = "507";    获取智能监控的任务数据
    else if (cmd == IotMonitorProtocol.GETALARM) { …… }
    //GETALARM = "510";   获取智能监控的监控设置
}
```

窗体对象启动时，加载上次保存的各种参数并呈现到 UI，代码如下。

```
private void Window_Loaded(object sender, RoutedEventArgs e)
{
    ……
    string appfn = workdir + "iotMonitorSystems.dmp";  //保存整个设备系统信息的文件
    LoadMonitorApps(appfn);  //从文件重新读入 DMP 列表信息
    LoadAllDMPs();           //装入所有监控系统详细信息，以下方法请读者自行阅读代码
    LoadScenePlans();        //装入场景任务内容
    LoadAlarms();            //装入监控报警设置
    InitOperation();
    ……
}
```

首先设计【获取服务器任务】功能，获取信息后呈现并提供增、删、改功能。单击【获取服务器任务】按钮，发送 GETTASK 指令请求监控中心 DMC 传送实际的场景任务数据到客户端，并在 ProcessReceiveData 进行处理，代码片段如下。

```
else if (cmd == IotMonitorProtocol.GETTASK)
//获取智能监控的任务数据[task = fn][need = "1"][stream = byte[]][index = ?]
{
    #region 收到文件内容
    string task = json.GetValue("task"); if (task == null) return;//task 词条: 任务名称
    string index = json.GetValue("index"); if (index == null) return;//任务序号
    byte[] st = json.GetValueArray("stream");  //任务内容
    if (st != null)
    {
        WriteBytesToFile(workdir + task, st);  //写入文件保存
        AddHint("  Received Task File OK: " + task);
    }
    json.DeleteName("task");                   //删除多余词条
    json.DeleteName("stream");
    json.DeleteName("dmc");
    int nindex = int.Parse(index) + 1;         //下一个任务
    json.AddNameValue("index", nindex.ToString());
    json.AddNameValue("need", "1");
    tcpClient.Send(json.GetBytes());           //继续请求
    #endregion
}
```

DMC 把所有任务文档发送给客户端后，会发送一条文本信息告知发送完毕，代码如下。

```
if (cmd == IotMonitorProtocol.TEXT)
{
    string text = json.GetValue("text");
    if (text == null) return;
    if (text == "任务发送完毕") //DMC 发来的文本通知
    {
        LoadScenePlans();     //装入任务并显示
    }
    else if (text == "发送监控报警设置完毕")
    {
        LoadAlarms();         //装入监控报警设置并显示
    }
} //end if IotMonitorProtocol.TEXT
```

客户端对场景任务的编辑功能与监控中心的功能是一样的。具体代码实现，不再赘述。对定时任务的设置也一样。

当用户对任务进行了增、删、改、保存等操作后，如果要生效，必须重新发送到DMC，单击【更新服务器任务】按钮，发出传输任务文档的指令，在*SendUpdateTask*方法中实现，如下所示。

```
void SendUpdateTask() //MENDTASK = "508";
{
    if (tcpClient == null) return;                                      //没有连接服务器
    if (dgTask.SelectedIndex < 0) return;                               //没有选择任务
    ScenePlansItem task = dgTask.SelectedItemasScenePlansItem;          //当前任务
    if (task == null) return;                                           //只更新当前选中的任务!
    string fn = workdir + task.PlanFileName + ".act";                   //保存任务的文件名
    if (!File.Exists(fn)) return;
    try
     {  //修改智能监控的任务数据[task = fn][stream = byte[]][plan = tskfn][timetask = ttskfn]
        //1.先更新当前任务内容
        IotDictionary json = new IotDictionary(SmartHomeChannel.SHFLAG);
        json.AddNameValue("cmd", IotMonitorProtocol.MENDTASK);
        json.AddNameValue("task", task.PlanFileName);
        FileStream fs = new FileStream(fn, FileMode.Open, FileAccess.Read, FileShare.Read);
        json.AddNameValue("stream", fs);
        byte[] msg = json.GetBytes();
        fs.Close();fs.Dispose();
        tcpClient.Send(msg);
        //2.更新列表。列表可能有变化，如增加了一个任务
        json.Clear();
        Delayms(100);
        json.AddNameValue("cmd", IotMonitorProtocol.MENDTASK);
        json.AddNameValue("plan", "Task");
        fn = workdir + "Task.tsk";                                    //默认的文件名!
        fs = new FileStream(fn, FileMode.Open, FileAccess.Read, FileShare.Read);
        json.AddNameValue("stream", fs);
        msg = json.GetBytes();
        fs.Close();fs.Dispose();
        tcpClient.Send(msg);
        //3.更新定时任务列表: 定时设置可能有变化
        json.Clear();
        Delayms(100);
        json.AddNameValue("cmd", IotMonitorProtocol.MENDTASK);
        json.AddNameValue("timetask", "TimedTask");
        fn = workdir + "TimedTask.ttsk";                              //默认的定时设置的存储文件
        fs = new FileStream(fn, FileMode.Open, FileAccess.Read, FileShare.Read);
        json.AddNameValue("stream", fs);
        msg = json.GetBytes();
        fs.Close();fs.Dispose();
        tcpClient.Send(msg);
    }
    catch  { return; }
}
```

场景任务编辑模块的设计，功能是很清晰的，主要是通信数据的处理。呈现和修改场景任务的程序代码冗长，阅读时有些“费劲”，请读者耐心阅读源代码。

6.1.4 客户端智能监控的编辑

同样，在客户端程序设置智能监控内容，也是很有必要的。特别是当新设备接入后，想要对其进行智能监控，往往需要增加智能监控设置。图 6-14 所示是智能监控内容的呈现界面。

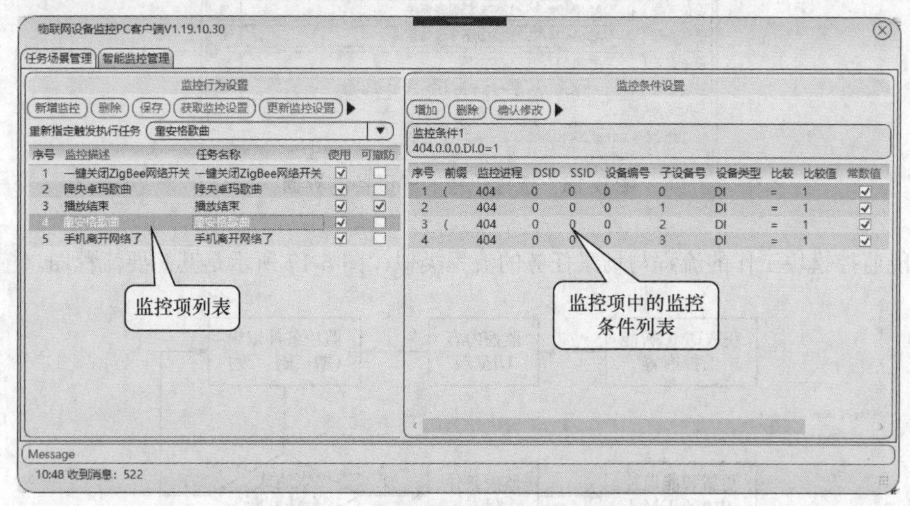

图 6-14 智能监控内容的呈现界面

图 6-15 所示是智能监控内容的详细编辑界面，可以对监控条件进行较复杂的设置，包括为多种类型子设备数据的比较判断、多个条件的组合表达式判断提供一级括号优先表达式。

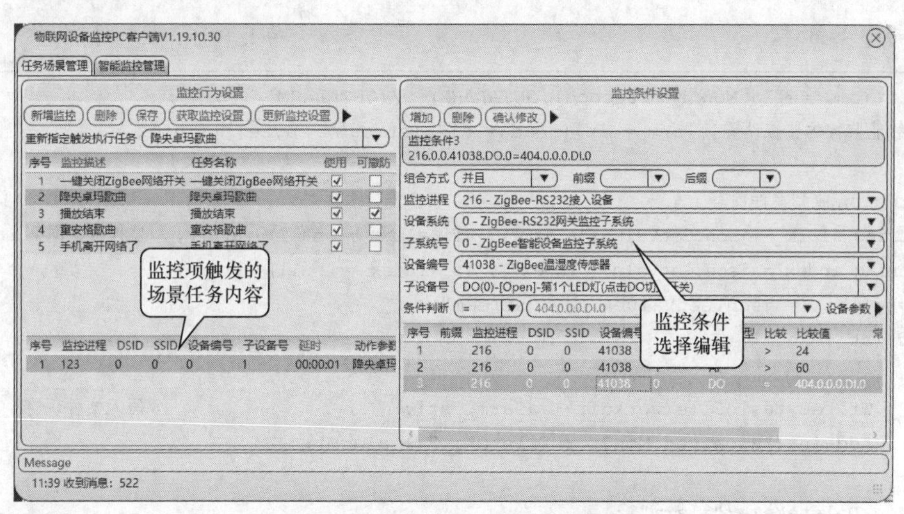

图 6-15 智能监控内容的详细编辑界面

特别地，还允许两种兼容子设备状态数据的比较，如“室外温度>室内温度”这样的监控条件。有关监控项和监控条件的结构设计，请参见第 3 章。

这里的兼容子设备是指 DI、DO 属于兼容子设备，AI、AO 属于兼容子设备。因此我们可以设定这样的监控条件：

“触摸开关状态（DI 子设备）”等于“照明灯开关状态（DO 子设备）”；

“温湿度传感器温度（AI子设备）”大于“冰箱设定温度（AO子设备）”。

当监控条件是两个子设备的比较时，会弹出窗体要求选择比较的对象，如图6-16所示。

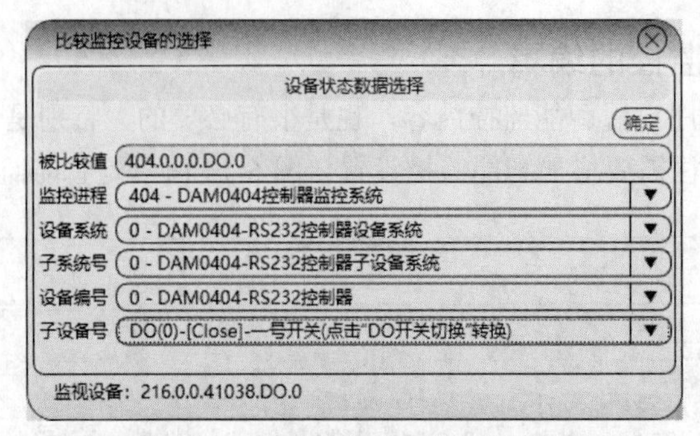

图6-16 选择比较的子设备的界面

智能监控模块工作的流程与场景任务的流程类似，图6-17所示是其简要流程图。

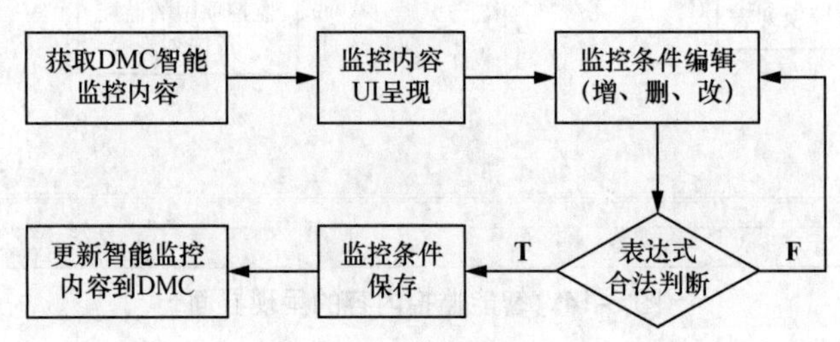

图6-17 智能监控模块的工作流程

获取DMC监控内容的指令是GETALARM。下列代码展示从DMC传递数据到客户端的处理过程。

```
else if (cmd == IotMonitorProtocol.GETALARM)  //GETALARM = "510";
//获取智能监控的监控设置[alarm = fn][need = "1"][stream = byte[]][index = ?]
{
    #region 收到文件内容
    string alarm = json.GetValue("alarm"); if (alarm == null) return; //监控报警词条 alarm
    string index = json.GetValue("index"); if (index == null) return;
    byte[] st = json.GetValueArray("stream");
    if (st != null)
    {
        WriteBytesToFile(workdir + alarm, st);                          //写入文件保存
        AddHint("Received Monitor File OK: " + alarm);
    }
    json.DeleteName("alarm");
    json.DeleteName("stream");
    int nindex = int.Parse(index) + 1;                                  //下一个监控项
    json.AddNameValue("index", nindex.ToString());
    json.AddNameValue("need", "1");
    tcpClient.Send(json.GetBytes());                                    //继续请求
    #endregion
}
```

DMC 发送相关数据完毕，会传送文本提示信息。

各工作单元的代码没有什么新的设计技巧。为节省篇幅，这里不再列出，请读者自行阅读。

关于 PC 客户端程序的使用，请观看配套资源中的视频。

6.2 监控设置的升级设想

现实中的监控，特别是工业现场的设备监控，可能需要更加复杂的计算。比如，当温度的变化规律满足特定要求时，触发报警。“规律”是对众多历史数据统计分析的结果，而非单一数据的计算判断。我们计划设计一个公共计算接口，让用户自行编辑监控条件并编译为 dll 程序集。用户编辑监控条件时，有机会选择自己的计算程序。

第 7 章

安卓客户端设备监控 App 的设计

自从移动设备普及以来，使用智能手机、平板电脑等设备进行远程设备监控的需求也逐渐增加。全栈项目设计实现了安卓智能手机中的监控 App。

早些时候，App 是在 Eclips+ADT 环境下设计的，后来迁移到了 Android Studio 开发平台。对安卓程序设计不熟悉的读者，请先行学习相关知识，包括 Java 程序设计。安卓程序设计的相关图书很多，网络上视频教程也不少。移动应用程序设计是全栈项目的基本组成之一，在大多数本科物联网专业中也是必修专业课程，该项目可以作为移动开发课程的实训项目。

由于 Java 的语法与 C#的语法有很多相似之处，因此.Net 程序中的大多数代码可快速转换为 Java 代码；但由于两者的一些基本的数据结构有区别，所以转换时要耗费少量时间。

为了兼容较早版本的安卓系统，本 App 的设计没有使用最新安卓版本的功能，使用的都是最基本的技术，界面显得有些简陋。

下面开始介绍安卓监控程序的设计。

图 7-1 所示是监控 App 的用例图。可以看出，其与 PC 客户端监控程序基本相同。为方便操控设备，增加了一些常用功能，如一键执行任务。

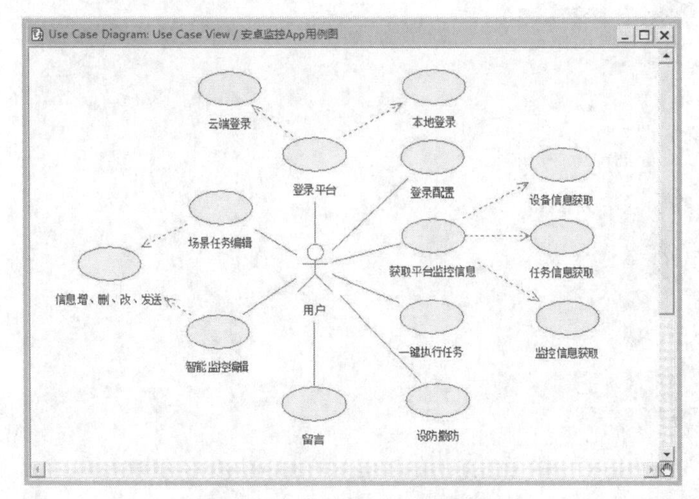

图 7-1　安卓监控 App 的用例图

这里简要介绍主要功能的设计，由于与 PC 客户端监控程序有很多类似的处理，本章着重介绍不同之处。

7.1 App 结构的设计

图 7-2 所示是 App 在 Android Studio 中以“Android”方式呈现的开发结构。

java 源代码根目录下，主要存放各个活动 activity 的文档。

util 子文件夹存放各个“适配器”组件的代码。

Device 子文件夹存放全栈项目核心协议的 Java 实现类。图 7-3 所示列出了用 Java 实现的设备监控核心协议的一些类。从文件名可了解各类的主要功能。它们大部分是直接从 C#代码复制粘贴而来，但根据 Java 语法做了必要的修改。这是整个系统的核心基础，请读者务必花 1～4 周的时间认真阅读理解。

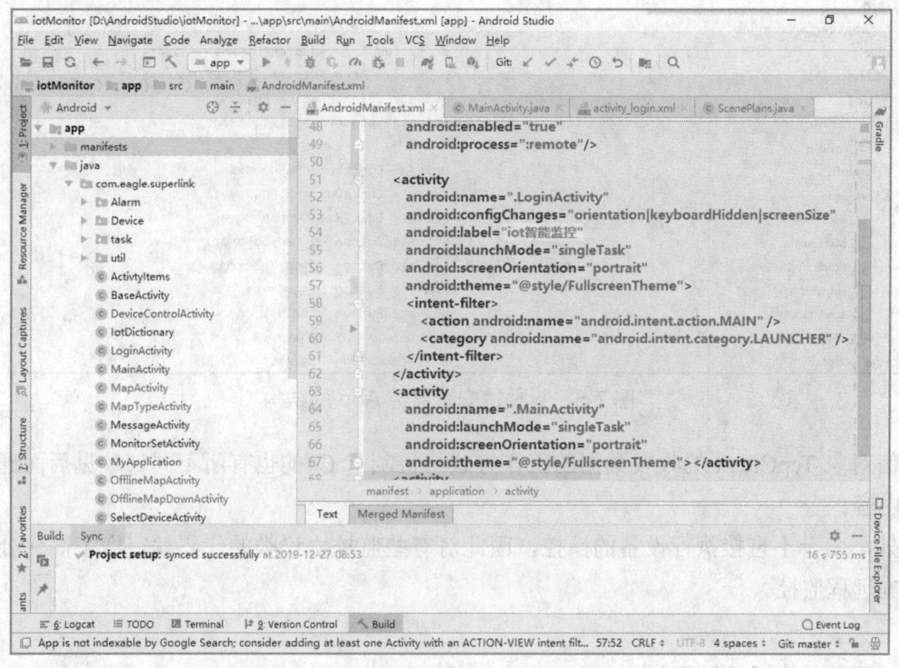

图 7-2 安卓监控 App 的结构

task 子文件夹：存储有关场景任务的业务类（见图 7-4 左图）。

Alarm 子文件夹：存储有关智能监控设置的业务类（见图 7-4 右图）。

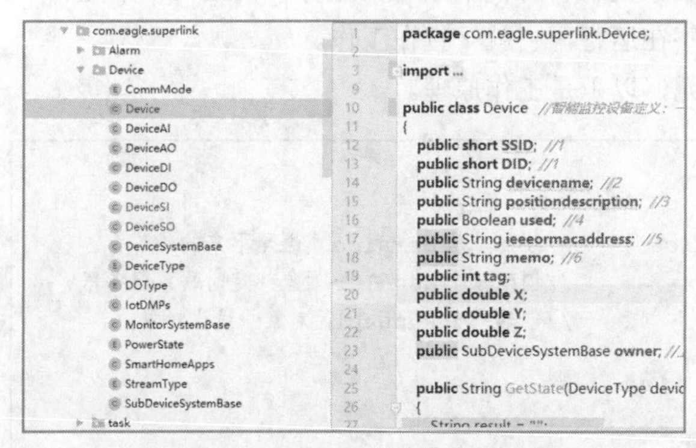

图 7-3 Java 实现核心协议的类

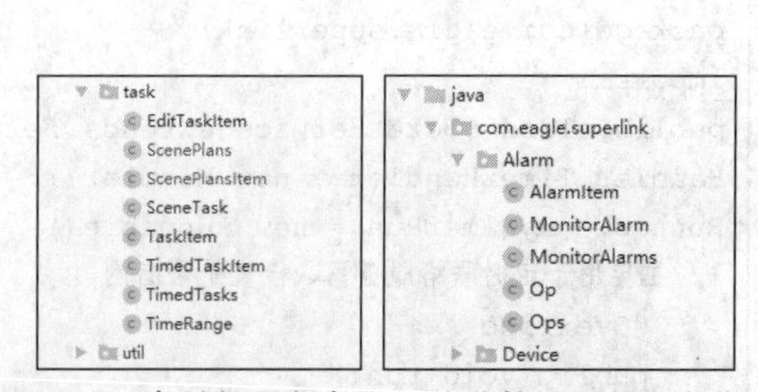

图 7-4 有关场景任务和智能监控设置的业务类

由于 Java 文档一般是一个文档只定义一个类，所以源程序文档较多。请参照第 1 章的设计原理对比阅读，这样容易理解。

在图 7-5 所示的项目结构中，res 文件夹存放各种资源文件，其中，layout 子文件夹存储活动的 UI 设计文档；drawable 子文件夹主要存储图片资源文件；values 子文件夹主要存储字符串、颜色定义资源文件。

一些重要改动：通信数据格式字典类 IotDictionary，内部使用了 java 的 Hashtable 结构。但操作方法与 C#版本的完全一致，字符编码都使用 UTF8，打包的字节序列完全一样。

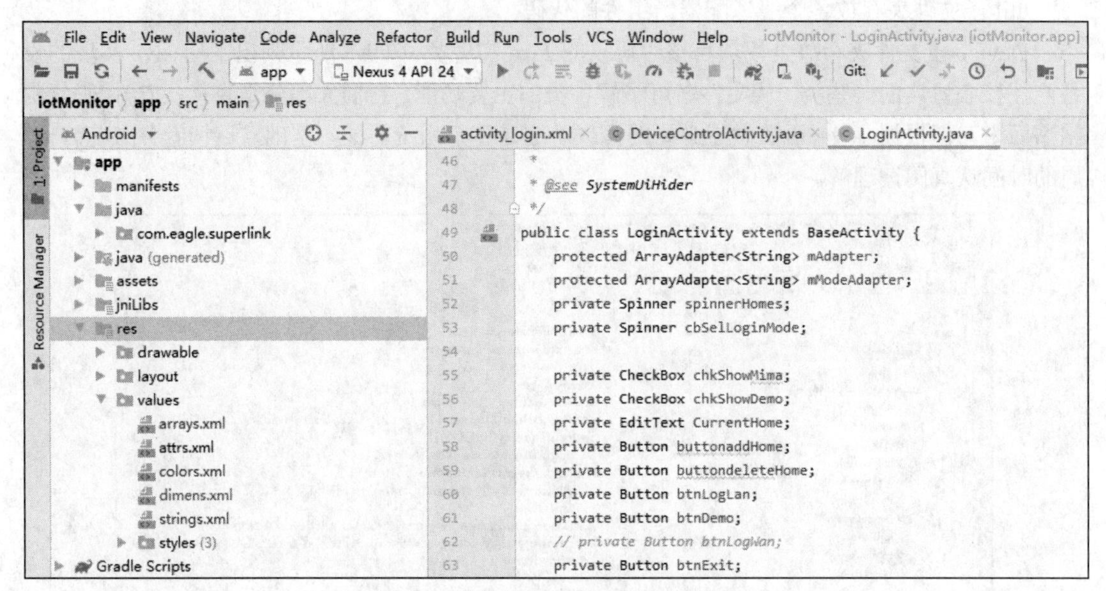

图 7-5　折叠的安卓监控 App 的结构

通信对象 TcpClient 的收发数据的工作方式与机制与 C#的也有所不同，参见后面通信模块的设计内容。

另外，由于不直接执行设备的操控，因此对有些监控协议类的代码编写做了简化处理，这并不影响远程监控。

7.2　通信模块的设计

安卓应用程序主要是以活动（Activity）为单元组成。在安卓系统内存紧张时，活动很可能被系统销毁释放。因此，对通信对象的设计要放置在特殊的活动——服务（Service）单元中。服务单元是在后台运行的程序，只要应用程序在运行，它就一直在工作。

SocketService.java 文档定义了该服务单元，以下是工作原理。

```
package com.eagle.superlink;
import......
public class SocketService extends Service {     //注意是从 Service 类继承下来的
Handler TimerHandler = new Handler();            //创建一个 Handler 对象：定时联系服务器
Runnable myTimerRun = new Runnable()             //创建一个 Runnable 对象：线程对象
{//主要用于定时联络服务器，检查是否断网
    @Override
    public void run()
  {
```

```
      SendConnect();                              //发送连接测试数据包
      TimerHandler.postDelayed(this, 10000);      //再次调用 myTimerRun 对象
    }
  };
  public void SendConnect()                       //发送联络信号
  {
    if (tcpClient == null ){return;}              //还没有创建通信对象
    IotDictionary json = new IotDictionary(IotMonitorProtocol.SHFLAG);
    json.AddNameValue("cmd", IotMonitorProtocol.TESTCONNECTION);//连接测试指令
    json.AddNameValue("sender", "mobile");        //指明是移动设备
    try {
      ok = tcpClient.SendMessage(json.GetBytes()); //调用通信对象发送数据
      if (!ok)Relogin();                          //网络断开了，重新登录
    }
    catch (Exception ex){}
  }
  private void Relogin()                          //重新登录
  {
    TimerHandler.removeCallbacks(myTimerRun);     //调用此方法，以关闭此定时器线程
    Intent newintent = new Intent(SocketService.this,LoginActivity.class);
    newintent.addFlags(Intent.FLAG_ACTIVITY_NEW_TASK);
    getApplication().startActivity(newintent);    //转到登录活动界面
  }
  TcpClient tcpClient = null;                     //★这里声明了私有通信对象★
  @Override
  public void onCreate() {                        //服务创建事件
    super.onCreate();
    ok = true;
  }
  @Override
public void onDestroy() {                         //服务销毁事件
  try
  {
    TimerHandler.removeCallbacks(myTimerRun);     //调用此方法，以关闭此定时器线程
    StopTCP() ;                                   //停止通信服务
  }
  catch (Exception ex){}
  super.onDestroy();
}
@Override
public booleanonUnbind(Intent intent) {
    return super.onUnbind(intent);
}
public void LogoutSystem()                        //发送退出指令
{
  if (tcpClient == null || tcpClient.socket == null || tcpClient.socket.isClosed())
  return;
  IotDictionary json = new IotDictionary(IotMonitorProtocol.SHFLAG);
  json.AddNameValue("cmd", IotMonitorProtocol.CLIENTEXIT); //客户端退出指令
  try
  {
  tcpClient.SendMessage(json.GetBytes());
  }
```

```
  catch (Exception ex){}
}
void StopTCP() {                                        //停止通信
  if (tcpClient != null) {
  LogoutSystem();
  tcpClient.Close();
  }
}
boolean ok = true;String ip; int port;
@Override
public void onStart(Intent intent, int startId) {     //服务启动事件
  super.onStart(intent, startId);
  StopTCP();                                            //1.先停止通信
  Bundle conpara = intent.getExtras();
  if (conpara == null) return;
  ip = conpara.getString("ip");                        //从意图对象获取通信参数
  port = conpara.getInt("port");
  if (tcpClient != null)tcpClient.Close();
  new Thread(new Runnable() {                          //2.★建立线程，在线程中连接服务器★
  @Override
  public void run() {
  Message msg = new Message();
  tcpClient = TcpClient.GetTcpClient(SocketService.this, ip, port);
  //★★使用静态方法获取通信对象：见TcpClient.java文档★★
  if (tcpClient.socket == null)                        //TCP通信对象建立失败
  {
    tcpClient = null;
    msg.what = 0;                                       //失败
    handler.sendMessage(msg);                           //handler对象在后面定义了
    return;
  }
  if (!tcpClient.socket.isConnected())
  {                                                     //还没有连接到服务器，开始连接!
     SocketAddressremoteAddr = new InetSocketAddress(ip, port);
     try {
       tcpClient.socket.connect(remoteAddr, 6000);
       } catch (IOException e) {}
  }
  if (tcpClient.socket == null) {
    msg.what = 0;                                       //失败
      handler.sendMessage(msg);
      return;
    }
    msg.what = 1;                                       //成功
    handler.sendMessage(msg);
    }
  }).start();                                           //线程开始运行
  ok = true;
  myTimerRun.run();                                     //3.定时器开始工作，测试连接是否正常
}
public SocketService() {  }                             //构造函数
  @Override
  public IBinderonBind(Intent intent) {
```

```
  return null;
}
public Handlerhandler = new Handler() {//异步处理数据对象
public void handleMessage(Message msg) {
    switch (msg.what) {
      case 0:
        String tcpclientfail = getResources().getString(R.string.tcpclientfail);
        Toast.makeText(SocketService.this, tcpclientfail,
                                        Toast.LENGTH_SHORT).show();
        break;
      case 1:
            break;
        default:
            break;
        }
      }
  };//end of Handler
}
```

从设计中可以看到，服务类主要完成以下两个任务。

（1）建立一个线程，在线程中连接服务端程序并报告连接情况。

（2）建立一个定时器作用的线程，定时测试连接是否在线。

没有看到网络通信数据的收发代码，那么，整个 App 到底是怎样通信的呢？

关键在通信对象 TcpClient 的设计！由于“活动”的不确定性，无法使用 PC 客户端采用的“发布订阅”设计模式，对接收到的网络数据采用了安卓系统的广播机制来处理。以下是通信对象的设计，根据核心协议做了优化处理。

```
package com.eagle.superlink;
import……
public class TcpClient
{
  public final int flag = 0x5A5A5A5A;
  public final int MaxBufferSize = 0x2FFFFF;
  public Socket socket;                    //★★底层使用 Socket 通信★★
  InputStream instream;                    //网络输入流对象
  OutputStream outstream;                  //网络输出流对象
  String ServerIP;                         //保存服务器 IP 地址
  int Port;                                //保存 TCP 端口
  private Contextcontext;                  //保存上下文对象
  static TcpClient tcpClient = null;   //★单例模式：静态私有变量定义★
  private TcpClient(Context context, String IP,int port) //私有构造函数
  {
    this.context = context;                //保存上下文对象：这里是服务单元
    InitSocket(IP,port);                   //初始化 Socket
  }

  public staticTcpClientGetTcpClient(Context context, String IP, int port)
  {//通过公共的静态方法获取私有的通信对象
    if (tcpClient != null) //已经创建
    {
```

```
    if (tcpClient.socket == null)           //Socket 还没有创建
      tcpClient.InitSocket(IP,port);
    return tcpClient;
  }
  tcpClient = new TcpClient(context,IP,port);//创建一个通信对象
  return tcpClient;
}

public static TcpClientGetTcpClient()
{
return tcpClient;
}

private final ReentrantLockreentrantLock = new ReentrantLock();//创建重入锁
public void InitSocket(String IP,int port)   //创建、初始化 Socket 对象
{
  this.ServerIP = IP;
  this.Port = port;
  try
  {
    if (socket != null) socket.close();     //关闭原来的 Socket
    this.socket = new Socket(ServerIP,Port); //★创建新的 Socket 实例★
    socket.setOOBInline(true);
    socket.setReuseAddress(true);           //注意: IP 地址可重用!!
    socket.setReceiveBufferSize(MaxBufferSize);
    socket.setSendBufferSize(MaxBufferSize);
    socket.setTcpNoDelay(true);
    instream = socket.getInputStream();     //保存输入对象
    outstream = socket.getOutputStream();   //保存输出对象
  }
  catch (Exception ex)
  {
    ex.printStackTrace();
    socket = null;                          //创建失败时，设置 Socket 为空
  }
  if (socket != null)                       //★成功创建 Socket 通信对象★
  {                                         //★关键: 创建接收数据的处理线程，见后面代码★
    ReceiveDatareceive = new ReceiveData();
    Thread td = new Thread(receive);
    td.start();                             //立即启动接收数据线程
  }
}
byte[] sendmsg;
Boolean ok = true;

public booleanSendMessage(byte[] msg)       //发送数据的方法
{
  if (socket == null) return false;
  if (!socket.isConnected()) return false;
  try
  {
    sendmsg = msg;
    new Thread(new Runnable() {
```

```
    @Override
    public void run() {                    //★★安卓 7.0之后，必须在线程中发送数据★★
    try
    {                                      //锁定临界资源：该代码同一时间只能有一个线程访问
      reentrantLock.lock();
      outstream.write(sendmsg,0,sendmsg.length);
      outstream.flush();
      Thread.sleep(200);
      ok = true;
    }
    catch (IOException e)
    {
      try {
      socket.close();
      } catch (Exception ex) {}
      ok = false;
    } catch (InterruptedException e) {
    } finally{
          reentrantLock.unlock();                     //无论如何，一定记得释放临界资源
          }
        }
      }).start();                                     //立即运行发送线程
      return ok;
    }
    catch (Exception e)
    {
      e.printStackTrace();
      return false;                                   //发送失败
    }
  }

  public boolean SendMessage(IotDictionary json)   //重载版本
  {
    if (socket == null) return false;
    if (!socket.isConnected()) return false;
    try
    {
      byte[] msg = json.GetBytes();
      return SendMessage(msg);
    }
    catch (Exception e)
    {
      e.printStackTrace();
      return false;
    }
  }

  public void Close()                                //关闭通信对象
  {
    if (socket == null) return;
    try
    {
      instream.close();
```

```
            outstream.close();
            socket.close();
            socket = null;
          }
          catch (Exception ex)
          {
            socket = null;
          }
        }
    class ReceiveData implements Runnable         //★★重点：接收数据的线程★★
    {                                             //终于看到如何接收和处理数据的代码了
      byte[] buffer = new byte[32768];
      Boolean bTwoPart = false;
      byte[] firstPart;
      @Override
      public void run()                           //线程执行代码
      {
        while (true)                              //无限循环
        {
          try
          {
            if (socket == null) break;
            int count = instream.read(buffer);
            if (count > 0)                        //有数据
            {
              byte[] tmp = new byte[count];
              for(int i = 0;i<count;i++) tmp[i] = buffer[i];
              IotDictionary json = IotDictionary.BytesToIotDictionary(tmp, flag);
              if(json != null)                    //完整数据包
              {
                bTwoPart = false;
                ProcessCommand(json);             //★核心机制：调用处理方法★
              }
              else                                //不合法，可能被分成几个包发送过来
              {
                ……                                //处理方法与监控中心中使用的通信对象类似
              }
            }
          }
          catch (Exception ex){}
        }                                         //end of while
      }                                           //线程代码结束

      void ProcessCommand(IotDictionary json) //处理接收的数据
      {
        Intent intent = new Intent("com.eagle.smarthome.TCPDATABROADCAST");
        intent.putExtra("json", json.GetBytes());
        context.sendBroadcast(intent);            //★本地广播★
      }
    }                                             //接收线程对象结束
}                                                 //通信对象结束
```

综上所述，socket 在线程中接收到数据后先做合法性判断，然后把数据打包到意图对象中，用广播的方式把消息传递出去，彻底摆脱对特定活动的依赖。任何对通信有兴趣的活动，只要编写一个广播接收器接收该类广播 "*com.eagle.smarthome.TCPDATABROADCAST*"，就可以获取通信数据，与“发布订阅”设计模式有异曲同工的效果。

虽然通过 socket 发送数据较为简单，但必须注意：它是在线程中完成的。

通信问题解决了。接下来看一些业务模块的设计。

7.3 登录模块的设计

与 PC 客户端的类似，安卓监控 App 提供两种登录方式，且可以建立或删除登录配置项。登录配置项包括登录的监控平台的名称、账号、密码、服务端 TCP/IP 通信参数等。每建立一个配置项，就会建立一个子文件夹来存储有关该监控平台的信息，与 PC 客户端程序一致，如图 7-6 所示。

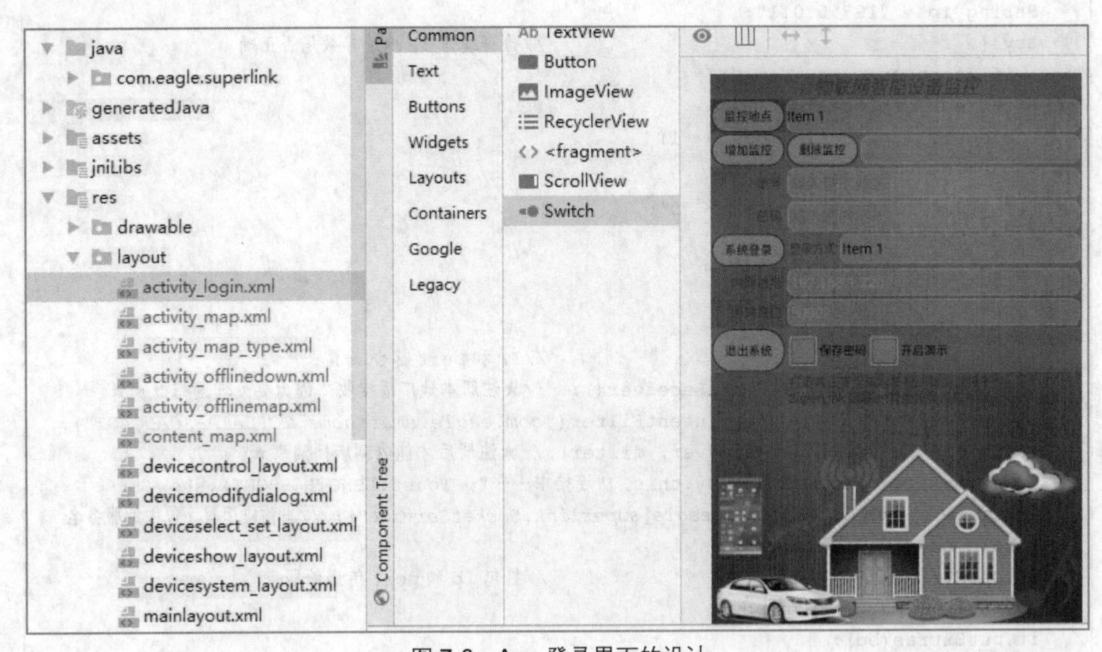

图 7-6　App 登录界面的设计

建立登录配置的有关代码，这里不做介绍，只看登录过程的相关代码。单击【系统登录】按钮，不同的登录方式（内网还是外网），选择不同的通信参数配置 TcpClient 对象。在 LoginActivity.java 文档中，主要的代码片段如下。

```
TcpClient tcpClient = null;
int port = 50001;
private void StartTcpCommunication()             //TCP 连接监控中心
{
    StopTCP();                                    //先停止已有连接
    try                                           //检查通信端口配置参数 port 是否合法
    {
      if (this.connectionmode == 0)
          port = Integer.parseInt(currentHomeLocation.Port1);
```

```
        else if (this.connectionmode == 1)
                port = Integer.parseInt(currentHomeLocation.Port2);
        else if (this.connectionmode == 2)
                port = Integer.parseInt(currentHomeLocation.Port3);
        else
                return;
    } catch (Exception e) {
        e.printStackTrace();
        String ipporterror = getResources().getString(R.string.ipporterror);
        Toast.makeText(LoginActivity.this, ipporterror, Toast.LENGTH_SHORT).show();
        return;
    }
    if (port < 1024 || port > 65535) {
    String ipporterror = getResources().getString(R.string.ipporterror);
    Toast.makeText(LoginActivity.this, ipporterror, Toast.LENGTH_SHORT).show();
    return;
  }
  String ip = "127.0.0.1";
  try {                                           //检查通信 IP 地址参数是否正确
    if (connectionmode == 0)
ip = currentHomeLocation.IP1;
    else if (connectionmode == 1)
ip = currentHomeLocation.IP2;
    else if (connectionmode == 2)
ip = currentHomeLocation.IP3;
    } catch (Exception e) {
        e.printStackTrace();
        return;
    }                                             //IP 和 port 都合法了
  localReceiver = new TCPDataReceiver();  //★注册本地广播接收：因为要处理通信数据★
  IntentFilter filter = new IntentFilter("com.eagle.smarthome.TCPDATABROADCAST");
  registerReceiver(localReceiver, filter);//★注册后才能收到广播消息★
  Toast.makeText(LoginActivity.this, "连接中……", Toast.LENGTH_SHORT).show();
  Intent it = new Intent("com.eagle.superlink.SocketService"); //当前应用程序包中的服务名
  Bundle bd = new Bundle();
  bd.putString("ip", ip);                         //打包 ip 和 port 传递给服务
  bd.putInt("port", port);
  it.putExtras(bd);
  this.startService(it);                          //★引发服务的 onStart 事件,其代码见通信模块的设计★
}
```

设计思路很简单：先建立并注册一个广播接收器，用于接收通信数据；然后把通信参数封装在 Intent 意图对象中，传递参数给通信服务并启动，由服务模块去连接 DMC。

所以，剩下的事情应该是服务单元在后台连接监控中心。如果连接成功，DMC 会发送要求登录的指令；由于登录活动单元注册了广播接收器，所以会接收到通信数据。此时，主要任务就是要处理接收到的数据。我们来看看广播接收器 TCPDataReceiver 类是如何处理数据的，如下所示。

```
class TCPDataReceiver extends BroadcastReceiver {
  @SuppressWarnings("finally")
  @Override
   public void onReceive(Context context, Intent intent) { //收到广播消息事件
```

```
    byte[] data = intent.getByteArrayExtra("json");
    IotDictionary json = IotDictionary.BytesToIotDictionary(data, IotMonitorProto
    col.SHFLAG);
    //客户登录 DMC，只有登录成功才能访问 DMC [login = 1/OK]: 1 要求重新登录，OK 表示登录成功。
    [error = XX]
    String cmd = json.GetStrValueByName("cmd");                  //主指令词条
    if (cmd == null) return;
    if (cmd.equalsIgnoreCase(IotMonitorProtocol.TEXT))           //文本信息: 简单显示一下
    {
      String text = json.GetStrValueByName("text");
      Toast.makeText(LoginActivity.this, text, Toast.LENGTH_SHORT).show();
    }
    else if (cmd.equalsIgnoreCase(IotMonitorProtocol.LOGIN)) //★主要关心登录信息★
    {
      String login = json.GetStrValueByName("login");            //登录词条
      if (login != null && login.equals("1"))                    //要求重新登录
        LoginSystem();                                           //发送登录连接信息
      else if (login != null && login.equalsIgnoreCase("OK"))  //登录成功, 检查操作权限
      {
        chkShowDemo.setChecked(false);                       //一旦登录成功, 进入主控界面
        FileManager.WriteStrings(LoginActivity.this, homesfilename, homes);
        String right = json.GetStrValueByName("right");      //有操作"权限"词条返回
        Intent newintent = new Intent(LoginActivity.this, MainActivity.class);
                                                             //主控活动
        newintent.putExtra("workdir", currentHomeLocation.HomeName);
        //非常重要: 记录登录的是哪个监控平台，workdir 保存其名称
        newintent.putExtra("right", right);
        startActivity(newintent);                            //进入主控活动界面
      }
      else
      { //登录失败错误信息显示: 一般是账号或密码错误
        String error = json.GetStrValueByName("error");
        if (error == null)
        error = getResources().getString(R.string.loginerror);
        Toast.makeText(LoginActivity.this, error, Toast.LENGTH_SHORT).show();
      }
    }      // LOGIN 词条判断结束
  }        //处理广播消息事件结束
}          //类定义结束
```

登录活动界面并不处理过多的指令，只关注登录数据；根据要求发送登录指令，或者收到登录成功信息后转到主控界面。

7.4 主控界面的设计

App 主控界面的设计如图 7-7 所示，主要由 4 个部分组成。

常用功能操作区中展示了几个操作按钮，方便快速进入特定界面。

场景任务显示区用于显示系统设置的场景任务。

信息更新操作区主要用于获取监控中心的相关数据并保存到本地。可以关闭或启动某个监控进程 DMP。

DMP 显示区显示所有监控进程 DMP 的基本信息，方便用户选择 DMP 进入具体设备的操

控界面。

在主控界面并未设计直接操控具体设备的区域。原意是想在该界面按各种分类方法（如位置、名称、类型等）显示关注的设备，方便用户操作。但因为时间关系没有实现，留待读者完善。

图 7-8 所示是 App 在登录具体监控平台后实际显示的界面。

左边是第一次进入监控主界面时的情形，由于还没有从监控平台获取监控的相关信息，因此没有显示内容；右边是获取了 DMC 信息后呈现数据的界面。

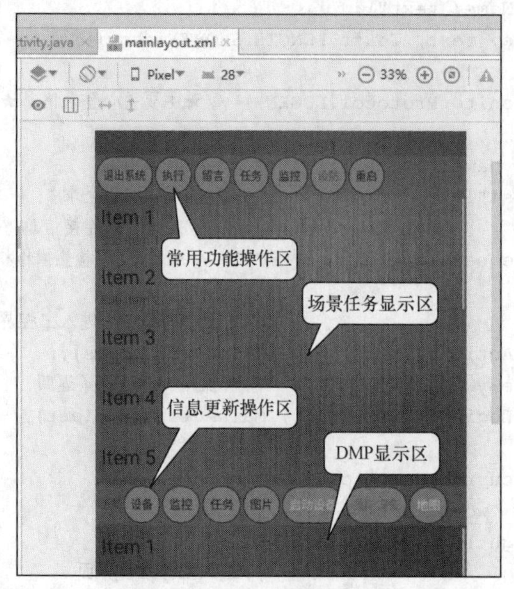

图 7-7 App 主控界面的设计

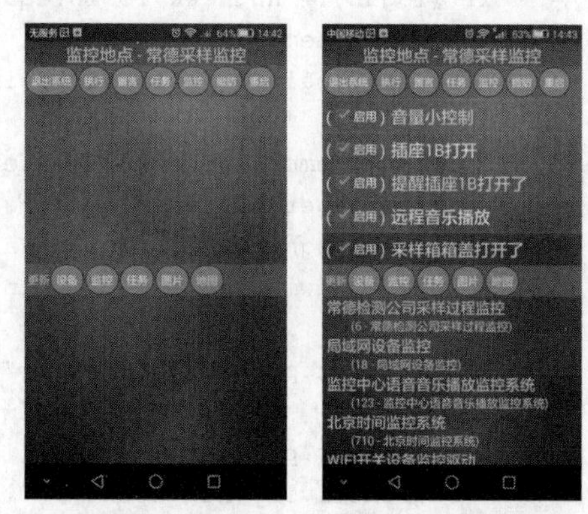

图 7-8 App 主控界面的运行界面

首先要实现的功能是从 DMC 获取平台相关信息。与 PC 客户端监控程序一样，主要有 4 种信息要获取：DMP 信息（设备信息）、场景任务信息、智能监控配置信息、图片信息。

MainActivity.java 是主控界面的源代码文件。由于要进行通信，故在启动事件代码里获取通信对象，并建立广播接收器，如下所示。

```
TcpClient tcpClient;
@Override
protected void onCreate(Bundle savedInstanceState)
{
......
    tcpClient = TcpClient.GetTcpClient();          //★通过静态方法获取通信对象★
    localReceiver = new TCPDataReceiver();         //★注册本地广播接收器★
    IntentFilter filter = new IntentFilter("com.eagle.smarthome.TCPDATABROADCAST");
    registerReceiver(localReceiver,filter);
}
```

单击【设备】按钮，发送请求设备信息指令，等待广播接收器传递的信息，代码如下。

```
private void GetAllDeviceSystem() //获取所有安装的设备系统文件 DMP
{
  try {
    IotDictionary json = new IotDictionary(IotMonitorProtocol.SHFLAG);
    json.AddNameValue("cmd", IotMonitorProtocol.AppSTATE);
```

```
    TcpSend(json);
  }
  catch (Exception ex) {
    ex.printStackTrace();
  }
}
```

广播接收器类负责处理接收的数据，这里只关注 DMP 状态信息（AppSTATE）的处理，其他指令的处理都是类似的，与 PC 客户端程序一样，请读者自行阅读。

```
private TCPDataReceiverlocalReceiver;
class TCPDataReceiver extends BroadcastReceiver                    //处理接收到的数据
{
  @Override
  public void onReceive(Context context, Intent intent)         //接收数据处理方法
{
  byte[] data = intent.getByteArrayExtra("json");
  IotDictionaryjson = IotDictionary.BytesToIotDictionary(data,
                                   IotMonitorProtocol.SHFLAG);
  String cmd = json.GetValue("cmd");
  if (cmd.equals(IotMonitorProtocol.AppSTATE))
  {   //获取所有 DMP 状态[stream = 文件内容][id = 0]，无 id 获取总 App 文件
      ProcessAppSTATE(json);
  }
  else {  ……  }
 }
}
```

ProcessAppSTATE 方法处理接收的具体 DMP 的信息，与 PC 客户端程序类似，代码如下。

```
private void ProcessAppSTATE(IotDictionary json)
{
   String id = json.GetStrValueByName("id");
   if (id == null)
   {//★★保存整个设备系统信息的文件：DMP 列表★★
       String appfn = "iotMonitorSystems.dmp";
       byte[] cont = json.GetValueByName("stream");
       if (cont != null)
       {
           WriteBytesToFile(appfn, cont);                  //★★写入文件保存★★
           //★★从文件重新读入 AppS（DMP 列表）并显示★★
           LoadInstalledDeviceSystem();
           devicedownposition = 0;
           SendGetDeviceInfo(devicedownposition++);      //发出请求具体 DMP 信息的指令
       }
       return;
   }
   String state = json.GetStrValueByName("state");
   if (state != null)  //查询监控进程 DMP 是否启动的词条
   {
       if (!GetStartDeviceRight()) return;
       if (selecteHome == null) return;
       if (id.equals(selecteHome.appid+"") )
```

```
        {
        this.btnStartDevice.setVisibility(state.equals("0")? View.VISIBLE:View.GONE);
        this.btnStopDevice.setVisibility(state.equals("1")? View.VISIBLE:View.GONE);
    }
    return;
}//以下为具体 DMP 登记的设备信息：注意文件名的写法
String fn = "monitorSystem" + id + ".iot";      //保存某个具体设备系统信息的文件
ShowHint(fn);                                   //显示一下
byte[] st = json.GetValueByName("stream");      //具体内容词条
if (st != null)WriteBytesToFile(fn, st);         //★★写入文件保存★★
if(devicedownposition<InstalledDeviceSystem.SmartHomeChannels.size())
      SendGetDeviceInfo(devicedownposition++); //再次请求设备系统信息 DMP 文件
else
   UpdatePicture();                             //需要更新图片指令
}
```

数据的呈现使用的是安卓里最常用的“列表控件+适配器”的编程方式，代码较多，但没有什么高深的技巧，请读者自行阅读。

场景任务信息的获取过程是类似的。下面看“执行”任务的功能。该功能在 App 里很常用，因为我们一般不会具体操控一个一个的设备，而是一键执行所有操作。App 一键操作只是把要执行的任务名称传递给监控中心，并不会一条一条地发送其中的控制设备指令，方便快捷，代码如下。

```
private void SetbtnExcuteTaskClick()
{
    btnExcuteTask.setOnClickListener(new View.OnClickListener()  //执行任务
    {
        @Override
        public void onClick(View v)
        { //RUNTASK = "509", 通知 DMC 执行某个任务[task = fn][timed = 1][starttime =
        second]
        if (selectedPlansItem == null) return;                  //还没有选中某个任务
        if (!selectedPlansItem.Used)
        {
            Toast.makeText(MainActivity.this, "该任务场景被禁止执行",
            Toast.LENGTH_LONG).show();
            return;
        }
        IotDictionary json = new IotDictionary(IotMonitorProtocol.SHFLAG);
        json.AddNameValue("cmd", IotMonitorProtocol.RUNTASK);        //★★509 指令★★
        json.AddNameValue("task", selectedPlansItem.PlanFileName);  //★★任务名称★★
        json.AddNameValue("timed", "0");                       //注意: 执行的都是非定时任务
        json.AddNameValue("starttime", "0");
        TcpSend(json);                                         //使用通信对象发送数据给 DMC
        }
    });                                                        //单击事件响应代码结束
}
```

如果该任务的执行时间比较长（如 5 分钟），在任务执行没有结束前，重复发送该任务执行指令，DMC 会回传信息“任务已经在执行”。

编程体验：不得不感叹，Visual Studio 的编程效率确实比 Android Studio 的编程效率高。特

别是对于各种事件响应的编码，在 Android Studio 中，需要浪费大量时间去写重复的框架，无法集中精力专注业务逻辑的设计。

改进想法： 直接通过 Android 的语音识别功能下达任务的执行指令。因为现代移动设备大都具备了语音识别功能，语言交互成为“时尚”的操控方式。有志的读者，可完善该功能。

7.5 设备监控界面的设计

在图 7-8 所示的界面中，双击或长按一个监控进程会进入设备监控页面。尽管在 App 中操控具体设备比较麻烦，尤其是工业现场可能有多达几百或几千个设备，选择一个设备有点困难，但这一功能还是有必要的，因为我们是想要查看它的状态，而非控制它。本 App 的设计思路如下。

首先，在主控界面选择监控进程 DMP，这样就缩小了选择范围。其次，在选择的 DMP 中，以下拉框的方式呈现设备系统、设备子系统、设备，这样可以逐层选择。最后，以列表方式呈现某个具体设备的所有子设备的状态信息。读者也可以设计搜索功能，方便快速找到具体设备。

选择一个子设备，发送获取子设备信息的指令到监控中心 DMC，DMC 转发指令到指定的 DMP。DMP 通过设备监控驱动中间件发送本地指令给设备，由设备返回需要的信息类型，沿原路到达 App。App 更新子设备状态显示。

如果选择的是输出型子设备，可以发送相应的控制指令，沿同样的路径传递到设备，从而控制子设备工作。一般地，子设备会把最新的状态数据回传到 App，App 可更新子设备状态。

提示： 实际上，任何设备的信息，只要上传到 DMC，DMC 就会把信息转发到在线的客户端程序，包括 App；因此，在线客户端程序中，设备的状态信息显示是同步的。

图 7-9 所示是两个不同设备的监控界面。

在图 7-9 所示界面中，一个设备的同一类型的子设备会连续显示。显示时，DI 子设备先显示，然后 DO 子设备显示，再按 AI、AO、SI、SO 的顺序显示，方便选择。当选中输出子设备时，3 个输出控制按钮“DO 切换”“控制 AO”“控制 SO”会自动被激活。

监控模块的业务流程如图 7-10 所示。

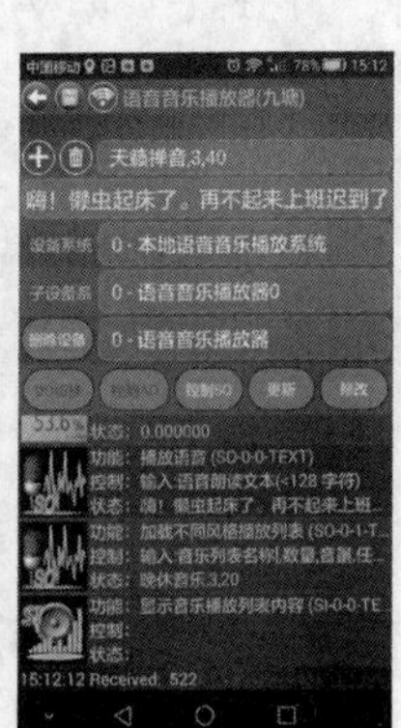

图 7-9　设备监控界面

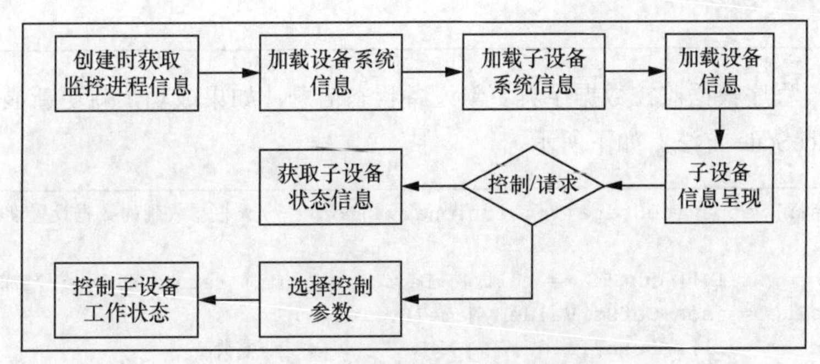

图 7-10　监控模块的业务流程图

对于控制参数，我们将其存储在一个文件中，以下拉框方式显示，方便用户选择（代码请读者自行阅读）。我们经常使用同样的参数控制某个具体设备，所以无须每次输入控制参数是很有必要的。由于输出子设备有 DO、AO、SO 3 种类型，因此控制界面提供了【DO 切换】【控制 AO】【控制 SO】3 个按钮来发送不同参数的监控指令。相关源代码极其简单，请读者自行阅读。

设计改进：尽管子设备信息呈现了其操作参数，提供了操控提示，我们根据提示可保存很多控制参数，方便选择，但需要改变参数时，比较麻烦，例如，AO 子设备需要输入不同数字字符串。

改进想法： 可以根据子设备类型提供不同控件来操控子设备。例如，对控制 DO 子设备（电源开关、插座开关）使用开关控件，对 AO 子设备使用仪表盘、可调数码管等控件，触摸单击就可改变控制数值。

与监控主界面一样，设备监控界面需要与 DMC 通信，所以要获取通信对象，还要建立广播接收器。只不过接收器最关注的是设备状态信息指令。DeviceControlActivity.java 文档中相关代码片段如下。

```
private TCPDataReceiver localReceiver;
class TCPDataReceiver extends BroadcastReceiver                    //处理接收到的数据
{
    @Override
    public void onReceive(Context context, Intent intent) {  //★消息接收处理代码★
    byte[] data = intent.getByteArrayExtra("json");
    IotDictionary json = IotDictionary.BytesToIotDictionary(data,
                                                   IotMonitorProtocol.SHFLAG);
    if (json == null)return;
    String cmd = json.GetStrValueByName("cmd");
    String value = json.GetValue("value");
    if (value != null)                                              //显示收到的指令
        datahint.setText(getNowDate() + " Received:  " + cmd+ ","+value);
    else
        datahint.setText(getNowDate() + " Received:  " + cmd);
    if (cmd.equals(IotMonitorProtocol.DEVSTATE))    //关注状态指令 DEVSTATE = "506"
    {
        if (selectedSubDevice != null)
        {
            if (SetDeviceState(json))                               //更新子设备状态信息
                deviceadapter.notifyDataSetChanged();          //通知适配器更新显示数据
        }
    }
}
```

可以看到，程序根据监控数据字典更新设备状态信息，如果成功，就更新显示界面。关键代码是 SetDeviceState 方法，如下所示。

```
private Boolean SetDeviceState(IotDictionary json)  //★根据收到的数据设置设备的状态★
{
    if (curDS == null || curSDS == null || Device == null) return false;//当前没有选择设备
    String value = json.GetStrValueByName("value");
    if (value == null)return false;                        //意外
    String sappid = json.GetStrValueByName("dmid"); //以下 5 层标识获取
```

```
if (sappid == null)return false;
short id = Short.parseShort(sappid);       //DMID
if (id != appid)return false;              //不是选中的监控系统，不处理
String sdsid = json.GetStrValueByName("dsid");
if (sdsid == null)return false;
short dsid = Short.parseShort(sdsid);
if (dsid != curDS.DSID)  return false;     //不是选中的设备系统，不处理
String sssid = json.GetStrValueByName("ssid");if (sssid == null)return false;
short ssid = Short.parseShort(sssid);
if (ssid != curSDS.SSID)return false;      //不是选中的子设备系统，不处理
String devid = json.GetStrValueByName("did");if (devid == null)return false;
short dvid = Short.parseShort(devid);
if (dvid != Device.DID)return false;       //不是选中的设备，不处理
String type = json.GetStrValueByName("type");
if (type == null)return false;
String subid = json.GetStrValueByName("sdid");
if (subid != null)                         //是单独的子设备的状态数据
{
    ProcessOneSubDeviceForAllType((short)appid, Short.parseShort(devid),
                              (short) Integer.parseInt(subid), type, json);
    return true;
} else //是所有该类子设备的状态数据集合，必须是字符串集合
{//对 6 种子设备类型逐一判断处理。因为设备描述协议设计得当，可以穷举
    if (type.equals(DeviceType.DO.name())) {//1.DO 子设备信息
    int dvlen = Device.DODevices.size();
    for (int i = 0; i<Math.min(value.length(), dvlen); i++)
    ProcessOneSubDevice(appid, Short.parseShort(devid),
                   Device.DODevices.get(i).SDID, type,value.substring(i,
                   i+1));
    return true;
    }
else if (type.equals(DeviceType.DI.name())) {//2.DI 子设备信息
    int dvlen = Device.DIDevices.size();
    for (int i = 0; i<Math.min(value.length(), dvlen); i++)
    ProcessOneSubDevice(appid, Short.parseShort(devid),
            Device.DIDevices.get(i).SDID, type, value.substring(i, i+1));
    return true;
    }
else if (type.equals(DeviceType.SO.name())) {//3.SO 子设备信息
    int dvlen = Device.SODevices.size();
    String[] val = value.split("\\*");
    for (int i = 0; i<dvlen; i++)
    if (i<val.length)
        ProcessOneSubDevice(appid, Short.parseShort(devid),
                    Device.SODevices.get(i).SDID, type, val[i]);
    else
        ProcessOneSubDevice(appid, Short.parseShort(devid),
                    Device.SODevices.get(i).SDID, type, "");
    return true;
    }
else if (type.equals(DeviceType.SI.name())) {//4.SI 子设备信息
    int dvlen = Device.SIDevices.size();
    String[] val = value.split("\\*"); //("\\|")
    for (int i = 0; i<dvlen; i++)
    if (i<val.length)
        ProcessOneSubDevice(appid, Short.parseShort(devid),
```

```
                                    Device.SIDevices.get(i).SDID, type, val[i]);
        else
            ProcessOneSubDevice(appid, Short.parseShort(devid),
                                    Device.SIDevices.get(i).SDID, type, "");
        return true;
    }
    else if (type.equals(DeviceType.AI.name())) {  //5.AI 子设备信息
        int dvlen = Device.AIDevices.size();
        String[] val = value.split(",");
        for (int i = 0; i<Math.min(val.length, dvlen); i++)
        ProcessOneSubDevice(appid, Short.parseShort(devid),
                                  Device.AIDevices.get(i).SDID, type, val[i]);
        return true;
    } else if (type.equals(DeviceType.AO.name())) { //6.AO 子设备信息
        int dvlen = Device.AODevices.size();
        String[] val = value.split(",");
        for (int i = 0; i<Math.min(val.length, dvlen); i++)
            ProcessOneSubDevice(appid, Short.parseShort(devid),
                              Device.AODevices.get(i).SDID, type, val[i]);
        return true;
    }
}
return false;
}
```

真正处理更新子设备状态代码的方法是 ProcessOneSubDevice 方法。该方法代码近 100 行，请读者自行阅读。需要注意的是，除了修改子设备的状态数据，还要更改其显示图片。

7.6 场景任务的编辑

与 PC 客户端程序一样，在获取 DMC 的场景任务信息后，可视化方式呈现其内容，并提供编辑界面：包括定时执行的时间序列和设备控制动作序列。

图 7-11、图 7-12 所示是 App 端有关场景任务 UI 设计的实际运行界面。

在图 7-8 所示的主控界面单击【任务】按钮，进入图 7-11 所示界面。该界面提供对场景任务的增、删、保存操作，提供对任务定时执行的时间序列的编辑（增、删、改、保存）操作。当前选择的“鱼缸充氧”任务含两个控制动作，其一是开启鱼缸充氧开关，其二是 5 分钟后关闭开关，停止充氧。

双击或长按某个任务内容项，进入图 7-12 所示界面。该界面提供对某个场景任务内容的修改操作，可以对监控平台内的任何输出型子设备进行控制。

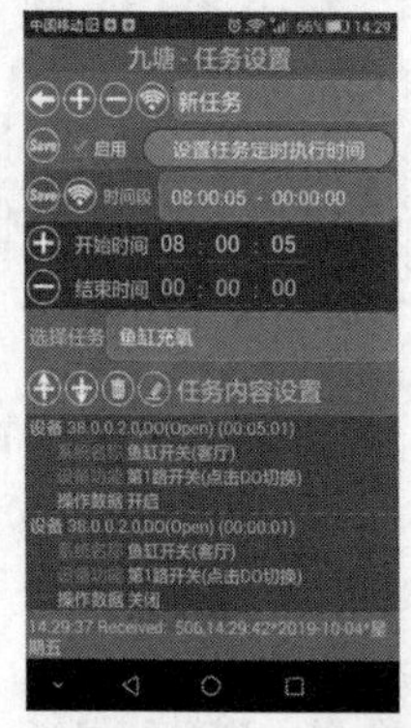

图 7-11 任务呈现、定时设置界面

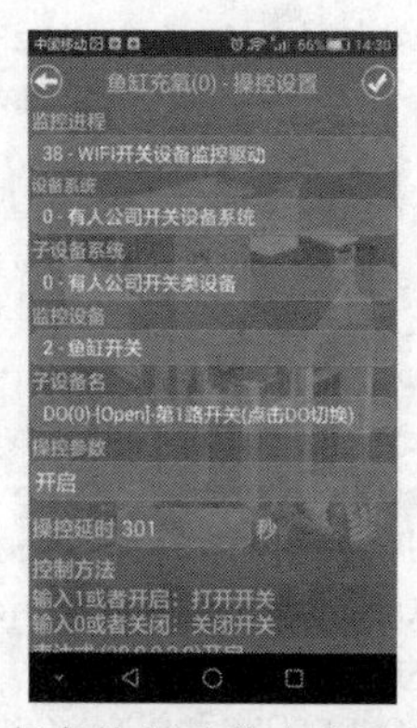

图 7-12 任务执行动作内容编辑界面

UI 设计显得有些凌乱，但业务流程还是很清晰的。数据的呈现使用了“列表控件+适配器”的经典方式，代码较多，请读者自行阅读。

图 7-13 所示是该模块的业务流程图。

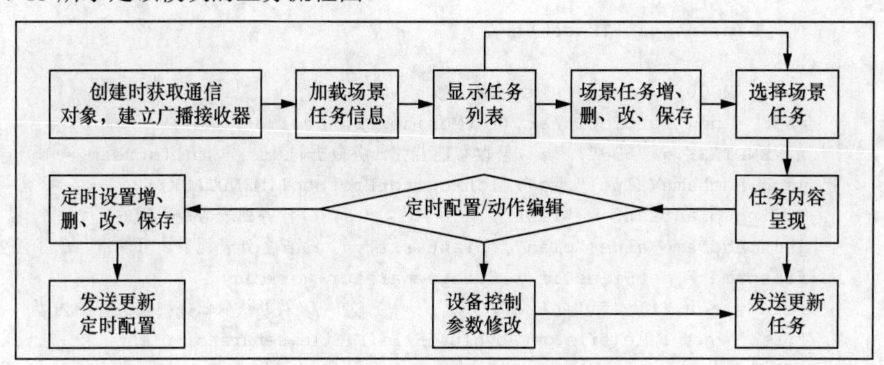

图 7-13 场景任务模块业务流程图

接收 DMC 的场景任务信息的代码在主控界面实现了，保存在文档中。App 编辑活动 TaskSetActivity 只是重新从文件加载显示而已。这里介绍一下发送更新后任务信息的逻辑，如下所示。

```
private void SetimgSendClick()                              //发送更新任务
{
    imgSend.setOnClickListener(new View.OnClickListener()
    {
        @Override
        public void onClick(View v)
        {
            if (currenttask < 0) return;             //判断有无任务选中
            IotDictionary json = new IotDictionary(IotMonitorProtocol.SHFLAG);
            //MENDTASK = "508";   //修改智能监控任务数据[task = fn][stream = byte[]]
            json.AddNameValue("cmd", IotMonitorProtocol.MENDTASK);
            String taskact = alltasks.Items.get(currenttask).PlanFileName;//任务文件名
            json.AddNameValue("task", taskact);      //具体任务词条!
            String filename = getFilesDir()+File.separator+workdir;//以下获取文件内容
            File file = new File(filename);          //文件操作是编程的基本功，务必熟练掌握
            File file2 = new File(file.getAbsoluteFile()+File.separator+taskact+".act");
            if (!file2.exists())  return;
            FileInputStreambr = null;
            try
            {
                br = new FileInputStream(file2);
                int size = (int)file2.length();
                byte[] nr = new byte[size];
                try {
                    br.read(nr, 0, size);
                    br.close();
                    json.AddNameValue("stream", nr);//内容词条
                    String xt = json.toString();
                    tcpClient.SendMessage(json);    //发送当前任务到 DMC
                } catch (IOException e) {
                    e.printStackTrace();
```

```
                }
            }
            catch (FileNotFoundException e)
            {
                e.printStackTrace();
            }
            Delay(2000);            //延时2秒
            json = new IotDictionary(IotMonitorProtocol.SHFLAG);
            //MENDTASK = "508";   //修改智能监控任务数据[task = fn][stream = byte[]]
            json.AddNameValue("cmd", IotMonitorProtocol.MENDTASK);
            String plantaskt = "Task";                   //任务列表名是固定的
            json.AddNameValue("plan", plantaskt);   //任务列表词条，可能增、删了任务
            filename = getFilesDir()+File.separator+workdir;
            file = new File(filename);                   //以下获取任务列表文件的内容
            file2 = new File(file.getAbsoluteFile()+File.separator+plantaskt+".tsk");
            if (!file2.exists())  return;
            br = null;
            try
            {
                br = new FileInputStream(file2);
                int size = (int)file2.length();
                byte[] nr = new byte[size];
                try {
                    br.read(nr,0,size);br.close();
                    json.AddNameValue("stream", nr);//内容词条
                    String xt = json.toString();
                    if (tcpClient.SendMessage(json))
                    Toast.makeText(TaskSetActivity.this, getResources().getString(
                            R.string.sendactionok), Toast.LENGTH_SHORT).show();
                    }
                    catch (IOException e) {
                        e.printStackTrace();
                    }
                }
                catch (FileNotFoundException e)
                {  e.printStackTrace();  }
            }    //end of onClick
        });      //事件响应代码结束
}
```

首先判断是否选中了一个具体任务，然后把保存了的当前任务的文件内容发送给 DMC。由于可能增加、删除了一些任务，任务列表也会有变化，因此把新的任务列表文件也发送到 DMC，保持任务数据一致。

改进想法： DMC 保存的是最近一次客户端修改的结果。当多个客户端程序都有权限修改任务数据时，修改更新可能导致数据的丢失。读者可设计复杂的应答机制来确认信息的更新，防止意外删除或修改。

7.7 智能监控的编辑

Android UI 设计文档 monitor_set_layout.xml 的呈现如图 7-14 所示，MonitorSetActivity.java

是其逻辑实现文档。UI 大量使用下拉框来展现设备的层次结构，提供了对监控配置的增、删、改、保存操作；提供了对具体监控条件内容的增、删、改、保存操作；提供了更新监控配置到 DMC 的操作。

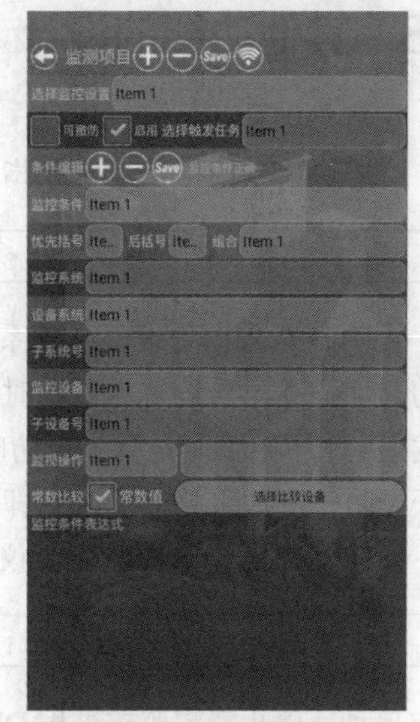

图 7-14　智能监控配置编辑 UI 设计

在图 7-8 所示的主控界面单击【监控】按钮，进入图 7-15 所示界面。

图 7-15 所示是一个监控配置（监控项目）的实际运行界面，提供了监控配置的增、删、改、保存操作。

图 7-16 所示是某个具体监控条件在进行子设备间状态数据比较时的选择界面，与 PC 客户端程序的几乎一样。

UI 设计涉及的代码较多，但不难，请读者自行阅读。

通信的处理与场景任务模块的处理类似，只是关注的主指令不一样而已。为节省篇幅，这里不做详细介绍，请读者参阅配套资源中的源代码。

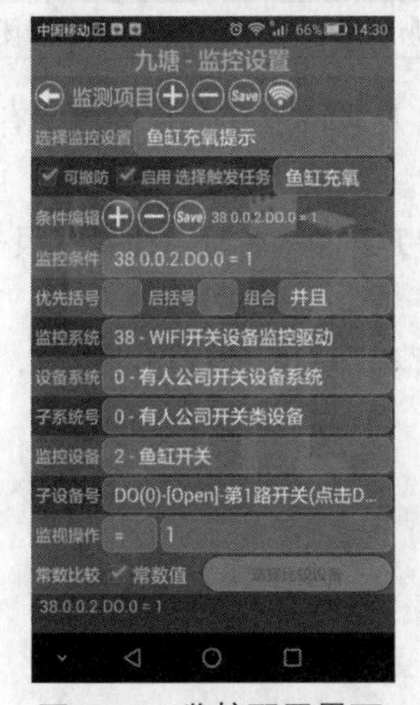

图 7-15　监控配置界面

图 7-16　监控条件对象选择界面

图 7-17 所示为该模块的业务流程图。

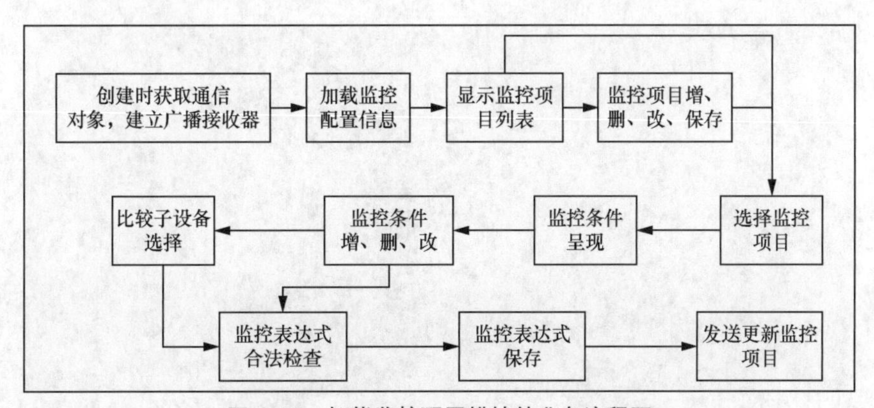

图 7-17　智能监控配置模块的业务流程图

7.8 其他功能的设计

在客户端程序，可以提供一些功能方便用户之间交流。监控 App 提供了简单的文本留言功能，监控协议专门提供了一个指令来协助。设计较简单，请参阅配套资源。

```
public static string MESSAGE = "516";   //移动端留言给服务器
```

设防和撤防也是设备监控系统常用的功能。监控配置模块的设计对监控项目做了是否可撤防的属性描述。当设置为设防时，DMC 会检查该监控项目的监控条件是否满足，条件满足时，触发任务的执行；而设置为撤防时，DMC 直接忽略监控项目。这种情况很常见，比如监控路灯，白天设防——如果打开了，立即关闭；而晚上可撤防，无须监控，可随时打开路灯。

设防和撤防指令在监控协议中定义，代码如下。

```
public static string SETALARM = "515";  //设防/撤防
```

启动或停止特定监控进程 DMP 的工作在 App 中做了实现，当然是权限允许的情况下。特殊情况下，可能需要停止监控一些设备系统，该功能的指令在监控协议中做了定义，如下所示。

```
public static string AppSTATE = "501";   //获取所有 DMP 程序状态，可以再开闭 DMP
```

App 中的地图显示功能留待读者完成，可参考 PC 客户端的程序。百度地图有专门针对安卓系统的地图 SDK。

自此，安卓客户端监控程序的设计介绍完毕。由于和 PC 客户端监控程序有很多相似之处，介绍相对简单。解决方案只是换了一门开发语言而已。

有安卓开发基本能力的读者，一个月之内应该能理解和掌握监控程序的内容，并可进行扩展修改，比如，开发专用的监控设置。

App 使用的具体操作，请观看配套资源中的视频。

第 8 章 设备监控驱动中间件的设计

重量级的设计终于登场了。万物互联的解决方案依赖着这些程序。全栈项目生成的系统，其监控中心是部署在本地服务器上的，支持多种方式与具体设备交互，这与目前行业巨头们实施的基于云平台的单一通信方式有很大不同，特别是对于安全性、通信多样性的工业物联网，智能大厦等，有着举足轻重的作用。

中间件技术是众多软件设计所需要的技术，主要解决不同系统之间数据的交互问题。全栈开发项目没有对设备商的产品设计做任何硬件上的限制，它们可以自由选择需要的处理器、通信芯片、外围电路和器件，充分发挥设备商的创新能力，专注产品的基本功能、可靠性、安全性。对设备的智能监控的要求可以弱化，大都交给监控平台去实现。只需为设备编写一个监控驱动程序，就可以无缝接入监控平台，在监控平台的帮助下，实现设备互联互通和智能监控。监控驱动程序的设计是纯粹的软件设计，只要求对设备的控制程序做适当的适配修改，就可以与驱动程序交互，从而接入监控平台。对传统设备的升级改造，成本低，技术难度小。如果设备有二次开发能力，只要提供其二次开发的 SDK，完全可以不对硬件设备做任何的软硬件改动，就可以编写出监控驱动程序。当然，对没有通信接口的设备，还是需要增加一些硬件器件的。例如，增加串口通信芯片实现可靠的有线通信（大多单片机系统都有串口通信功能），或者增加串口转 Wi-Fi 的芯片实现无线通信（目前设备“智能化”改造的常用方法）。

监控驱动中间件程序 DMM（Device Monitor Middleware）主要是在监控平台与具体硬件设备间充当协议翻译的作用。根据设备与监控进程 DMP（DMM 的使用者）的通信方式的不同，我们介绍几个最“经典”的 DMM 的设计。通过熟悉 DMM 的开发流程和技巧，帮助开发者掌握对其他设备的 DMM 的开发技能。

每个监控驱动的开发项目也可作为一个综合实验供教学使用。

对驱动开发者或设备商的建议：内部建立稳定成熟的通信协议，这样内部的系列产品只需要编写一个通用的监控驱动程序即可，无须为每个单独的设备编写一个独立的监控驱动。毕竟，监控中心能管理的设备驱动也是有限的，目前我们设置的最大数是 99 个。但实际上，运行 99 个进程会给操作系统带来极大的资源开销，甚至令其无法承受。

下面从一个简单的项目开始介绍。

8.1 使用共享内存通信的中间件的设计

设计目标：对监控中心的时钟进行监控。把时钟作为一个设备来进行统一的管理，而不是在 DMC 的程序代码中，直接使用本地时间来进行与时间有关的监控处理。

我们有众多对时间监控的需求，且时间监控有着重要的意义。比如，一个控制灯光的智能开关，我们期望在白天的时候它不被打开以便节能。对于一个物理上的开关，我们无法控制使用者有意或无意地打开它，但我们可以在 DMC 上监控它：当发现白天灯被打开，可以立即关闭该智能开关，并通过语音系统提示使用者“为节约能源，白天该灯不能被打开”。这里的智能监控项涉及两个条件：一是开关打开状态，二是时间是在 8:00～17:00。时间状态信息的来源，就是时间监控驱动程序。

图 8-1 所示是该项目在 VS 中的结构。该项目 iotTimeDriver 放在 Drivers 目录下。

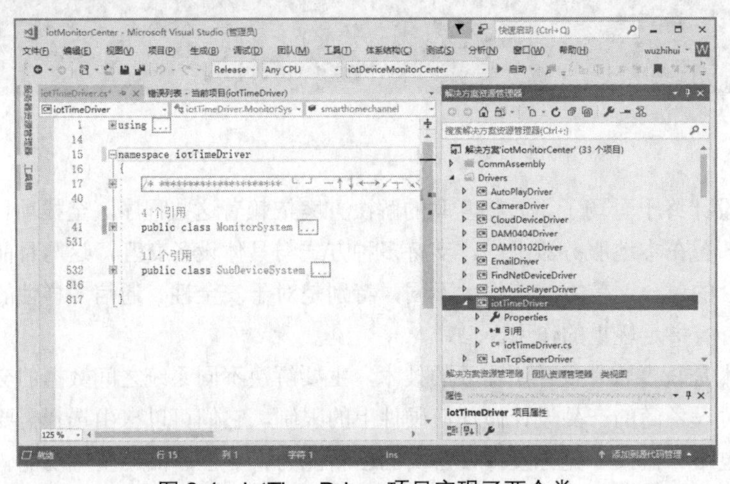

图 8-1 iotTimeDriver 项目实现了两个类

除引用通用的监控协议类库 SmartControlLib.dll 外，该项目只有一个 C#文档 iotTimeDriver.cs，其中设计了两个类，通过 VS 的“查看类图”（需要自己去下载安装，网上有很多说明）可以了解这两个类的大致结构，如图 8-2 所示。它们继承了在 SmartControlLib 中实现的两个类，这些类提供了通用的数据存储读写方法；对于控制设备工作的可变部分，实现了两个接口。这些接口方法实现了监控协议，在 DMC 与设备间提供了透明的数据格式转换机制，这正是我们需要实现的地方。根据内部数据转换要求，我们还需要添加一些私有的属性和方法，协助完成工作。

图 8-2 iotTimeDriver.cs 中定义的类的结构

8.1.1 监控系统类 MonitorSystem

在设备描述协议中(见图 1-9),最顶层的描述就是监控系统接口。部分功能在 MonitorSystemBase 中实现了（见 SmartControlLib 项目），故按下面的继承方式定义了该具体设备系统。

```
public class MonitorSystem : MonitorSystemBase, IMonitorSystemMethod
//物联网设备监控系统: 类名必须统一设计为"MonitorSystem"
{......  }
```

而 IMonitorSystemMethod 接口的实现是重要内容，是控制不同设备工作的可变部分。

图 8-3 所示为监控系统对象的工作流程。

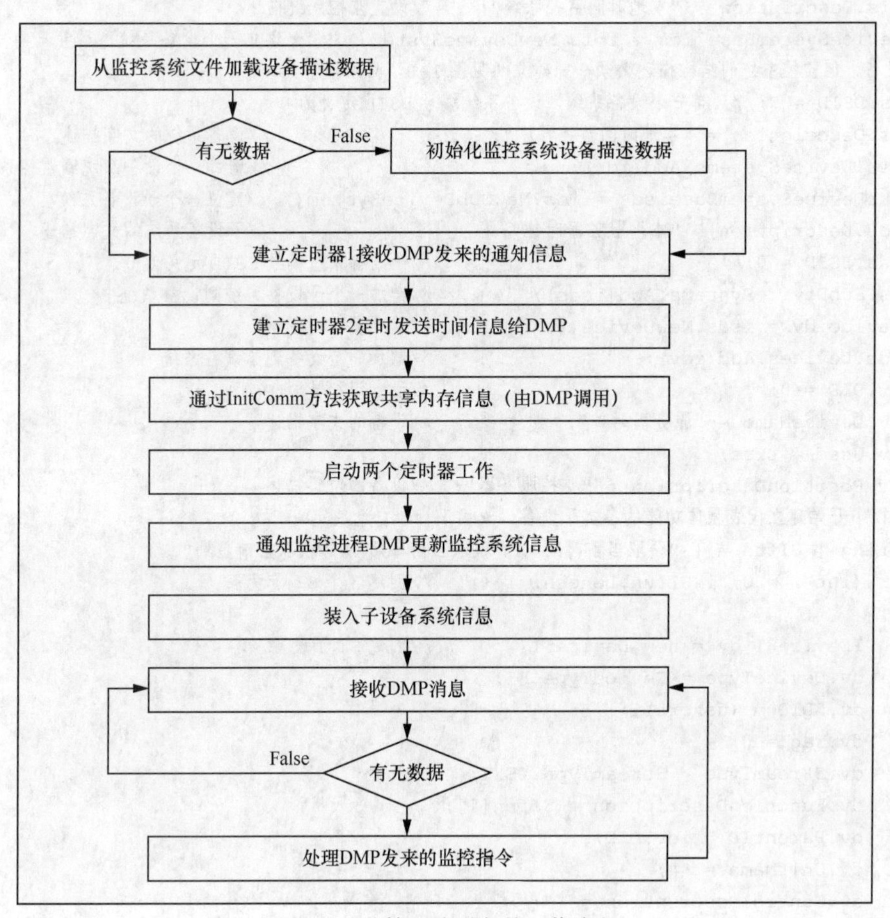

图 8-3 监控系统对象的工作流程

注意： MonitorSystem 的构造函数并没有修改与设备的通信方式，默认是其父类的通信方式，如下所示。

```
public MonitorSystemBase(string _filename) //带参数的构造函数
{
    FileName = _filename;
    DeviceSystems = new List<IDeviceSystemBase>();
    ReadFromFile(FileName);                  //从文件加载所有设备系统的信息
    CommType = CommMode.SHAREMEMORY;         //默认通信方式为本地进程间通信（消息队列）
    bserver = true;                          //DMM 作为客户端，设备系统作为通信服务器
}
```

下面来看几个重要的私有方法和接口方法的设计与实现。

1. 设备系统初始化 InitDeviceSystem

IMonitorSystemMethod 接口类定义了该接口方法。当一个设备系统初次接入监控平台时，就会有一个初始化过程。“时钟设备”只是借鉴计算机的时间设计的一个虚拟设备，没有物理上的真正时钟。代码设计如下。

```
public void InitDeviceSystem()
{
    Clear();                                        //私有方法，清除所有设备数据
    this.Description = "本地时间监控系统";    //设置监控系统描述
    IDeviceSystemBase ids = this.NewDeviceSystem();//★建立一个设备系统，尽管只有一个虚拟
的时钟设备，但监控系统的结构描述必须一一建立（见图1-9，必须理解）★
    ids.DSID = 0;//只有一个设备系统，设备系统编号DSID定义为0
    ids.Description = "本地时间监控程序";                 //设备系统的文字描述
    this.DeviceSystems.Add(ids);                          //增加一个设备系统到监控系统
    IsubDeviceSystemBaseisds = ids.NewSubDeviceSystem();//建立一个子设备系统
    isds.Description = "本地服务器时钟";                  //子设备系统的文字描述
    isds.SSID = 0;                               //子设备系统编号SSID定义为0
    ids.SubDeviceSystems.Add(isds);              //增加一个子设备系统到设备系统中
    IDeviceidv = isds.NewDevice();               //建立设备对象
    isds.Devices.Add(idv);                       //增加一个设备到子设备系统
    idv.DID = 0;                                 //设备识别号DID
    idv.DeviceName = "服务器时钟";               //设备的文字描述
    idv.Used = true;
    idv.PositionDescription = "监控服务器";  //设备的位置描述
    //以下开始建立代表具体功能的各类子设备：★由设计者自己决定★
    string[] SIfun = { "获取当前时间", "获取当前日期", "获取当前星期" };
    for (int i = 0; i<SIfun.Length; i++)   //创建3个SI子设备
    {
        IDeviceSI dv = new DeviceSI();     //创建SI子设备
        dv.DeviceType = DeviceType.SI;
        dv.SDID = (ushort)i;
        dv.Tag = 0;
        dv.StreamType = StreamType.TEXT;
        dv.FunctionDescription = SIfun[i];
        dv.ParentID = idv.DID;
        dv.UnitName = "";
        dv.ControlDescription = "";
        idv.SIDevices.Add(dv);              //添加子设备
    }
    string[] SOfun = { "设置当前日期", "设置当前时间" };
    string[] SOOper = { "输入格式YYYY-MM-DD", "输入格式HH:MM:SS" };
    for (int i = 0; i<SOfun.Length; i++)   //添加2个SO子设备
    {
        IDeviceSO dv = new DeviceSO();
        dv.DeviceType = DeviceType.SO;
        dv.SDID = (ushort)i;
        dv.StreamType = StreamType.TEXT;
        dv.Tag = 0;
        dv.FunctionDescription = SOfun[i];
        dv.ControlDescription = SOOper[i];
```

```
        dv.ParentID = idv.DID;
        dv.UnitName = "";
        if (i == 0)dv.SoValue =
                Encoding.UTF8.GetBytes(DateWeekTool.DateToStr(DateTime.Now.Date));
        else if (i == 1)
            dv.SoValue = Encoding.UTF8.GetBytes(DateWeekTool.NowTimeString());
        idv.SODevices.Add(dv);
    }
    string[] AOfun = { "设置时钟更新频率" };
    string[] AOOper = { "输入：更新间隔(1~60秒)" };
    for (int i = 0; i<AOfun.Length; i++)  //添加 AO 子设备：该子设备可控制（输出型子设备）
    {
        IDeviceAO dv = new DeviceAO();
        dv.DeviceType = DeviceType.AO;
        dv.SDID = (ushort)i;
        dv.AoValue = 10;
        dv.AoMin = 1;
        dv.AoMax = 60;
        dv.Tag = 0;
        dv.DotPlace = 0;
        dv.FunctionDescription = AOfun[i];
        dv.ParentID = idv.DID;
        dv.UnitName = "";
        dv.ControlDescription = AOOper[i];
        idv.AODevices.Add(dv);
    }
}
```

可以看到，对于设备的定义是根据我们对设备功能的分解来描述的。理论上，任何复杂的设备都可以分解为 6 类子设备的集合，只是子设备的类别数量有差别。也可以根据需要隐藏某些功能。本时钟设备非常简单，只有 SI、SO、AO 3 类子设备，直接在驱动程序中定义完成。默认是每隔 10 秒钟发送一次 SI 状态信息（时间、日期、星期）给 DMP，但监控中心可以修改该值。

2. 通知监控进程 DMP 更新监控系统信息

一般地，当设备描述信息有任何的变化时，应该通知 DMP 更新当前监控系统信息，DMP 又会通知监控中心 DMC 更新设备信息。这样，新加的设备信息或已经登记的设备有变化时，DMP 和 DMC 都会及时更新，保存最新数据，DMC 还会通知在线客户端设备做出相应变化。

本监控驱动设计了 ReturnDeviceInfo 私有方法来实现，代码如下。

```
void ReturnDeviceInfo()                                          //通知 DMP 更新设备信息
{
    IotDictionaryiotd = new IotDictionary(SmartHomeChannel.SHFLAG);
    iotd.AddNameValue("cmd", IotMonitorProtocol.DEVICESYSTEMINFO); //设备信息词条
    iotd.AddNameValue("dmid", DMID.ToString());               //是哪个 DMP 要更新设备数据
    smarthomeshareMemory.AddMessage(iotd.GetBytes());        //往消息队列发送指令通知 DMP
}
```

在调用该方法前，需保存监控系统的信息到磁盘文件！因为 DMP 收到该指令后，会从约定的文件中读取监控系统的所有信息。

那么，监控驱动程序是怎样获得监控进程的识别号 DMID 的？

原来，在 IMonitorSystemMethod 接口类定义了接口方法 InitComm，其实现方式如下。

```
public void InitComm(object[] commObjects)  /*监控服务器应用程序调用该方法之前，需要正确设置commObject，目前传递 4 个参数，各参数的意义见注释，没有则传递 null；这些对象的实现，都在监控协议类库 SmartControlLib.dll 中设计实现*/
{
    if (commObjects == null) return;
    if (commObjects[2] is ShareMemory)            //第 3 个参数是 ShareMemory 对象
        smarthomeshareMemory = (ShareMemory)commObjects[2];  //保存！
    //ShareMemory 对象在 DMM 和 DMP 之间建立消息队列交换数据
    if (commObjects[3] is SmartHomeChannel)       //第 4 个参数是 SmartHomeChannel 对象
        smarthomechannel = (SmartHomeChannel)commObjects[3];
    ……
    DMID = (ushort)smarthomechannel.appid;       //★这里获得监控进程识别号★
    timerNotify.Start();                          //启动定时器检查 DMP 发来的通知数据
    timerMessage.Start();                         //启动定时器发送时间消息
    Thread.Sleep(200);
    ReturnDeviceInfo();
    LoadSubDeviceSystems();
}
```

当然，如果没有设备信息的变化，可以不发送更新通知，所以该方法并不在接口类 IMonitorSystemMethod 中强制定义。

3. 接收和处理 DMP 发来的监控指令

ShareMemory 对象在 DMM 和 DMP 之间建立双向的消息队列交换数据，参见图 4-2。

我们设计一个定时器来定时检查 DMP 是否由监控指令传递过来，代码如下。

```
void timerNotify_Elapsed(object sender, System.Timers.ElapsedEventArgs e)
//★检查是否有监控进程 DMP 发来的新数据★
{
    if (isDealing) return;                                          //防止重入
    try
    {
        isDealing = true;
        IotDictionaryiotd = smarthomeshareMemory.GetNotify();      //监控程序发来的通知
        if (iotd != null)
        ProcessNotifyData(iotd.GetBytes());                        //由接口方法处理指令
    }
    catch {}
    isDealing = false;
}
```

这里设计 150 毫秒检查一次，因此延时现象可忽略。如果觉得反应慢了，可设计成 50 毫秒。再有指令传递过来，则调用 *ProcessNotifyData* 方法处理。该方法必须实现，因为在接口类中定义了！本设备监控驱动实现代码如下。

```
public void ProcessNotifyData(byte[]cmds)
{//★进程间通信 IPC 处理监控进程 DMP 发来的指令★
    IotDictionary json = IotDictionary.ConvertBytesToIotDictionary(cmds,
                        SmartHomeChannel.SHFLAG); //数据先转换为字典结构
    if (json == null) return;
```

```
    string cmd = json.GetValue("cmd");                          //主词条
    if (cmd == null) return;
    else if (cmd == IotMonitorProtocol.DEVSTATE)                //★获取指定子设备状态数据的指令★
    {
        string devid = json.GetValue("did"); if (devid == null) return;   //设备 ID
        string type = json.GetValue("type"); if (type == null) return;
        DeviceType dt = (DeviceType)Enum.Parse(typeof(DeviceType), type);  //子设备类型
        SubDeviceSystem sds = (DeviceSystems[0].SubDeviceSystems[0]) as SubDeviceSystem;
        if (sds == null) return;//子设备系统没有多个设备系统；子设备系统实现了控制设备的具体
                                        功能，所以必须检索到相应的子设备系统
        if (dt == DeviceType.AO)
        sds.GetAOState(ushort.Parse(devid));                    //调用子设备系统的方法
        else if (dt == DeviceType.SI)
        sds.GetSIState(ushort.Parse(devid));
        else if (dt == DeviceType.SO)
        sds.GetSOState(ushort.Parse(devid));
    }                                                           //end of DEVSTATE
    else if (cmd == IotMonitorProtocol.SHACTRL)                 //★DMP 发来的控制指令 "505"★
    {
        string s = json.GetValue("type");
        DeviceType dt = (DeviceType)Enum.Parse(typeof(DeviceType), s);
        if (dt == DeviceType.AO)                                //1.控制 AO 子设备工作
        {                                     //这里是修改发送状态信息定时器的时间周期参数
            s = json.GetValue("did");
            ushortdeviceID = ushort.Parse(s);
            string act = json.GetValue("act");                  //act 词条是控制参数
            if (act == null) return;
            string[] vols = act.Split(new char[] { ',', ',' });//多个参数，用英文逗号隔开
            double f = 10f;
            double.TryParse(vols[0], out f);
            if (f < 0) f = 1;
            if (f > 60) f = 60;                                 //最多 1 分钟
            //直接在这里处理！！！因为虚拟时钟功能由本监控系统程序提供
            //如果是物理设备，要转换为设备内部指令，再发给具体子设备
            timerMessage.Stop();
            timerMessage.Interval = f * 1000;
            timerMessage.Start();
            SubDeviceSystem sds = (DeviceSystems[0].SubDeviceSystems[0])
                    as SubDeviceSystem;                         //★唯一的一个子设备系统★
            if (sds == null) return;
            string notdeal = json.GetValue("notdeal");  //notdeal 词条设计有点奇怪。监控
指令一般来自客户端程序或监控进程 DMP，如果是客户端发来的指令，有可能被 DMP 优先处理掉，此时会在数据字
典中附加 notdeal 词条，告知 DMM，该词条曾被处理过
            if (notdeal == null)                                //发给子设备去执行指令
                sds.SendAO(deviceID, 0, new double[] { f });
        }
        if (dt == DeviceType.SO)                                //2.输出流数据的处理
        {
            string devid = json.GetValue("did"); if (devid == null) return;
            string subid = json.GetValue("sdid"); if (subid == null) return;
            byte[] value = json.GetValueArray("act"); if (value == null) return;
            ((DeviceSystems[0].SubDeviceSystems[0]) as SubDeviceSystem).SendSO(
                    ushort.Parse(devid), ushort.Parse(subid), value);
```

```
            //发给子设备去执行指令
        }
    }       //end of SHACTRL
}
```

ProcessNotifyData 方法处理数据的流程并不复杂：从字典中获取指令和参数，检索到对应的子设备系统，交给子设备系统去完成任务。所以，在监控系统 MonitorSystem 中，并不直接控制设备，而是进行数据转换，交给子设备系统去真正控制设备。

监控系统对象还有另外一个定时器处理流程，定时发送时间信息给 DMP，如下所示。

```
void timerMessage_Elapsed(object sender, ElapsedEventArgs e)  //定时发送时间信息
{
    if (isDealing2) return;                    //防止重入
    isDealing2 = true;
    try
    {
        SubDeviceSystems[0].GetSIState(0); //就这么简单，直接调用子设备系统的方法
    }
    catch { }
    isDealing2 = false;
}
```

看到这里，读者会发现，设备控制方法的代码中几乎不关设备系统对象什么事，难道它在设备描述协议中没有什么用途？我们曾在第 1 章的原理部分给出它存在的理由，请参阅。

4. 处理设备发来的状态数据

其实，监控系统对象还实现了一个非常重要的接口方法 ProcessDeviceSystemData，它负责处理设备发来的内部数据，主要功能是数据转换并上报给 DMP。本时钟监控驱动中该方法的实现代码如下。

```
public void ProcessDeviceSystemData(object sender, byte[] states)//★设备厂家实现的处理“子设备系统”发来数据的方法，数据 states 是原始字节数据★
{
    //标准格式数据，直接由监控进程处理完毕
    //如果是非标准格式，需要在这里转换处理。这里的时钟设备发送的数据已经是符合协议要求的字典数据（见后面子设备系统的设计），可以直接转换为字典处理！
    IotDictionary iotd = IotDictionary.ConvertBytesToIotDictionary(states,
        SmartHomeChannel.SHFLAG);                //"标准数据"直接转换为字典处理!
    if (iotd == null) return;
    iotd.AddNameValue("dmid", DMID.ToString());//加上监控进程识别号：设备不知道自己在所属的
                                               设备描述层次中的位置
    string cmd = iotd.GetValue("cmd");
    if (cmd == IotMonitorProtocol.DEVSTATE)     //状态数据
    {
      smarthomeshareMemory.AddMessage(iotd);  //★通过消息队列传给 DMP★
      string type = iotd.GetValue("type"); if (type == null) return;
      string dsid = iotd.GetValue("dsid"); if (dsid == null) return; //设备系统
      string ssid = iotd.GetValue("ssid"); if (ssid == null) return; //子设备系统
      string did = iotd.GetValue("did"); if (did == null) return;    //设备
      string sdid = iotd.GetValue("sdid"); //可能没有子设备，发来的是整类子设备的状态信息
      IDevice dv = this.GetDevice(this, ushort.Parse(dsid), ushort.Parse(ssid),
ushort.Parse(did));
      //本对象设计了很多检索设备的私有方法，涉及设备描述体系，请读者自行阅读
```

```
    if (dv == null) return;
    //以下逐一判断处理不同子设备的数据
    if (type == DeviceType.DO.ToString())                          //1.DO
    {
      string value = iotd.GetValue("value");
      if (value == null) return;
      if (sdid != null)                                            //指定了单个子设备的信息
      {
        IDeviceDO d = GetDOSubDevice(dv, sdid);
        if (d != null)
            d.PowerState = value == "1" ? SmartControlLib.PowerState.PowerON :
                SmartControlLib.PowerState.PowerOFF;
        //以上赋值语句会引发事件，在 DMP 程序中，挂接了属性变化处理程序，见第 4 章中的介绍
      }
      else                                                         //整个 DO 子设备的状态信息
      {
        if (value.Length != dv.DODevices.Count) return;
        for (int i = 0; i<value.Length; i++)
        dv.DODevices[i].PowerState = value[i] == '1' ?  //★可能引发事件★
          SmartControlLib.PowerState.PowerON : SmartControlLib.PowerState.PowerOFF;
      }
    } //end of DO
    else if (type == DeviceType.DI.ToString())                     //2.DI，以下处理与 DO 的类似
    {
      string value = iotd.GetValue("value"); if (value == null) return;
      if (sdid != null)                                            //单个子设备的信息
      {
        IDeviceDI d = GetDISubDevice(dv, sdid);
        if (d != null) d.HasSignal = value == "1";
      }
      else                                                         //整个 DI 子设备的状态信息
      {
        if (value.Length != dv.DIDevices.Count) return;
        for (int i = 0; i<value.Length; i++)
          dv.DIDevices[i].HasSignal = value[i] == '1';   //触发事件
      }
  }
  else if (type == DeviceType.AI.ToString())                       //3.AI
  {
     string value = iotd.GetValue("value"); if (value == null) return;
     if (sdid != null)                                             //单个子设备的信息
     {
        IDeviceAI d = GetAISubDevice(dv, sdid);
        if (d != null) try { d.AiValue = double.Parse(value); } catch { }
     }
     else                                                          //整个 AI 子设备的状态信息
     {
        string[] txt = value.Split(new char[] { ',' });                  //记录数
        if (txt.Length != dv.AIDevices.Count) return;
        for (int i = 0; i<txt.Length; i++)
        try { dv.AIDevices[i].AiValue = double.Parse(txt[i]); } catch { } //触发事件
     }
  }
```

```
    else if (type == DeviceType.AO.ToString())            //4.AO
    {
        string value = iotd.GetValue("value"); if (value == null) return;
        if (sdid != null)                                 //单个子设备的信息
        {
            IDeviceAO d = GetAOSubDevice(dv, sdid);
             if (d != null) try { d.AoValue = double.Parse(value); } catch { }
        }
        else                                              //整个AI子设备的状态信息
        {
            string[] txt = value.Split(new char[] { ',' }); //记录数
             if (txt.Length != dv.AODevices.Count) return;
             for (int i = 0; i<txt.Length; i++)
            try { dv.AODevices[i].AoValue = double.Parse(txt[i]); } catch { } //触发事件
        }
    }
    else if (type == DeviceType.SI.ToString())            //5.SI，只处理单个设备数据
    {
    if (sdid == null) return;                             //只处理单个设备数据
    string streamtype = iotd.GetValue("sitype");
    if (streamtype == null) return;
    byte[] value = iotd.GetValueArray("value"); if (value == null) return;
    IDeviceSI d = GetSISubDevice(dv, sdid);
    if (d == null) return;
    d.SiValue = value;                                    //引发事件
  }
  else if (type == DeviceType.SO.ToString())              //6.SO，只处理单个设备数据
  {
    if (sdid == null) return;                             //只处理单个设备数据
    string streamtype = iotd.GetValue("sitype");
    if (streamtype == null) return;
    byte[] value = iotd.GetValueArray("value"); if (value == null) return;
    IDeviceSO d = GetSOSubDevice(dv, sdid);
    if (d == null) return;
    d.SoValue = value;                                    //引发事件
   }
  }                                                       //end of state
 else  {  }                                               //一般没有其他协议的处理......
}
```

时钟设备只发送标准格式的状态信息给DMP，因此处理方法比较简单。其实，DO、DI子设备处理代码可省略，因为设备没有该子设备类型。

8.1.2 子设备系统类 SubDeviceSystem

对设备的具体操控都是在子设备系统对象内完成的。它是监控驱动设计的核心部分之一，它的设计结构如下。

```
public class SubDeviceSystem : ISubDeviceSystemMethod//物联网子设备系统：类名必须统一，设计为"SubDeviceSystem"
{
    public IsubDeviceSystemBase subDeviceSystemBase; //子设备系统描述数据部分
```

```
    public SubDeviceSystem(IsubDeviceSystemBase subDeviceSystemBase)
    {
        this.subDeviceSystemBase = subDeviceSystemBase;
    }
    ……
}
```

首先，其构造函数需要一个基础子设备系统对象 ISubDeviceSystemBase 作为参数，它描述了其中的设备相关的详细信息；其次，它实现了 *ISubDeviceSystemMethod* 接口，该接口类定义了操控设备的具体方法。

因此，我们在监控系统对象定义了子设备系统的集合，并提供了加载整个监控系统内所有子设备系统的方法，如下所示。

```
private List<SubDeviceSystem> SubDeviceSystems = new List<SubDeviceSystem>();
public void LoadSubDeviceSystems()                    //从 DeviceSystems 中装入子设备系统
{
    SubDeviceSystems.Clear();
    if (DeviceSystems.Count == 0) return;
    for (int i = 0; i<DeviceSystems.Count; i++)     //遍历监控进程内所有设备系统
    {
        for (int j = 0; j<DeviceSystems[i].SubDeviceSystems.Count; j++)
        {   //遍历设备系统内的所有子设备系统
            SubDeviceSystemsds = new SubDeviceSystem(
                                        DeviceSystems[i].SubDeviceSystems[j]);
            SubDeviceSystems.Add(sds);              //加入列表!
        }
    }
}
```

因此，理论上，监控进程就可以监控其管理的所有设备了。

由于 *ISubDeviceSystemMethod* 接口类定义的方法很多，因此实现的代码也较多，总体上分为以下两类。

第一类是获取子设备系统内部的设备状态信息的方法；方法名称为 GetXXState 和 GetOne XXState，共 12 个，其中 XX 为 6 类子设备的名称（DI、DO、AI、AO、SI、SO）。

第二类是控制设备工作的方法，共 3 个：SendDO、SendAO、SendSO。

其他是内部的私有方法和属性，协助完成设备的监控方法。

当然，如果设备没有相应的子设备，相应的获取和控制子设备的方法也必须实现，但代码为空。这里列举两个对应的方法，如下所示。

```
public bool GetSOState(ushort deviceID)          //获取 SO 子设备的所有状态数据
{
    //如果直接连接非标准的设备系统，需要转换为厂商制定的数据格式！！
    //这里是标准设备，故用标准的 IotDictionary 数据结构发送数据
    IDevice hd = FindHomeDevice(deviceID);       //私有查找设备方法
    if (hd == null) return false;
    if (hd.SODevices.Count == 0) return false;
    IotDictionary iotd = new IotDictionary(SmartHomeChannel.SHFLAG);
    iotd.AddNameValue("cmd", IotMonitorProtocol.DEVSTATE);  //按协议添加词条
    iotd.AddNameValue("dmid", subDeviceSystemBase.owner.owner.DMID.ToString());
    iotd.AddNameValue("dsid", subDeviceSystemBase.owner.DSID.ToString());  //设备系统号
```

```
    iotd.AddNameValue("ssid", subDeviceSystemBase.SSID.ToString());  //子设备系统号
    iotd.AddNameValue("did", deviceID.ToString());                   //设备号
    iotd.AddNameValue("type", DeviceType.SO.ToString()); //有两个SO子设备：日期、时间
    if (subDeviceSystemBase.Devices[0].SODevices[0].SoValue == null)
        subDeviceSystemBase.Devices[0].SODevices[0].SoValue =
        Encoding.UTF8.GetBytes(DateWeekTool.DateToStr(DateTime.Now.Date));
    if (subDeviceSystemBase.Devices[0].SODevices[1].SoValue == null)
        subDeviceSystemBase.Devices[0].SODevices[1].SoValue =
        Encoding.UTF8.GetBytes(DateWeekTool.NowTimeString());
    string state =  //全栈项目用"*"来分割不同项
      Encoding.UTF8.GetString(subDeviceSystemBase.Devices[0].SODevices[0].SoValue)+"*" +
      Encoding.UTF8.GetString(subDeviceSystemBase.Devices[0].SODevices[1].SoValue);
    iotd.AddNameValue("value", Encoding.UTF8.GetBytes(state));
    try//指令处理完毕，把状态数据发给DMM
    {
        IPCNotifyDMM(iotd);  //发送方法
        Thread.Sleep(50);
    }
    catch { return false; }
    return true;
    }
```

发送数据的方法，有点特别，如下所示。

```
    void IPCNotifyDMM(IotDictionaryiotd)  //通知DMM上传数据
    {
        ((subDeviceSystemBase.owner.owner) as MonitorSystem).ProcessDeviceSystemData(
                    null,iotd.GetBytes());
}
```

终于看到了子设备系统获取状态数据后，调用监控系统的ProcessDeviceSystemData方法上传数据。在设计设备描述架构中，我们设计了owner属性，用于明确其上级对象。

再看另外一个控制方法，如下所示。

```
public void SendSO(ushort deviceID, ushort subID, byte[] value)  //控制SO子设备
{
    string str = Encoding.UTF8.GetString(value);
    if (str == null) return;
    if (subID == 0)                      //设置新的日期
    {
      if (SetLocalDateByStr(str))       //内部设置计算机日期的方法
        subDeviceSystemBase.Devices[deviceID].SODevices[subID].SoValue = value;//保存设置
    }
    else if (subID == 1)                 //设置新的时间
    {
      if (SetLocalTimeByStr(str))       //内部设置计算机时间的方法
        subDeviceSystemBase.Devices[deviceID].SODevices[subID].SoValue = value;//保存设置
    }
    GetSOState(deviceID);                //把新的状态数据传递给DMP
}
```

编译该项目得到监控驱动程序iotTimeDriver.dll。把它复制到DMC的Drivers目录下，监控中心就可以使用该程序来启动一个监控进程，实时监控计算机的时钟信息。

8.1.3　时间监控驱动程序的使用

图 8-4 所示是 DMC 管理一个时钟设备的 UI，使用了 DMID = 710 的一个监控进程。

图 8-4　DMC 管理时钟驱动的配置

图 8-5 所示是启动的监控进程 UI。可以看到 SI 子设备在周期性变化，说明监控驱动程序在周期性接收时间信息，并传递给 DMP。DMP 再上传到 DMC，最后传输到客户端程序。

图 8-6 所示是在 DMC 设置的智能监控项。当两个智能开关的任何一个打开，且时间处于 8:30～17:30 时，会自动关闭这两个灯的开关。

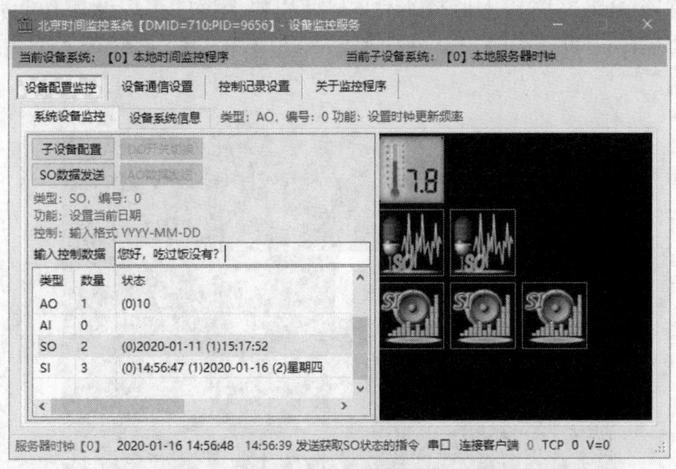

图 8-5　监控进程使用时钟驱动的 UI

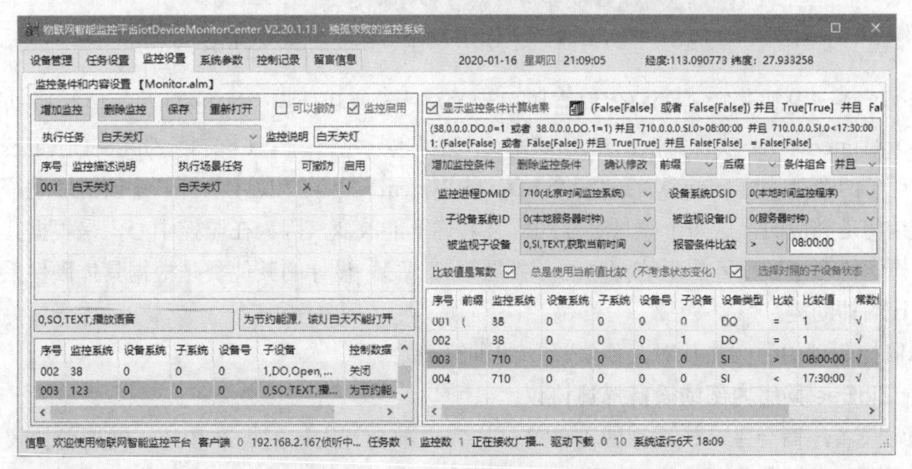

图 8-6　DMC 设置的智能监控

8.2 使用串口通信的中间件的设计

很多简单的电子电气设备都设计使用了串口通信芯片，能够改造升级为智能设备。改造的方法有两种。

第一种方法：硬件厂商修改设备的嵌入式软件，改动其中有关通信的代码，使其符合我们的监控协议，然后自己为其编写一个使用串口通信的监控驱动程序。

第二种方法：由设备厂商提供其通信协议，我们根据协议为其编写一个监控驱动程序。

方案的比较如下。

第一种方法由于要改动设备内部的嵌入式程序，有一定的升级费用，还需要自己编写监控驱动程序。好处是灵活设计自己的协议，满足内部的统一升级要求。

第二种方法无须做任何的硬、软件修改，零费用智能化改造，但需要提供其通信协议，自己或平台开发商编写监控驱动。缺点是有可能泄露技术信息，产生安全问题。

全栈项目中，我们提供两个使用串口通信的监控驱动程序的设计项目，分别对应上面两种情况：第2章中使用的 ZigBeeDriver 项目以及本节介绍的 DAM0404Driver 项目。

8.2.1 设备商编写的监控驱动项目 ZigBeeDriver

第2章中，当 ZigBee 网络接入监控平台时，使用协调器的串口通信功能完全依靠设备开发者自己编写的通信程序。图 8-7 所示是硬件连接实拍照片，PC 监控中心使用 USB 转串口连接线连接协调器。

图 8-7 协调器通过 USB 转串口连接线接入 DMC

图 8-8 所示是监控中心 DMC 与监控进程 DMP 管理和使用 ZigBeeDriver 监控驱动的 UI。

与 iotTimerDriver 项目类似，ZigBeeDriver 项目也只包含一个 C#文档 ZigBeeDriver.cs。其中设计实现了两个类：MonitorSystem 和 SubDeviceSystem。也就是说，不管哪个监控驱动程序，其设计的结构是类似的，这两个类是必需的，且名称不能改变，因为在监控中心，是根据其类名来判断、检索符合全栈项目的驱动程序的（参见第 3 章）。设计的其他类是根据具体硬件系统的需要而设计的辅助类。

本监控驱动的介绍先从对其他类设计的讲解开始。

1. ZigBee 网络内部的设备描述协议

通常设备厂商会生产一系列的硬件产品，其内部会有设计的标准和统一的通信协议。监控驱动程序要与它们交互，就必须知道其数据描述规范。

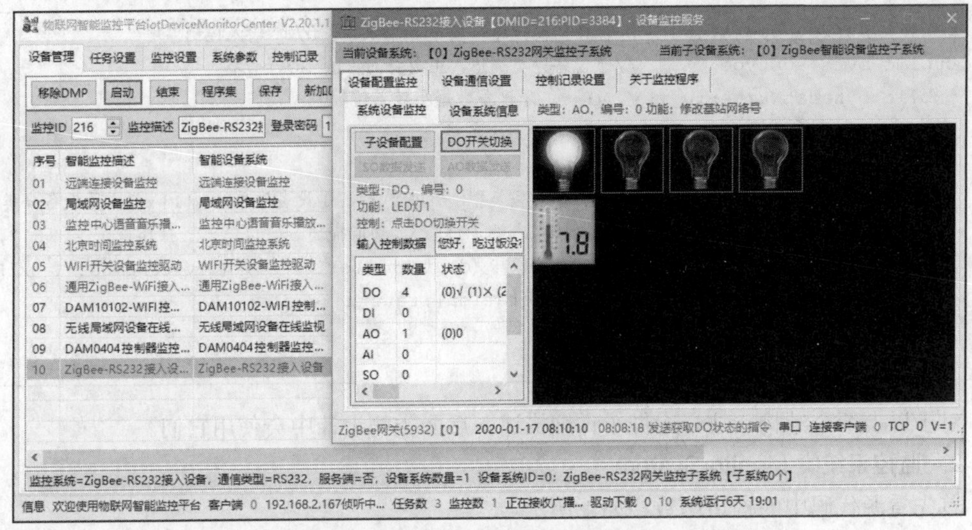

图 8-8 DMC 与 DMP 管理和使用 ZigBeeDriver 监控驱动

ZigBeeDriver.cs 文档中，有两个结构体对象描述了 ZigBee 网络设备的定义（参见第 2 章），由于 C 语言描述设备通常使用 C 的结构体，高级语言也需要有对应的语法结构（不同的高级语言对结构体的定义会有差别，请参阅该编程语言的语法）。

（1）ZigBee 设备描述结构体，如下所示。

```
[StructLayoutAttribute(LayoutKind.Sequential, CharSet = CharSet.Ansi, Pack = 1)]
public struct ZigBeeDeviceInfo      //ZigBee 设备描述
{
  [MarshalAs(UnmanagedType.ByValArray, SizeConst = 6)]
  public byte[] subdevices;      //设备类型和序号：高 3 位子设备类型，低 4 位子设备数量
  [MarshalAs(UnmanagedType.ByValTStr, SizeConst = 24)]
  public string description;     //整个设备的简要描述
  public ushortPanId;            //所属网络号
  [MarshalAs(UnmanagedType.ByValArray, SizeConst = 8)]
  public byte[] CC2530Address;   //芯片地址
  [MarshalAs(UnmanagedType.ByValArray, SizeConst = 6)]
  public byte[] WIFIAddress;     //如果有 Wi-Fi 芯片，这里描述其 MAC 地址
}
```

这个结构体描述了整个设备的信息，其中 6 个字节 subdevices 描述了 6 类子设备的数量信息。（见第 2 章文档 smprotocol.h）

（2）ZigBee 子设备描述结构体，如下所示。

```
[StructLayoutAttribute(LayoutKind.Sequential, CharSet = CharSet.Ansi, Pack = 1)]
Public struct ZigBeeDeviceDescription //ZigBee 子设备描述
{
  public bytedevicenumber;            //设备类型和序号：高 3 位子设备类型，低 5 位子设备序号
  [MarshalAs(UnmanagedType.ByValTStr, SizeConst = 7)]
  public string unit;                 //度量单位文字描述，比如 mg/kg
  [MarshalAs(UnmanagedType.ByValTStr, SizeConst = 16)]
  public string description;          //功能简要描述：最多 8 个汉字，比如"第一路开关"
  [MarshalAs(UnmanagedType.ByValTStr, SizeConst = 16)]
```

```
    public string operation;  //操作简要描述：最多8个汉字，比如"输入控制温度"
    public byte subtype;      //子设备分类描述，主要针对SI、SO子设备
    public bytedotNumber;     //AO、AI子设备数据小数点位数
    public override string ToString()
    {
    string result = string.Format("子设备类型 = {0}\r\n子设备序号 = {1}\r\n子设备分类
                = {2}" + "\r\n计量单位 = {3}\r\n功能描述 = {4}\r\n操作描述 = {5}",
                                    (devicenumber >> 5), (devicenumber & 0x1F),
        subtype, unit, description, operation);return result;
    }
}
```

对于以上两个结构，注释中做了详细描述。后面类的设计中会使用它们。

2. 监控系统类MonitorSystem

首先看源代码中的构造函数，如下所示。

```
public MonitorSystem(string _filename) : base(_filename)   //带参数的构造函数
{
    CommType = CommMode.RS232;      //★这里修改了父类的通信方式：便于DMP选择通信方式★
    bServer = false;                //DMM作为通信服务器，设备系统作为客户端：串口通信无意义
    timer = new System.Timers.Timer(50);//建立定时检索DMP指令的定时器
    timer.Elapsed += timer_Elapsed;
    if (DeviceSystems.Count == 0) //没有登记任何设备系统
    {
        InitDeviceSystem();         //这个方法是接口类规定要实现的：请参阅源代码，创建了没有加入
                                      任何设备的空监控系统
    }
}
```

CommType属性是在父类中定义的，默认是本地消息队列通信方式。由于本监控驱动使用RS232串口与ZigBee网络通信，所以必须在构造函数中重写。当DMP创建该驱动的实例时，就会获得通信方式，并建立相应通信对象传递给DMM。需要注意的是：DMM并不创建通信对象，而是DMP根据通信参数创建需要的通信对象后，DMP通过调用监控驱动程序的InitComm方法传递给DMM模块，如下所示。

```
public void InitComm(object[] commObjects)
//监控服务器应用程序调用该方法之前，需要正确设置commObject
{
    if (commObjects == null) return;
    if (commObjects[0] is SerialPort)              //★约定第一个参数为串口通信对象★
        comm = (SerialPort)commObjects[0];         //★保存该通信对象★
    ……
    DMID = (ushort)smarthomechannel.appid;         //保存DMID
    if (DeviceSystems.Count == 0 || DeviceSystems[0].SubDeviceSystems.Count == 0 ||
DeviceSystems[0].SubDeviceSystems[0].Devices.Count == 0)
    {                                              //第一次建立空的监控系统
        InitDeviceSystem();
        this.SaveToFile();
    }
    LoadSubDeviceSystems();
```

```
    timer.Start();                                      //启动定时器检查数据
}
```

监控系统对象MonitorSystem最主要的两个方法是处理DMP发来的指令数据和处理子设备系统中设备发来的状态数据。代码设计如下，流程图请读者自己绘制了解。

```
public void ProcessNotifyData(byte[] cmds) //★★处理监控进程 DMP 发来的指令★★
{
    IotDictionary iotd = IotDictionary.ConvertBytesToIotDictionary(cmds,
                                                    SmartHomeChannel.SHFLAG);
    if (iotd == null) return;
    string cmd = iotd.GetValue("cmd");              //主指令词条
    if (cmd == null) return;
    iotd.AddNameValue("dmid", DMID.ToString());//添加监控进程对应的设备监控系统的 ID 号:
                                                  防止意外（应该有该词条）
    if (cmd == IotMonitorProtocol.DEVSTATE)     //★1.请求获取设备状态的监控指令★
    {  //获取设备的层次结构信息，便于定位子设备
        string ssid = iotd.GetValue("ssid"); if (ssid == null) return;  //子设备系统: 网络号
        string devid = iotd.GetValue("did"); if (devid == null) return; //设备号
        string subid = iotd.GetValue("sdid");  //子设备编号
        string type = iotd.GetValue("type"); if (type == null) return;
        try
        {
            DeviceType dt = (DeviceType)Enum.Parse(typeof(DeviceType), type);
            IsubDeviceSystemBase isds = GetSubDeviceSystem(this, 0, ushort.Parse(ssid));
            //查找子设备系统的私有方法，类中设计了很多查找方法
            if (isds == null) return;
            IsubDeviceSystemMethod isdsm = FindSubDeviceSystem(isds);
            //获取操作方法接口: 必须实现，在 IMonitorSystemMethod 接口类中定义!
            if (isdsm == null) return;  //没有查找到操控接口: 意外
            //目前 Zigbee 网络中的设备只有 4 种子设备类型，对其一一进行处理。如果有更多子设备类型，
              需要添加处理代码
            if (dt == DeviceType.DO)
            {
                if (subid == null)isdsm.GetDOState(ushort.Parse(devid));
                elseisdsm.GetOneDOState(ushort.Parse(devid), ushort.Parse(subid));
            }
            else if (dt == DeviceType.DI)
            {
                isdsm.GetDIState(ushort.Parse(devid)); //调用获取全部状态数据的方法
            }
            else if (dt == DeviceType.AO)
            {
                if (subid == null)isdsm.GetAOState(ushort.Parse(devid));
                elseisdsm.GetOneAOState(ushort.Parse(devid), ushort.Parse(subid));
            }
            else if (dt == DeviceType.AI)
            {
                if (subid == null)isdsm.GetAIState(ushort.Parse(devid));
                elseisdsm.GetOneAIState(ushort.Parse(devid), ushort.Parse(subid));
            }
        }
```

```
        catch { return; }
    } //end of DEVSTATE
    else if (cmd == IotMonitorProtocol.SHACTRL)   //2.DMP 发来的控制指令
    {   //获取设备的层次结构信息，便于定位子设备
        string ssid = iotd.GetValue("ssid"); if (ssid == null) return;  //子设备系统：网络号
        string devid = iotd.GetValue("did"); if (devid == null) return; //设备号
        string subid = iotd.GetValue("sdid"); //子设备编号
        string type = iotd.GetValue("type"); if (type == null) return;
        string cont = iotd.GetValue("act"); if (cont == null) return;
        ISubDeviceSystemBaseisds = GetSubDeviceSystem(this, 0, ushort.Parse(ssid));
        if (isds == null) return;
        IsubDeviceSystemMethod isdsm = FindSubDeviceSystem(isds);//获取操作方法接口
        if (isdsm == null) return;
        DeviceType dt = (DeviceType)Enum.Parse(typeof(DeviceType), type);
        if (dt == DeviceType.DO)  //开启或关闭
        {
            isdsm.SendDO(ushort.Parse(devid), ushort.Parse(subid), (cont == "开启"
            || cont == "1"));      //调用操控方法
        }
        else if (dt == DeviceType.AO)
        {
            isdsm.SendAO(ushort.Parse(devid), ushort.Parse(subid),
                         new double[] { double.Parse(cont) });
        } //目前没有 SO、SI 子设备
    }  //end of SHACTRL
}
```

可以看出，DMP发来的指令主要有两个：获取设备状态和控制设备工作的指令。在获取对应的子设备系统及其操控方法后，调用其中的监控方法，把数据传递给具体的设备。

而处理设备发来数据的方法，流程简单，但具体代码编写需根据设备的数据格式来处理，可能比较复杂，如下所示。

```
public void ProcessDeviceSystemData(object sender, byte[] states)    //★设备厂家实现的
处理“子设备系统”发来数据的方法：该接口方法必须实现★
{   //一个数据包可能包含几次通信数据：因为串口通信缓冲区有一定大小。这种处理方法请读者熟悉，很多通信
程序都有该问题存在
    if (states.Length < 9) return;      //1个数据包至少有9个字节
    int size = 0;
    bNewDeviceFinded = false;      //假设没有发现新设备的标志
    int stpos = FindStartPosition(states, 0, ref size); //找到一个完整独立的通信指令数据包
    while (stpos >= 0)
    {
        byte[] data = new byte[size + 7];
        Buffer.BlockCopy(states, stpos, data, 0, size + 7); //把数据包复制出来
        try
        {
            ProcessDeviceStateData2(sender, data); //真正处理一条指令的内部方法
        }
        catch {}
        stpos = FindStartPosition(states, stpos + 7 + size, ref size); //寻找下一条指令
    }
    if (bNewDeviceFinded)//如果有新的设备加入，要通知 DMP
```

```
    {
        this.SaveToFile();           //保存监控系统的信息，便于 DMP 和 DMC 读取
        bNewDeviceFinded = false;
        Thread.Sleep(200);
        NotifySHMNewDevice();        //通知监控程序 DMP 更新设备，请读者自行阅读代码
    }
}
```

真正处理一条指令的方法是 ProcessDeviceStateData2，请理解核心代码，因为它是监控驱动开发者必须根据设备厂商的通信协议编写的重要代码，如下所示。

```
public void ProcessDeviceStateData2(object sender, byte[] states) //处理单条状态数据
{   //请熟悉 ZigBee 系统的设备描述协议，前面两个结构体做了描述
    int cmd = states[1] & 0x0F;    //协议类型
    ushort id = (ushort)(states[2] + (uint)(states[3] << 8)); //2、3 字节为 ZigBee 设备
                                                              16 位地址
    ushort panid = (ushort)(states[5] + (uint)(states[4] << 8)); //4、5 字节为 ZigBee
                                                                   设备的网络号
    panid = 0;                     //串口通信只能接入一个 ZigBee 网络，作为子设备系统
    if (id == 0xFFFF) return;      //广播地址不是节点设备
    ISubDeviceSystemBasesds = GetSubDeviceSystem(this, 0, panid);
    if (sds == null)               //该子设备系统还没有建立，一般是 ZigBee 网关第一次连接的情况
{
        sds = new SubDeviceSystemBase(DeviceSystems[0]);    //只有一个设备系统
        DeviceSystems[0].SubDeviceSystems.Add(sds);         //添加子设备系统
        sds.SSID = panid;          //用网络号代表一个子设备系统！！
        sds.Description = "ZigBee 智能设备监控子系统";
        bNewDeviceFinded = true;
    }
    IDevicehd = GetDevice(this, 0, panid, id);              //先检查该设备是否存在
    if (hd == null)                //没有则增加新设备
    {
        hd = new Device(sds);      //建立新设备
        hd.DID = id;
        hd.SSID = panid;
        hd.DeviceName = "";
        hd.Used = true;
        hd.PositionDescription = "客厅";
        sds.Devices.Add(hd);       //子设备系统增加一个智能设备
        bNewDeviceFinded = true;   //★设置标志！★
    }
    //开始处理指令，指令类型请参阅第 2 章协议描述文档 smprotocol.h
    if (cmd == 0)  //收到设备信息表  SENDDEVTABLE 0 //发送设备信息表，E→C
    {  //FF F0, D4 21, 21 90, 20 00 22 00 00 00 00 DESCRIPITION IEEID… //Demo 包格式
       //ZigBee 智能监控协议规定的数据格式 FF FX DEVID PANID SIZE DATA
        if (states.Length != 7 + Marshal.SizeOf(typeof(ZigBeeDeviceInfo))) return;
        //后 N 个字节+描述是设备信息表
        int size = states[6];      //数据长度
        byte[] data = new byte[size];
        Buffer.BlockCopy(states, 7, data, 0, size);
        ZigBeeDeviceInfodvinfo = (ZigBeeDeviceInfo)ByteToStruct(data,
        typeof(ZigBeeDeviceInfo));//静态方法：把字节流转换为结构体
        if (id == 0)               //基站，显示网络号
```

```
        {   //检查网络号变了没有
            hd.DeviceName = string.Format("{0}({1})", dvinfo.description, dvinfo.PanId);
            //加上一个基站号
        }
        else if (hd.DeviceName == "")
        {
            hd.DeviceName = dvinfo.description;                          //设备名称描述
        }
        hd.IEEEOrMacAddress = BytesToHex(dvinfo.CC2530Address, "");  //保存芯片地址
        //以下检索6类子设备是否存在，如果不存在，需要添加……
        for (int k = 0; k<6; k++)
        {
            int type = states[7+k] >> 5;                        //子设备类型
            int cnt = states[7+k] & 0x1F;                       //子设备数量1→0x10
            if (type == 0)                                      //1.DI子设备
            {
                for (int i = hd.DIDevices.Count; i<cnt; i++) //★补充子设备★
                {
                    DeviceDI dv = new DeviceDI();
                    dv.SDID = (ushort)i;
                    dv.FunctionDescription = "";
                    dv.ParentID = id;
                    dv.UnitName = "";
                    hd.DIDevices.Add(dv);
                    bNewDeviceFinded = true;                    //新设备标志
                }
                continue;
            }
            if (type == 1)                                      //2.DO子设备
            {
                for (int i = hd.DODevices.Count; i<cnt; i++) //补充子设备
                {
                    DeviceDO dv = new DeviceDO();
                    dv.SDID = (ushort)i;
                    dv.FunctionDescription = "";
                    dv.ParentID = id;
                    dv.UnitName = "";
                    hd.DODevices.Add(dv);
                    bNewDeviceFinded = true;
                }
                continue;
            }
            if (type == 2){……}                      //3.AI子设备，以下处理类似，省略
            if (type == 3){……}                      //4.AO子设备
            if (type == 4){……}                      //5.SI子设备
            if (type == 5){……}                      //6.SO子设备
        }
    }                                               //end of信息表处理
    else if (cmd == 1)                              //收到SENDDEVDESCP指令子设备描述记录，E→C
    {   //FF F1, D4 21, 21 98, 28【20 00 00 00 00 00 00 B5 DA 31 B8 F6 4C 45 44 B5
C6 00 00 00 00 00 00 B5 E3 BB F7 44 4F C7 D0 BB BB BF AA B9 D8 00 00 00】
        int size = states[6];                       //数据长度
        byte[] data = new byte[size];
```

```
    Buffer.BlockCopy(states, 7, data, 0, size);
    ZigBeeDeviceDescription dv = (ZigBeeDeviceDescription)ByteToStruct(data,
        typeof(ZigBeeDeviceDescription));                    //子设备描述结构体
    int type = dv.devicenumber >> 5;                         //高3位: 子设备类型
    ushort number = (ushort)(dv.devicenumber & 0x0F);//低5位: 子设备编号 0x1F 表述所有
子设备，一般低4位为实际子设备编号或数量 0~15
    if (type == 0)                                           //1.DI 子设备
    {
        IDeviceDI di = GetDISubDevice(hd, number.ToString());
        if (di == null)                                      //补充子设备
        {
            di = new DeviceDI();
            di.SDID = number;
            di.ParentID = id;
            hd.DIDevices.Add(di);
            bNewDeviceFinded = true;                         //发现新的子设备标志
        }
        if (di.FunctionDescription == "")                    //有了，或者修改过，不需要替换
        di.FunctionDescription = dv.description;
        if (di.UnitName == "")
        di.UnitName = dv.unit;
        if (di.ControlDescription == "")
        di.ControlDescription = dv.operation;
    }
    else if (type == 1)                                      //2.DO 子设备
    {
        IdeviceDO dvdo = GetDOSubDevice(hd, number.ToString());
        ……                                                   //以下处理过程类似，请参阅源代码
    }
    else if (type == 2)  { ……}                                //3.AI 子设备
    else if (type == 3)  { ……}                                //4.AO 子设备
    else if (type == 4)  { ……}                                //5.SI 子设备
    else if (type == 5)  { ……}                                //6.SO 子设备
}  //end of cmd = 1
else if (cmd == 2)    //收到 SENDDEVSTATE 指令发送子设备状态数据，E→C
        //交互命令 CMD 协议定义，应用数据帧 FF FX ADDR PANID SIZE DATA
        //标识头 = 0xFFF0 + CMD; 第3、4个字节为设备 ID 号，第5、6个字节为 ZigBee 网络 ID 号
        //第7个字节 SIZE 为后面数据 DATA 的字节数，不包括 SIZE 字节本身
{       //FF F2, D4 21, 21 98, 02【21 01】应用数据帧 FF FX ADDR PANID SIZE DATA
        //21 01: 第二个开关是开启的
    int type = states[7] >> 5;                               //高3位: 子设备类型
    int number = states[7] & 0x1F;                           //低5位: 子设备编号
    #region
    if (type == 0)                                           //1.DI 子设备
    {
        if (number != 0x1F)                                  //1.1 单个设备
        {
            IDeviceDIsubdv = GetDISubDevice(hd, number.ToString());
            if (subdv != null)
            {                                                //★★转换为标准的监控字典数据包★★
                subdv.HasSignal = states[8] > 0;
                IotDictionary json = new IotDictionary(SmartHomeChannel.SHFLAG);
                json.AddNameValue("cmd", IotMonitorProtocol.DEVSTATE);
```

```
                json.AddNameValue("dmid", DMID.ToString());
                json.AddNameValue("dsid", "0");
                json.AddNameValue("ssid", panid.ToString());
                json.AddNameValue("did", id.ToString());
                json.AddNameValue("sdid", number.ToString());
                json.AddNameValue("type", DeviceType.DI.ToString());
                json.AddNameValue("value", subdv.HasSignal ? "1" : "0");
                smarthomeshareMemory.AddMessage(json);//先传给DMP，便于DMC上传
                                                        给客户端
            }
            else return;                          //没有登记该子设备，立即返回
        }
        else                                      //1.2发送上来的是所有子设备的状态数据
        {
            int size = states[6];                 //数据长度
            string ret = "";
            for (int i = 0; i<size - 1; i++)      //有size-2个状态数据
            {
                if (i >= hd.DIDevices.Count) break;
                IDeviceDIsubdv = hd.DIDevices[i];
                subdv.HasSignal = states[8+i] > 0;
                ret += subdv.HasSignal ? "1" : "0";
            }
            IotDictionary json = new IotDictionary(SmartHomeChannel.SHFLAG);
            json.AddNameValue("cmd", IotMonitorProtocol.DEVSTATE);
            json.AddNameValue("dmid", DMID.ToString());
            json.AddNameValue("dsid", "0");
            json.AddNameValue("ssid", panid.ToString());
            json.AddNameValue("did", id.ToString());
            json.AddNameValue("type", DeviceType.DI.ToString());
            json.AddNameValue("value", ret);
            smarthomeshareMemory.AddMessage(json);  //每个子设备的状态上传
        }
    }
    else if (type == 1)   //2.DO子设备，其他子设备的状态数据处理是类似的，请参阅源代码
    {…… }
    else if (type == 2)  {…… }                          //3.AI子设备
    else if (type == 3)  {…… }                          //4.AO子设备
    else if (type == 4)  {…… }                          //5.SI子设备：目前没有
  } //end of cmd=2
  else                                                  //其他“非法”指令不处理
  {
      string s = BytesToHex(states, " ");
      Console.Write(s);
  }
}
```

处理设备发来数据的方法是根据设备商的协议编写的，最终转换为标准的字典格式的监控数据包。本监控驱动只处理了3类指令、4种子设备的情况。如果把6类子设备的情况全部处理完成，对设备厂商的系列产品来说，它就是一个完整的监控驱动程序，适合所有ZigBee终端设备的接入监控。

3. 子设备系统类 SubDeviceSystem

通过第一个监控驱动设计的实例，我们已经知道，该对象主要是实现设备监控的方法，包括接收指令返回状态，或者控制设备工作，通信的手段是使用监控系统对象保存的通信对象，本实例是串口通信对象。

构造函数，加载子设备系统，发送状态指令，控制指令方法的名称、参数与第一个监控驱动程序一模一样。唯一不同的就是方法内部的代码有所不同，这里只举两个例子说明，其他方法代码请读者自行阅读。

（1）处理接收状态指令的方法，如下所示。

```
public bool GetAIState(ushort deviceID) //控制接口方法: 获取所有AI子设备状态（如温湿度）
{
    return GetDataState(deviceID, 2);
}
```

具体实现方法是一个通用的内部方法 GetDataState，如下所示。

```
public bool GetDataState(ushort deviceID, byte type)    //获取某类设备状态的方法
{
    Idevice hd = FindHomeDevice(deviceID);                   //查找设备
    if (hd == null) return false;
    byte[] send = new byte[8];                               //转换为内部的协议指令帧格式
    //应用数据帧 FF FX ADDR，PANID，SIZE DATA，要根据设备通信协议组织数据帧
    //X = SENDDEVSTATE 2 发送子设备状态数据，E↔C↔P
    send[0] = 0xFF;                                          //帧头
    send[1] = 0xF0 + 2;//X = SENDDEVSTATE 2，发送子设备状态数据,E↔C↔P
    send[2] = (byte)(deviceID & 0xFF);                       //低字节在前
    send[3] = (byte)((deviceID & 0xFF00) >> 8);
    send[4] = (byte)((hd.SSID & 0xFF00) >> 8);               //网络号: 高字节在前
    send[5] = (byte)(hd.SSID & 0xFF);
    send[6] = 1; //1个字节的控制数据DATA
    send[7] = (byte)((type << 5) + 0x1F);//类型+开关编号，0x1F: 取所有设备状态
    RS232NotifyDevice(send);//把组织的数据帧传给ZigBee网络
    return true;
}
```

发送数据给 ZigBee 网络的私有通信方法是 RS232NotifyDevice，如下所示。

```
void RS232NotifyDevice(byte[] send)          //用串口通信方式通知设备系统
{
    MonitorSystem ms = (subDeviceSystemBase.owner.owner) as MonitorSystem;
    SerialPort comm = ms.comm;               //获取监控系统对象保存的通信对象
    if (comm == null) return;                //没有则返回: 意外
    if (!comm.IsOpen)                        //串口没有打开: 防止意外关闭，如拔掉了连接线
    {
      try {comm.Open();  } catch { }
    }
    if (comm.IsOpen)                         //再次确认是否打开
        comm.Write(send, 0, send.Length); //通过串口发送数据
}
```

可以看到，子设备系统的架构是类似的，不同之处在监控数据帧的组织和通信方法。获得

了该经验，对监控驱动开发就一目了然了。我们开发一个新的监控驱动，把已有的一个实例复制过来，修改其中的核心代码即可。

（2）处理控制指令的方法，如下所示。

```
public void SendDO(ushortdeviceID, ushortsubID, bool On)  //通断 DO 设备：厂家实现!
{
    Idevice hd = FindHomeDevice(deviceID);          //检索设备
    if (hd == null) return;
    if (subID >= hd.DODevices.Count) return;        //子设备数量超界了
    IDeviceDO ddo = hd.DODevices[subID];            //要操作的 DO 子设备
    byte[] send = new byte[9];//应用数据帧 FF FX ADDR SIZE DATA //X = SENDDEVCTRLL 3,
                           控制子设备工作指令，C→E；按设备控制协议组织数据帧
    send[0] = 0xFF;                                 //帧头
    send[1] = 0xF0 + 3;//X = SENDDEVCTRLL 3，控制子设备工作指令，C→E
    send[2] = (byte)(deviceID & 0xFF);              //设备号：低字节在前
    send[3] = (byte)((deviceID & 0xFF00) >> 8);
    send[4] = (byte)((hd.SSID & 0xFF00) >> 8);     //网络号：高字节在前
    send[5] = (byte)(hd.SSID & 0xFF);
    send[6] = 2;                                    //2 个字节的控制数据
    send[7] = (byte)((1 << 5) + subID);             //类型 DO+子设备编号
    if (ddo.DoType == DOType.Close)                 //常闭开关
    {
        if (On) send[8] = 0;                        //本身就是接通状态，无须上电，使用关闭指令
        else send[8] = 1;                           //要断开，必须上电，使用开启指令
    }
    else                                            //常开开关
    {
        if (On) send[8] = 1;                        //使用开启指令
        else send[8] = 0;                           //使用关闭指令
    }
    RS232NotifyDevice(send);                        //发给 ZigBee 网络
}
```

数据的转换工作是监控接口方法需要重点实现的。

编译该项目得到监控驱动程序 ZigBeeDriver.dll。把它复制到 DMC 的 Drivers 目录下，DMC 就可以使用该程序来启动一个监控进程。相关的监控使用效果，请参阅第 2 章和配套资源中的相关视频。

小结： 硬件厂商在设计系列产品时，应该有内部固定的通信和控制协议。这样，只需编写一个设备监控驱动程序，就可满足系列设备的监控接入。

8.2.2 基于设备商提供的 SDK 编写的监控驱动项目 DAM0404Driver

前面的例子可以说是设备商自己根据内部的通信协议设计的监控驱动程序。对于提供了二次开发 SDK 的设备，完全可以在不了解硬件内部工作的情况下，为其编写监控驱动程序。下面的案例就是针对一个工业控制器编写的监控驱动程序。

DAM0404 控制器是厂商生产的一款输入输出控制器，具有 4 路继电器开关控制（最大 10 安培电流）和 4 路开关信号检查输入。其中的继电器开关，可以根据需要，接线成为常开或常闭开关。其厂商提供的技术资料见配套资源中的“DAM10102-串口版说明书.doc”文档（与该公司的DAM10102控制器使用同样的通信协议，建议花时间阅读理解，并与这里的源代码对照）。图 8-9 所示是该设备的外观图。

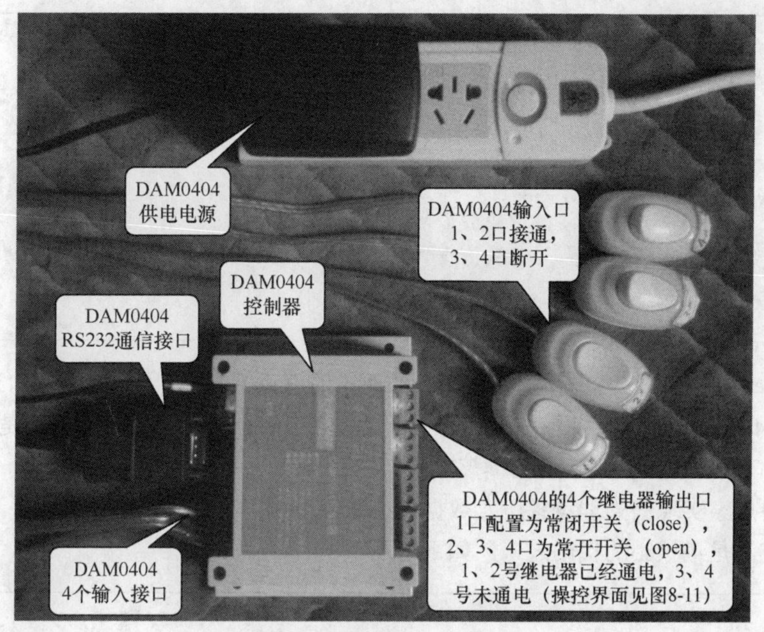

图 8-9 DAM0404 控制器

同样地，监控驱动程序必须实现两个类：MonitorSystem 和 SubDeviceSystem。项目DAM0404Driver 生成的程序 DAM0404Driver.dll 放置在 Drivers 目录下，即可被 DMC 使用。

1. 监控系统类 MonitorSystem

现在读者应该对它比较熟悉了，该类的设计主要体现在几个主要的属性和方法上。

（1）先看构造函数，确定通信方式。

```
public MonitorSystem(string _filename) : base(_filename)  //带参数的构造函数
{
    CommType = CommMode.RS232;                 //确定通信方式
    bServer = false;   //DMM 作为客户端通信，设备系统作为服务器：这里没有意义
    timer = new System.Timers.Timer(100);  //建立接收 DMP 指令的定时器
    timer.Elapsed += timer_Elapsed;
    if (DeviceSystems.Count == 0 || DeviceSystems[0].SubDeviceSystems.Count == 0 ||
DeviceSystems[0].SubDeviceSystems[0].Devices.Count == 0)
    {
        Description = "DAM0404-RS232 控制器监控系统";          //便于识别名称
    }
}
```

（2）再看初始化接口方法。

```
public void InitComm(object[] commObjects)
{
    if (commObjects == null) return;
    if (commObjects[0] is SerialPort)comm = (SerialPort)commObjects[0]; //串口通信对象
    if (commObjects[2] is ShareMemory)     //还需要共享内存消息队列来传递信息
        smarthomeshareMemory = (ShareMemory)commObjects[2];
    if (commObjects[3] is SmartHomeChannel)
        smarthomechannel = (SmartHomeChannel)commObjects[3];
    DMID = (ushort)smarthomechannel.appid; //获取传递的监控进程号
```

```
    if (DeviceSystems.Count == 0 || DeviceSystems[0].SubDeviceSystems.Count == 0 ||
DeviceSystems[0].SubDeviceSystems[0].Devices.Count == 0)
    {
        InitDeviceSystem();   //初始建立，构建设备描述
        this.SaveToFile();
        bNewDeviceFinded = true;
    }
    LoadSubDeviceSystems();   //装入所有子设备系统
    timer.Start();            //启动定时器检查数据
}
```

InitDeviceSystem 方法内部代码与前面介绍驱动的有点不一样，因为使用串口通信只能接入 1 个 DAM0404 控制器，其设备系统识别号、子设备系统识别号、设备识别号都是“0”。4 个开关、4 个输入口子设备的定义，请阅读该方法。

（3）设备厂家实现的处理设备所发数据的方法。

该接口方法是最核心的代码之一，如下所示。

```
public void ProcessDeviceSystemData(object sender, byte[] states)
{
    if (states.Length < 6) return;
    if (states[0] != 0xFE) return;                    //通信协议的定义，参见配套资源
    if (states[1] >> 7 > 0) return;                   //最高位置 1，表示错误
    if (states[01] == 1)                              //DO 数据
    {
        ProcessDOData(states[3]);                     //专门设计一个内部方法处理 DO 数据
        //★以下转换为标准字典结构的数据上传★
        IotDictionary json = new IotDictionary(SmartHomeChannel.SHFLAG);
        json.AddNameValue("cmd", IotMonitorProtocol.DEVSTATE);
        json.AddNameValue("dmid", DMID.ToString());
        json.AddNameValue("dsid", "0");
        json.AddNameValue("ssid", "0");
        json.AddNameValue("did", "0");
        json.AddNameValue("type", DeviceType.DO.ToString());
        json.AddNameValue("value", GetStateString(states[3], 4));   //自定义格式转化
        smarthomeshareMemory.AddMessage(json); //传给 DMP
    }
    else if (states[01] == 2)                         //DI 数据
    {
        string ds = ProcessDIData(states[3]);  //内部方法处理 DI 数据
        if (btimerSendDI && ds == DIstate)
        {
            return;        //内部获取状态，且状态没有任何改变，减少发给监控中心的数据
        }
        DIstate = ds;     //保存最近状态，一种减少通信数据的技巧：状态无变化，不发送
        IotDictionary json = new IotDictionary(SmartHomeChannel.SHFLAG);
        json.AddNameValue("cmd", IotMonitorProtocol.DEVSTATE);
        json.AddNameValue("dmid", DMID.ToString());
        json.AddNameValue("dsid", "0");
        json.AddNameValue("ssid", "0");
        json.AddNameValue("did", "0");
        json.AddNameValue("type", DeviceType.DI.ToString());
        json.AddNameValue("value", GetStateString(states[3], 4));
```

```
        smarthomeshareMemory.AddMessage(json); //先传给 DMP
    }
    else if (states[01] == 5)                    //单个开关状态数据: 见配套资源中的厂商通信协议
    {
        ProcessOneDOData(states);                //内部方法处理 DO 数据
        //控制第二路开 FE 05 00 01 FF 00 C9 F5
        //控制返回信息: FE 05 00 01 FF 00 C9 F5 (和发送的一样)
        IotDictionary json = new IotDictionary(SmartHomeChannel.SHFLAG);
        json.AddNameValue("cmd", IotMonitorProtocol.DEVSTATE);
        json.AddNameValue("dmid", DMID.ToString());
        json.AddNameValue("dsid", "0");
        json.AddNameValue("ssid", "0");
        json.AddNameValue("did", "0");
        json.AddNameValue("sdid", states[3].ToString());
        json.AddNameValue("type", DeviceType.DO.ToString());
        json.AddNameValue("value", states[4] == 0xFF ? "1" : "0");
        smarthomeshareMemory.AddMessage(json);
    }
    else
    {   }                                        //Console.Write("未知格式数据! ")
    if (bNewDeviceFinded)                        //有新的子设备增加: 一般情况下没有
    {
        this.SaveToFile();                       //必须先保存数据到磁盘文件
        bNewDeviceFinded = false;
        Thread.Sleep(200);
        NotifySHMNewDevice();                    //按平台的监控协议通知监控程序更新设备
    }
}
```

可以看到，内部定义了多个方法来处理设备硬件发来的数据。这是核心代码，这里只描述一个处理 DI 设备的 ProcessDIData 方法，其他子设备信息的处理方法类似。

```
string DIstate = "";                             //保存最近的 DI 状态值
private string ProcessDIData(byte hi)            //★处理 DI 数据★
{
    Idevice hd = SubDeviceSystems[0].subDeviceSystemBase.Devices[0]; //只有一个设备
    string state = GetStateString(hi, 4);        //参看配套资源中的厂商协议文档
    int count = state.Length;  //DI 子设备数量，如果数量比原来的大，要补充子设备
    for (int i = hd.DIDevices.Count; i<count; i++)  //补充子设备
    {
        DeviceDI dv = new DeviceDI();
        dv.ParentID = hd.DID;
        dv.SDID = (ushort)i;
        dv.FunctionDescription = "DI 信号";
        dv.UnitName = "";
        hd.DIDevices.Add(dv);
    }
    for (int i = 0; i<count; i++)                //设置各 DI 设备状态
    {
        IDeviceDI dv = hd.DIDevices[i];
        dv.HasSignal = state[i] == "1";          //引发事件
    }
    return state;                                //返回状态值
}
```

（4）处理 DMP 发来指令的方法。

该方法需要调用子设备系统的接口方法来传递指令，如下所示。

```
public void ProcessNotifyData(byte[] cmds) //★进程间通信 IPC 处理监控进程 DMP 发来的指令★
{
    IotDictionary iotd = IotDictionary.ConvertBytesToIotDictionary(cmds,
            SmartHomeChannel.SHFLAG);       //DMP 发来的是标准字典结构
    if (iotd == null) return;
    string cmd = iotd.GetValue("cmd");
    if (cmd == null) return;
    iotd.AddNameValue("dmid", DMID.ToString());
    //添加监控进程对应的设备监控系统的 ID 号：防止意外（应该有该词条）
    if (cmd == IotMonitorProtocol.DEVSTATE)     //获取设备状态的指令
    {
        string ssid = iotd.GetValue("ssid"); if (ssid == null) return;  //子设备系统：网络号
        string devid = iotd.GetValue("did"); if (devid == null) return; //设备号
        string subid = iotd.GetValue("sdid");  //子设备编号
        string type = iotd.GetValue("type"); if (type == null) return;
        try
        {
            DeviceType dt = (DeviceType)Enum.Parse(typeof(DeviceType), type);
            IsubDeviceSystemBase isds = GetSubDeviceSystem(this, 0, ushort.Parse(ssid));
            if (isds == null) return;            //没有找到对应的子设备系统
            IsubDeviceSystemMethod isdsm = FindSubDeviceSystem(isds); //操作方法接口
            if (isdsm == null) return;
            if (dt == DeviceType.DO)
            {
              if (subid == null)isdsm.GetDOState(ushort.Parse(devid));
              else isdsm.GetOneDOState(ushort.Parse(devid), ushort.Parse(subid));
            }
            else if (dt == DeviceType.DI)
            {
                btimerSendDI = false;           //DMP 发来指令，必须响应，不管状态变了没有
                isdsm.GetDIState(ushort.Parse(devid));
            }
            else if (dt == DeviceType.AO)
            {
                if (subid == null)isdsm.GetAOState(ushort.Parse(devid));
                else isdsm.GetOneAOState(ushort.Parse(devid), ushort.Parse(subid));
            }
            else if (dt == DeviceType.AI)
            {
                if (subid == null)isdsm.GetAIState(ushort.Parse(devid));
                else isdsm.GetOneAIState(ushort.Parse(devid), ushort.Parse(subid));
            }
        }
        catch { return; }
    } //end of DEVSTATE
    else if (cmd == IotMonitorProtocol.SHACTRL) //DMP 发来的控制指令
    {
        string ssid = iotd.GetValue("ssid"); if (ssid == null) return;  //子设备系统：网络号
```

```
        string devid = iotd.GetValue("did"); if (devid == null) return; //设备号
        string subid = iotd.GetValue("sdid"); //子设备编号
        string type = iotd.GetValue("type"); if (type == null) return;
        string cont = iotd.GetValue("act"); if (cont == null) return;
        IsubDeviceSystemBase isds = GetSubDeviceSystem(this, 0, ushort.Parse(ssid));
        //查找子设备系统
        if (isds == null) return;
        IsubDeviceSystemMethod isdsm = FindSubDeviceSystem(isds);//获取操作方法接口
        if (isdsm == null) return;
        DeviceType dt = (DeviceType)Enum.Parse(typeof(DeviceType), type);
        if (dt == DeviceType.DO) //开启或关闭
        {
            isdsm.SendDO(ushort.Parse(devid), ushort.Parse(subid),
                                (cont == "开启" || cont == "1"));
        }
        else if (dt == DeviceType.AO)
        {
            isdsm.SendAO(ushort.Parse(devid), ushort.Parse(subid),
                new double[] { double.Parse(cont) });
        }
    } //end of SHACTRL
}
```

具体的监控设备的操作是在子设备系统内完成的。

2. 子设备系统类 SubDeviceSystem

这也是必须实现的类，规则与前面例子相同，主要介绍以下 2 个方法。

（1）获取设备状态的接口方法。

同样地，有 12 个方法来获取子设备的状态信息。这里举一个例子。

```
public bool GetDIState(ushortdeviceID)  //获取 DI 状态的方法
{//根据厂商通信协议组织数据
    byte[] send = new byte[8] { 0xFE, 02, 00, 00, 00, 0x04, 0xEC, 0x02 }; //查询 4 路光耦
    byte[] crc = CRC16_C(send, 6);//校验码的计算方法见源代码，请读者自行阅读
    send[6] = crc[1];              //高位在前
    send[7] = crc[0];
    RS232NotifyDevice(send);       //通过串口发给设备: 与 ZigBeeDriver 项目一样
    return true;
}
```

（2）控制设备工作的接口方法。

接口类定义了 3 个方法，这里举其中 1 个。

```
public void SendDO(ushortdeviceID, ushortsubID, bool On)  //通断 DO 设备: 厂家实现!
{
    Idevice hd = FindHomeDevice(deviceID);       //查找设备
    if (hd == null) return;
    if (subID >= hd.DODevices.Count) return;    //超界了
    byte[] send = new byte[8] { 0xFE, 0x05, 0x00, 0x01, 0xFF, 0x00, 0xC9, 0xF5 };
    //控制第二路开的 Demo
    //byte[] send = new byte[8] { 0xFE, 0x05, 0x00, 0x01, 0x00, 0x00, 0x88, 0x05 };
    //控制第二路关
```

```
    send[3] = (byte)subID; //第 4 个字节表示开关控制口
    if (On)
    {
        if (hd.DODevices[subID].DoType == DOType.Open) send[4] = 0xFF; //开
        else send[4] = 0x00;//关
    }
    else
    {
        if (hd.DODevices[subID].DoType == DOType.Open) send[4] = 0x00;//关
        else send[4] = 0xFF; //开
    }
    byte[] crc = CRC16_C(send, 6);
    send[6] = crc[1];  //高位在前
    send[7] = crc[0];
    RS232NotifyDevice(send);
}
```

阅读到这里，读者应该已对监控驱动开发的框架有了较清晰的认识。我们已经把设备描述通用的处理属性和方法都编写在通用的监控协议库 SmartControlLib.dll 中了。开发者只需要编写与具体设备监控相关的代码。

图 8-10 所示是监控进程 DMP 配置 DAM0404 通信参数的界面。正确配置后，可以与控制器进行数据交互。图中显示的通信数据为十六进制，与厂家提供的协议描述一致。

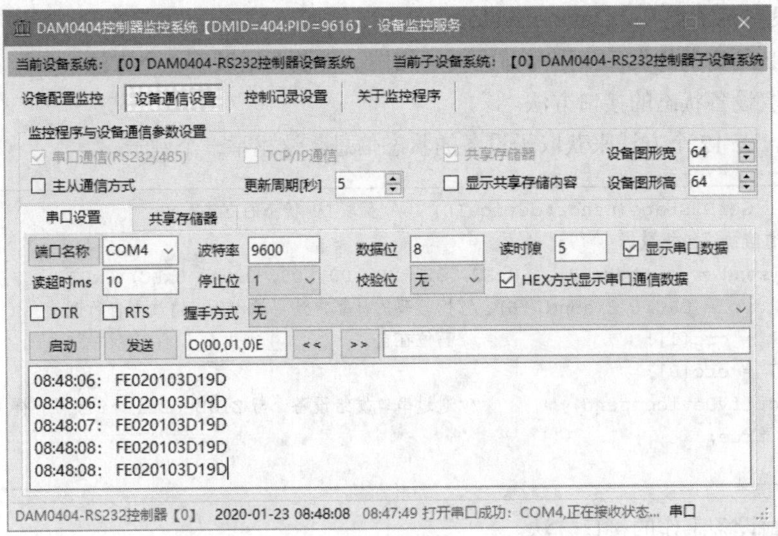

图 8-10　DMP 配置 DAM0404 通信参数

图 8-11 所示是监控进程 DMP 控制 DAM0404 的操控界面和配置子设备的 UI。注意：第一路继电器开关根据实际接线（与图 8-9 所示的实际状态一致），配置为常闭开关。常闭开关是指开关器件未通电时，其输出为“接通”状态，经常用于总电源的开关：当断电后再来电时，保证开关是接通的。仔细查看图 8-9 可以发现，1、2 号继电器已经通电（两个指示灯亮起），但在图 8-11 中，我们发现 01 号开关的输出是断开的（因为是常闭开关，通电反而断开连接，测量输出电压为零）。

也可以从 PC 或移动监控 App 中方便地监控 DAM0404 这个设备，实时获取 4 个电源开关和 4 路开关输入的状态，进而可控制 4 个电源开关的开闭。

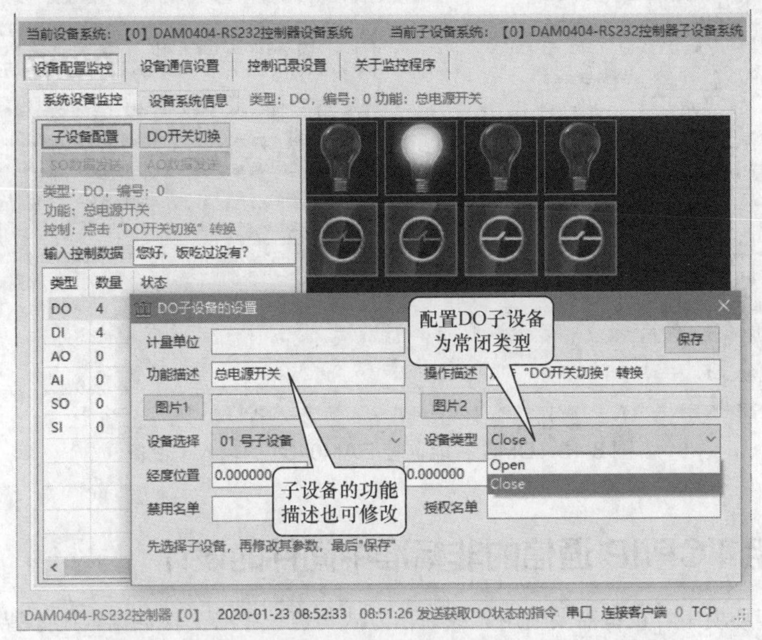

图 8-11 DMP 控制 DAM0404 操控界面和子设备配置界面

图 8-12 所示是 DMC 为 DAM0404 配置的一个智能监控：只要 4 个开关输入的任何一个接通，就播放音乐。当然也可以为每个开关输入编制播放不同音乐或者场景控制的功能。这就是智能家居厂商经常标榜的所谓的“场景开关面板”。我们在这里只是做得更灵活而已。

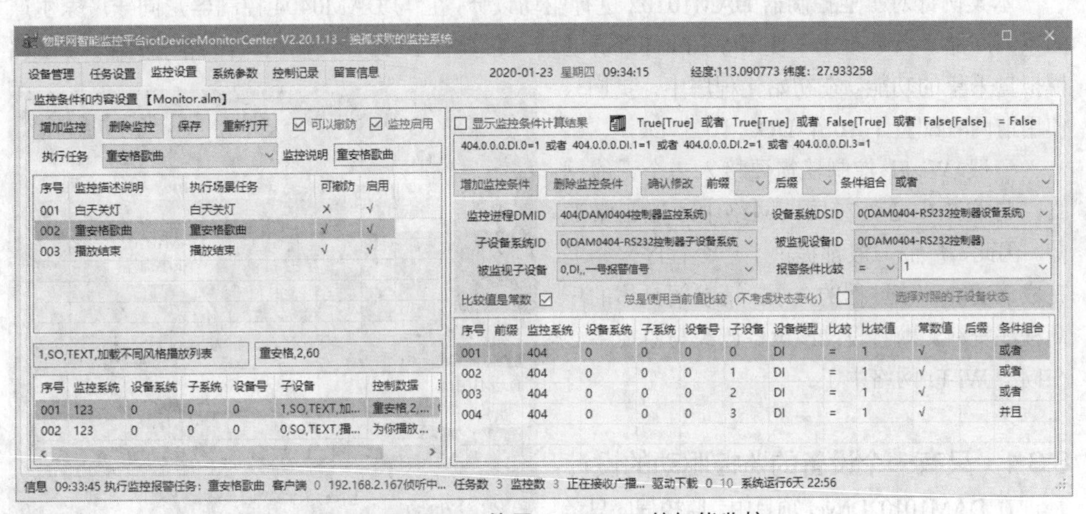

图 8-12 DMC 使用 DAM0404 的智能监控

图 8-13 所示是 DMC 为 DAM0404 配置的另外一个智能监控：只要 4 个开关输入的任何一个关闭，且音乐正在播放，就停止音乐播放（注意：可能还有几个输入处于接通状态）。

可以看到，只要有相应的硬件设备，我们就几乎可以“为所欲为”了，离“没有做不到，只有想不到”的境界又前进了一大步。可以预想，如果能设计一个 AI 智能监控驱动程序，未来一定会是我们现在无法想象的精彩。

下面开始介绍使用无线通信进行数据交互的驱动程序的开发。

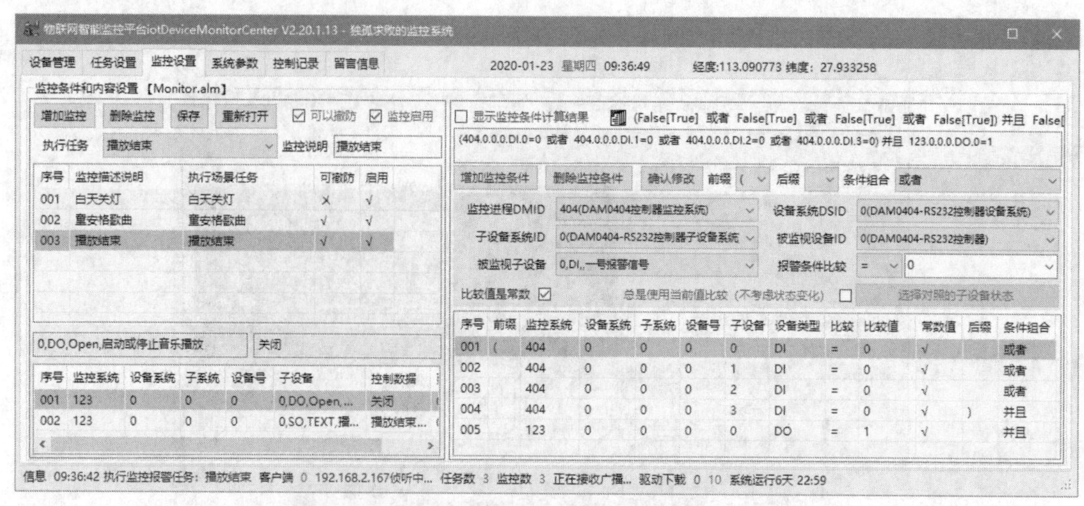

图 8-13 DMC 智能监控 DAM0404 的输入子设备

8.3 使用 TCP/IP 通信的非标准中间件的设计

很多工作环境中，设备需要使用无线通信方式与监控中心交换数据。比如智能家居系统的后期安装，因为进行有线部署设备极不方便且成本高，因此很多家电设备，包括工业控制设备都加装了串口转 Wi-Fi 的芯片，进行所谓的“智能化改造”。

Wi-Fi 无线通信标准 IEEE 802.11 已经广泛使用在电子电气设备中。如果设备厂商提供了二次开发 SDK，我们同样可以为其编写一个监控驱动，即所谓的“非标准”监控驱动程序。

本案例针对工业控制器 DAM10102 进行驱动设计，它与 DAM0404 控制器是同一厂家生产的系列产品，只是改成了使用 Wi-Fi 与外界通信。它具有 10 路开关输出，10 路光耦输入，2 路模拟量采集的功能。在初始化程序中，我们只使用前两者配置了 10 个 DO，10 个 DI。

一般 Wi-Fi 控制器需要接入一个无线网络，与监控中心处在同一网络中才能正常通信。因此，厂商一般都提供了一个程序来帮助完成该功能。该过程的介绍，请参阅具体的厂商程序资料。我们假设该设备已经与监控中心在同一 Wi-Fi 网络中了。

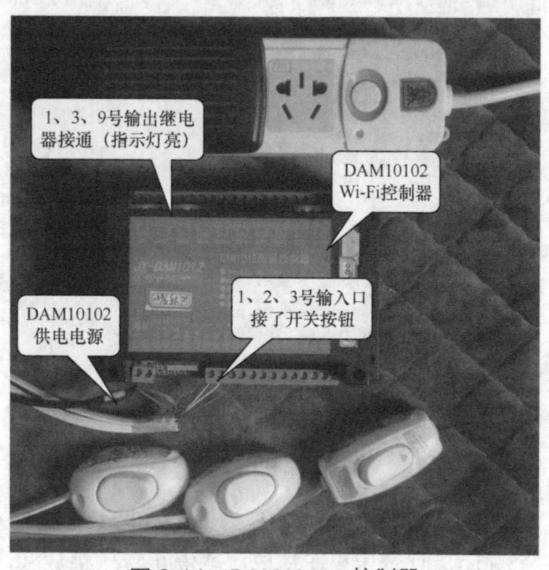

图 8-14 DAM10102 控制器

8.3.1 只有一个设备的监控驱动的设计

在 DAM10102Driver 项目中，监控程序只考虑接入一个设备。因此设备的层次结构描述与前面的一样，比较简单，在文档 DAM10102Driver.cs 中实现。

图 8-14 所示是设备的外观和连接图。

1. 监控系统类 MonitorSystem

（1）构造函数。

构造函数设置了通信方式和 C/S 通信模式。

```
public MonitorSystem(string _filename) : base(_filename)  //带参数的构造函数
{
    CommType = CommMode.TCPFree;           //不符合智能监控协议的 TCP 通信!
    bServer = true;                        //★DMM 作为客户端通信，设备系统作为通信服务器★
    timer = new System.Timers.Timer(100);
    timer.Elapsed += timer_Elapsed;
    if (DeviceSystems.Count == 0 || DeviceSystems[0].SubDeviceSystems.Count == 0 ||
DeviceSystems[0].SubDeviceSystems[0].Devices.Count == 0)
    {
        Description = "DAM10102-WIFI 控制器监控系统";  //便于识别名称
    }
}
```

首先把通信方式设置为厂商自定义格式的TCP通信方式（TCPFree）。我们约定在监控进程DMP中，对非标准格式的TCP通信，数据的处理交给DMM，而不是由DMP来统一处理：DMP通过Socket通信接收数据后，直接调用DMM设备系统对象的处理方法，第6章设备监控进程的设计中有如下代码。

```
void ProcessCommand(byte[] bjson, ConnectClient client)  //★★处理客户端发来的指令★★
{
   if (smarthomechannel.CommMode == (int)CommMode.TCPFree)
   {
       monitorSystemmethod.ProcessDeviceSystemData(client,bjson);
       //设备系统 TCP 传来的数据，传给智能监控驱动去处理!
       if (chkShowTcp.Checked)//显示数据，便于查看
       {......}
       return;
   }
   ......
}
```

当然，前提是设置了bServer = true，这里终于用到了该设置有效的情况。bServer = true意味着设备系统是通信服务端，DMP主动去连接设备系统。因此必须要知道设备Wi-Fi通信参数，如端口号和IP地址。在监控中心内必须配置好该参数，便于DMP建立正确的通信对象。图8-15所示是DMC配置该驱动的UI。

（2）初始化通信方法。

初始化通信方法中，获取DMP传递过来的TCP通信对象，代码如下。

```
public MyTcpClient tcpClient;
//约定：为减少复杂性，DMM 作为客户端通信只能连接一个设备服务端；如果要连接多个服务端，只能再启动一个监控进程 DMP，且配置不同的通信参数（DAM10102 控制器的 IP 地址也需要使用厂家提供的软件修改成一个不同的数值）
public void InitComm(object[] commObjects)
{
    if (commObjects == null) return;
    if (bServer)  //设备系统为服务端，DMP 为客户端
    {
        if (commObjects[1] is MyTcpClient)
            tcpClient = (MyTcpClient)commObjects[1];  //保存通信对象
    }
    ......
}
```

提示：监控驱动模块需要的通信对象都是由 DMP 创建好之后，再传递到 DMM 的。

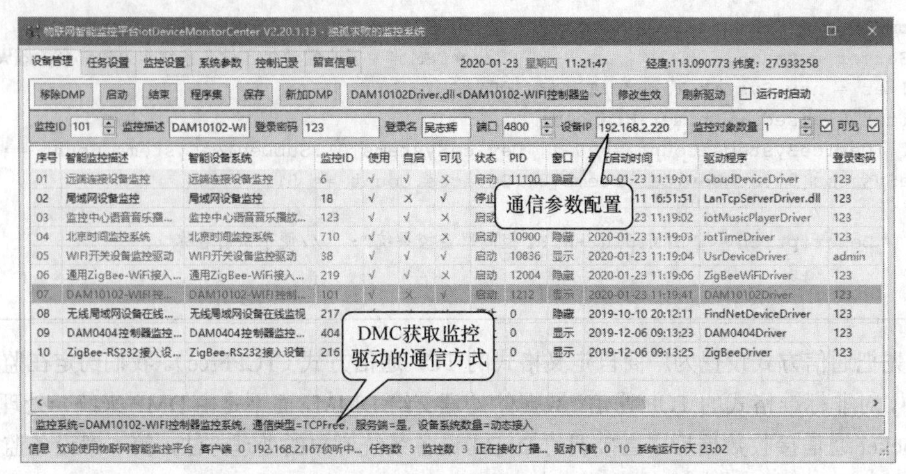

图 8-15　DMC 配置 DAM10102Driver 监控驱动参数

（3）处理设备信息。

DMP 创建的通信对象 tcpClient 接收到的数据由监控系统对象的设备数据处理方法处理，代码如下。

```
public void ProcessDeviceSystemData(object sender, byte[] states)  //★设备厂家实现的
处理“子设备系统”发来数据的方法★
{   //与 DAM0404Driver 程序的处理方法类似，因为通信协议一样
    if (states.Length < 7) return;
    if (states[0] != 0xFE) return;
    if (states[1] >> 7 > 0) return;                          //做高位置 1，表示错误
    if (states[01] == 1)                                      //DO 数据
    {
        ProcessDOData(states[3], states[4]);                  //处理 DO 数据
        //组织标准数据上传
        IotDictionary json = new IotDictionary(SmartHomeChannel.SHFLAG);
        json.AddNameValue("cmd", IotMonitorProtocol.DEVSTATE);
        json.AddNameValue("dmid", DMID.ToString());
        json.AddNameValue("dsid", "0");
        json.AddNameValue("ssid", "0");
        json.AddNameValue("did", "0");
        json.AddNameValue("type", DeviceType.DO.ToString());
        json.AddNameValue("value", GetStateString(states[3], states[4], 10));
        smarthomeshareMemory.AddMessage(json);                       //先传给 DMP

    }
    else if (states[01] == 2)                                        //DI 数据
    {

        string ds = ProcessDIData(states[3], states[4]);      //处理 DI 数据
        if (btimerSendDI && ds == DIstate)
        {
            return;   //内部获取状态，且状态没有改变，减少发给监控中心的数据
        }
        DIstate = ds;     //保存最近状态
        IotDictionary json = new IotDictionary(SmartHomeChannel.SHFLAG);
```

```
        json.AddNameValue("cmd", IotMonitorProtocol.DEVSTATE);
        json.AddNameValue("dmid", DMID.ToString());
        json.AddNameValue("dsid", "0");
        json.AddNameValue("ssid", "0");
        json.AddNameValue("did", "0");
        json.AddNameValue("type", DeviceType.DI.ToString());
        json.AddNameValue("value", GetStateString(states[3], states[4], 10));
        smarthomeshareMemory.AddMessage(json); //先传给SHM
    }
    else if (states[01] == 4)                        //AI数据
    {
        ProcessAIData(states);                       //处理AI数据
        IotDictionary json = new IotDictionary(SmartHomeChannel.SHFLAG);
        json.AddNameValue("cmd", IotMonitorProtocol.DEVSTATE);
        json.AddNameValue("dmid", DMID.ToString());
        json.AddNameValue("dsid", "0");
        json.AddNameValue("ssid", "0");
        json.AddNameValue("did", "0");
        json.AddNameValue("type", DeviceType.AI.ToString());
        json.AddNameValue("value", GetStateAIString(states));
        smarthomeshareMemory.AddMessage(json); //先传给SHM
    }
    else if (states[01] == 5)                        //单个开关状态数据
    {
        ProcessOneDOData(states);
        //控制第二路开: FE 05 00 01 FF 00 C9 F5
        //控制返回信息: FE 05 00 01 FF 00 C9 F5(和发送的一样)
        IotDictionary json = new IotDictionary(SmartHomeChannel.SHFLAG);
        json.AddNameValue("cmd", IotMonitorProtocol.DEVSTATE);
        json.AddNameValue("dmid", DMID.ToString());
        json.AddNameValue("dsid", "0");
        json.AddNameValue("ssid", "0");
        json.AddNameValue("did", "0");
        json.AddNameValue("sdid", states[3].ToString());
        json.AddNameValue("type", DeviceType.DO.ToString());
        json.AddNameValue("value", states[4] == 0xFF ? "1" : "0");
        smarthomeshareMemory.AddMessage(json);
    }
    else
    {  }                                             //Console.Write("未知格式数据! ");
    ……
}
```

一些内部处理数据的方法与DAM0404Driver项目的类似，请读者自行阅读源代码。

（4）处理DMP发来的指令的ProcessNotifyData。

```
public void ProcessNotifyData(byte[] cmds) //★处理监控进程DMP发来的指令★
{
    IotDictionary iotd = IotDictionary.ConvertBytesToIotDictionary(cmds,
                                          SmartHomeChannel.SHFLAG);
    if (iotd == null) return;
    string cmd = iotd.GetValue("cmd");
```

```
if (cmd == null) return;
iotd.AddNameValue("dmid", DMID.ToString()); //添加监控进程对应的设备监控系统的 ID 号:
                                             防止意外(应该有该词条)
if (cmd == IotMonitorProtocol.DEVSTATE)      //获取并返回设备状态
{ //获取设备层次结构
    string ssid = iotd.GetValue("ssid"); if (ssid == null) return;  //子设备系统: 网络号
    string devid = iotd.GetValue("did"); if (devid == null) return; //设备号
    string subid = iotd.GetValue("sdid");  //子设备编号
    string type = iotd.GetValue("type"); if (type == null) return;
    try
    {
        DeviceType dt = (DeviceType)Enum.Parse(typeof(DeviceType), type);
        IsubDeviceSystemBase isds = GetSubDeviceSystem(this, 0, ushort.Parse(ssid));
        if (isds == null) return;
        IsubDeviceSystemMethod isdsm = FindSubDeviceSystem(isds);
        if (isdsm == null) return;
        if (dt == DeviceType.DO)  //DO设备
        {
            if (subid == null)isdsm.GetDOState(ushort.Parse(devid));
            else isdsm.GetOneDOState(ushort.Parse(devid), ushort.Parse(subid));
        }
        else if (dt == DeviceType.DI)
        {
            btimerSendDI = false; //DMP发来指令
            isdsm.GetDIState(ushort.Parse(devid));
        }
        else if (dt == DeviceType.AO)
        {
            if (subid == null)isdsm.GetAOState(ushort.Parse(devid));
            else isdsm.GetOneAOState(ushort.Parse(devid), ushort.Parse(subid));
        }
        else if (dt == DeviceType.AI)
        {
            if (subid == null)isdsm.GetAIState(ushort.Parse(devid));
            else isdsm.GetOneAIState(ushort.Parse(devid), ushort.Parse(subid));
        }
    }
    catch { return; }
}  //end of 状态指令
else if (cmd == IotMonitorProtocol.SHACTRL)  //DMP发来的控制指令
{
    string ssid = iotd.GetValue("ssid"); if (ssid == null) return;  //子设备系统: 网络号
    string devid = iotd.GetValue("did"); if (devid == null) return; //设备号
    string subid = iotd.GetValue("sdid"); //子设备编号
    string type = iotd.GetValue("type"); if (type == null) return;
    string cont = iotd.GetValue("act"); if (cont == null) return;
    IsubDeviceSystemBase isds = GetSubDeviceSystem(this, 0, ushort.Parse(ssid));
    if (isds == null) return;
    IsubDeviceSystemMethod isdsm = FindSubDeviceSystem(isds);//获取操作方法接口
    if (isdsm == null) return;
    DeviceType dt = (DeviceType)Enum.Parse(typeof(DeviceType), type);
    if (dt == DeviceType.DO) //开启或关闭
    {
```

```
            isdsm.SendDO(ushort.Parse(devid), ushort.Parse(subid), (cont == "开启"
            || cont == "1"));
        }
        else if (dt == DeviceType.AO)
        {
            isdsm.SendAO(ushort.Parse(devid), ushort.Parse(subid),
                                new double[] { double.Parse(cont) });
        }
    }  //end of 控制指令
}
```

可以看到，代码与前面几个项目的几乎一样，因为架构是相同的。

2. 子设备系统类 SubDeviceSystem

真正控制设备工作的方法在该对象中实现，代码与 DAM0404 的几乎一样。唯一不同的是，组织的控制数据包是通过 TCP 通信方式发给设备的。下面是其发送数据给设备的方法。

```
void TCPNotifyDevice(byte[] send)       //用 TCP 通信通知设备系统
{
    MonitorSystem ms = (subDeviceSystemBase.owner.owner) as MonitorSystem;
    MyTcpClient client = ms.tcpClient;//通信对象保存在监控系统对象 MonitorSystem 中
    if (client != null && client.Connected)
        client.Send(send);
}
```

因为设备系统作为通信服务端，DMP 只有一个通信对象，所以无须定位通信对象。请思考一下：当有多个通信对象时，DMM 如何识别通信对象，把数据发到正确的设备？请阅读 8.3.2 小节，那里有解决方案供你借鉴。

项目编译后得到 DAM10102Driver.dll 程序集。图 8-16 所示是 DMP 使用监控驱动时接收到的原始数据的展示，数据格式与设备商提供的 SDK 协议描述一致。

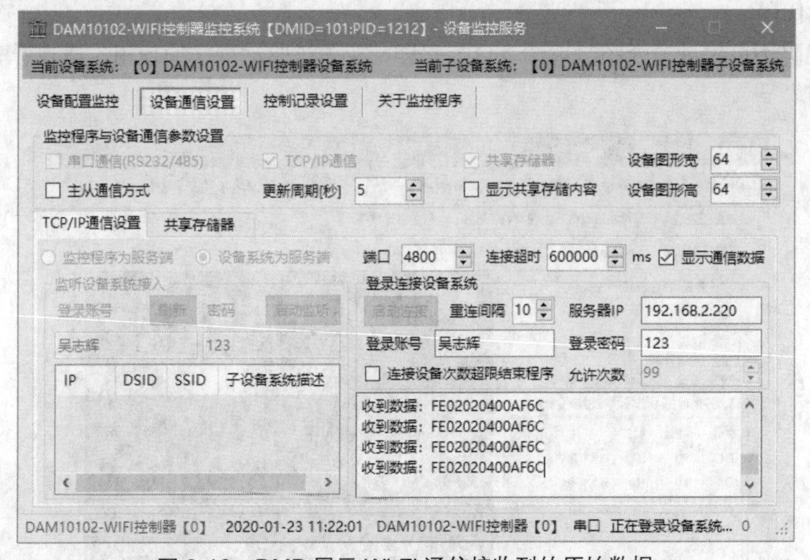

图 8-16　DMP 展示 Wi-Fi 通信接收到的原始数据

实际看到，每 0.5 秒左右接收到一次 DI 子设备的状态数据。这是因为 DAM10102 控制器没有主动报告 DI 子设备状态的机制，我们在驱动中设计了定时发送该信息的机制，代码如下。

```
void timer_Elapsed(object sender, System.Timers.ElapsedEventArgs e)
{
    if (isDealing) return;              //防止重入
    try
    {
        isDealing = true;
        IotDictionary json = smarthomeshareMemory.GetNotify();    //DMP 发来的通知
        ProcessNotifyData(json);
        count++;
        if (count % 5 == 0)             //★半秒钟获取一次 DI 状态: 定时器周期为 100 毫秒★
        {
            btimerSendDI = true;        //内部发的指令的标记
            SubDeviceSystems[0].GetDIState(0);//有了 btimerSendDI 标志，当实际发送 DI 状态
                                        数据时，没有变化则停止发送，减少了通信次数
        }
    }
    catch (Exception ex)
    {
        //MessageBox.Show(ex.ToString());       //发布时，去掉显示信息
    }
    isDealing = false;
    if (bNewDeviceFinded)
    {
        this.SaveToFile();
        bNewDeviceFinded = false;
        NotifySHMNewDevice();                   //通知监控程序更新设备……
    }
}
```

图 8-17 所示是 DMP 监控 DAM0102 控制器的 UI，图 8-14 所示照片就是该操控界面的运行结果。3 个 DI 开关的检测时间小于 0.5 秒，反应灵敏度还是可以接受的。如果嫌慢，请修改前面定时器的代码。

其他代码不再做过多介绍，请读者自行阅读。有关该驱动程序的使用，请观看配套资源中的相关视频。

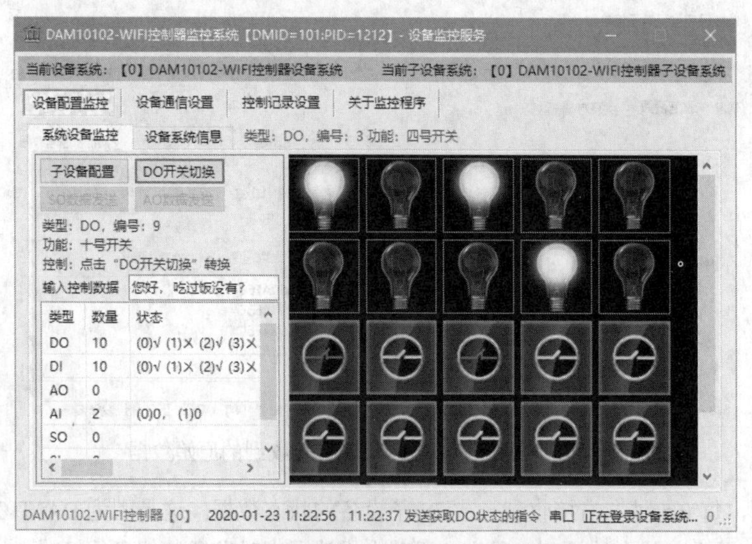

图 8-17 DMP 监控 DAM0102 控制器的 UI

8.3.2　可以接入多个同系列设备的监控驱动的设计

设备系统作为通信服务端有它的优点：多个监控程序可以同时连接该设备，并对其进行控制，如门禁系统的控制器，多个用户可以同时用手机 App 打开门禁。缺点是，安全性较差。

还有一种常见的情况，需要监控驱动处理。一般同一厂商生产的系列产品使用同样的通信协议。我们可以为其设计一个通用的监控驱动程序，这样多个设备可以接入一个监控系统中（一个 DMP），而不需要为每个单独的设备编写监控驱动，从而方便在一个监控系统中集中监控设备，减少启动 DMP 的数量，节约计算机资源。

本节将为“有人”公司的智能 Wi-Fi 开关、Wi-Fi 插座编写一个通用的监控驱动程序，并实现即插即用的效果，即智能开关上电后，自动接入监控系统，并为其分配一个唯一的设备识别号。当然，前提是事先用该公司提供的 App“掌控宝”把设备接入无线局域网。图 8-18 所示是“掌控宝”把几个设备接入家庭 Wi-Fi 网络后的 UI。

图 8-18　“有人”公司的 App 协助设备接入无线局域网络 WLAN

设计难点：保证智能开关、插座使用 Wi-Fi 接入监控系统，保证其设备识别号（DID）唯一、不重复，下次接入时，仍然保持原来的设备识别号。只有这样，才能保持设备层次结构稳定，编制的场景任务、智能监控不会失效。

设备使用 Wi-Fi 通信，其 Wi-Fi 通信芯片一般都有唯一的 MAC 地址（6 个字节的数据），这个地址通常都是不同的。可以根据此数据来判断是哪个设备接入。

图 8-19 所示是这些智能开关、插座接入 DMP 后，监控驱动程序自动为其分配设备识别号（DID），其中记录了设备 MAC 地址。当下一次开关插座重新接入系统时，监控驱动通过比较 MAC 地址数据，为其分配原来的 DID 号。当然，如果在 DMP 中删除了该设备，下次设备接入系统时，会为其分配新的 DID 号。

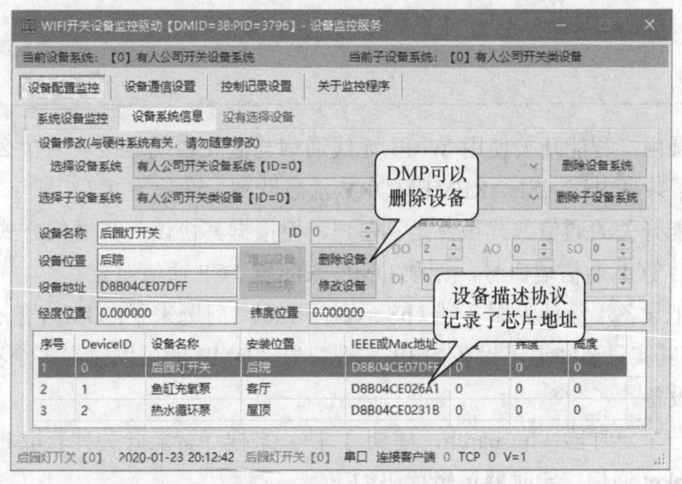

图 8-19　设备描述协议中有 MAC 地址属性

“掌控宝 GPIO 协议说明 v1.0.pdf”是“有人”公司为其智能设备提供的技术资料，配套资源中有该文档，请仔细阅读，因为监控驱动程序中需要使用这些信息，图 8-20 所示是“有人”智能面板开关和智能插座照片。

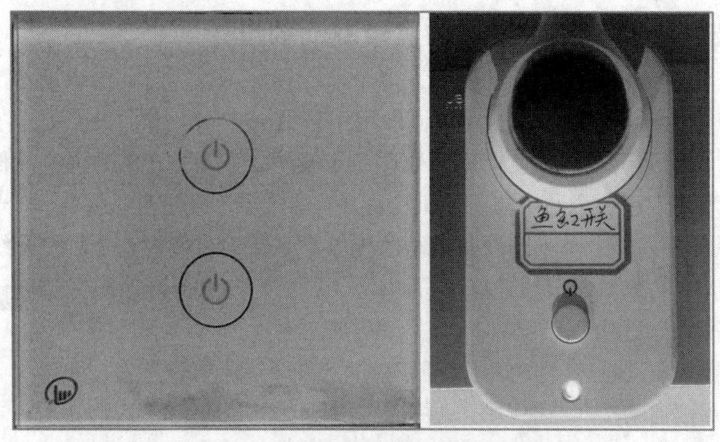

图 8-20 “有人”智能面板开关和智能插座照片

UsrDeviceDriver 项目也只包含一个文档 UsrDeviceDriver.cs 来实现，参见配套资源中的源代码项目。

1. 监控系统类 MonitorSystem

构造函数创建了两个定时器，其中一个就是用来解决设备即插即用（PNP），也就是设备接入问题的，如下所示。

```
public MonitorSystem(string _filename) : base(_filename)  //带参数的构造函数
{
    CommType = CommMode.SHAREMEMORY;
    bServer = true;
    timer = new System.Timers.Timer(100);
    timer.Elapsed += timer_Elapsed;
    tmsearch = new System.Timers.Timer(1000);
    tmsearch.Elapsed += tmsearch_Elapsed;  //搜寻 Wi-Fi 设备的定时器
    if (DeviceSystems.Count == 0)          //没有登记任何设备系统
    {
        InitDeviceSystem();
    }
}
```

读者可能有疑问：智能开关使用 Wi-Fi 无线通信与监控系统连接，为什么监控驱动程序的通信方式设计成了共享内存（SHAREMEMORY 消息队列）通信方式？

这是因为智能开关的通信方式虽然是 Wi-Fi，但根据其协议，其通信方式可以在监控驱动程序中固定，包括 TCP 通信端口号，无须 DMC 来配置 TCP 通信对象。

驱动程序还把设备端设计为服务端（bServer = true）。问题来了：DMM 怎么知道智能 Wi-Fi 开关的 IP 地址？其实只要知道了设备的 IP 和端口号，DMP 就可以建立多个独立的 TCP/IP 通信客户端去连接设备。

我们设计了一个定时器（tmsearch，周期 1 秒）来搜寻智能开关并获取相应信息，再根据其信息来建立 Socket 通信。定时器逻辑代码如下。

```
voidtmsearch_Elapsed(object sender, System.Timers.ElapsedEventArgs e)
{
    nCount++;
    try
    {
```

```
        if (nCount % 60 == 5)          //第 5 秒的时候
            SearchDevice();            //★搜索设备★
        else if (nCount % 60 == 15)
            GetDeviceInfo();           //★定时获取设备资源信息★
        else if (nCount % 60 == 20)
            NotifyNewDevice();         //★定时通知 DMP 有设备加入★
        else if (nCount % 60 == 40)
            GetDeviceState();          //★获取设备状态信息★
        else if (nCount % 60 == 50)
            CheckConnection();         //★检查 TCP 连接是否在线★
    }
    catch { }
}
```

可以看出，1 分钟内，监控驱动程序做了 5 件大事。下面我们一一介绍。

（1）搜索设备方法 SearchDevice。

厂家提供的“掌控宝 GPIO 协议说明 v1.0.pdf”中提供了在 WLAN 中搜索设备的方法，即用 UDP 广播的方式扩散自己的信息。

程序定义了一些内部属性来辅助系统，如下所示。

```
    Socket sockBroadcast = null;  //广播用 Socket 通信对象
    EndPoint ep = null;
    IPEndPoint iep;
    Thread tReceiveBroadcast;     //广播线程
    public List<MyTcpClient> tcpClients = new List<MyTcpClient>();
    //DMM 以客户端身份连接到“有人”的设备，可能有多个设备用通信列表对象描述
    int DevPort = 8899;           //TCP 通信端口号：设备商协议固定了该值
    int BroadCastPort = 1901;     //UDP 广播端口号固定
    string IP = "";
    byte[] searchusrdevicecmd = { 0xFF, 0x01, 0x01, 0x02 };  //广播数据包：设备商协议
    bool newdev = false;
    int lastNewDeviceId = 0;
    public List<IDevice> UsrDevices;
private void SearchDevice()       //广播搜索指令
{
    if (sockBroadcast == null) return;
    try{sockBroadcast.SendTo(searchusrdevicecmd, iep);}catch { }
}
```

代码很简单，就是周期性发送广播指令。问题是，UDP 广播对象是怎样建立的？

参阅第 4 章我们发现，DMP 在创建了监控系统对象后，会最后调用其 Login 接口方法，而 UsrDeviceDriver 项目的该接口方法如下。

```
public void Login(object[] loginParas)
{
    if (!timer.Enabled)               //一般放在对象准备好之后，最后启动对象自动工作
    {
        StartReceiveBroadcast();  //启动广播线程
        tmsearch.Start();         //开始搜索设备工作
        timer.Start();
    }
}
```

这里描述一下 StartReceiveBroadcast 方法启动广播线程工作的流程图，如图 8-21 所示。

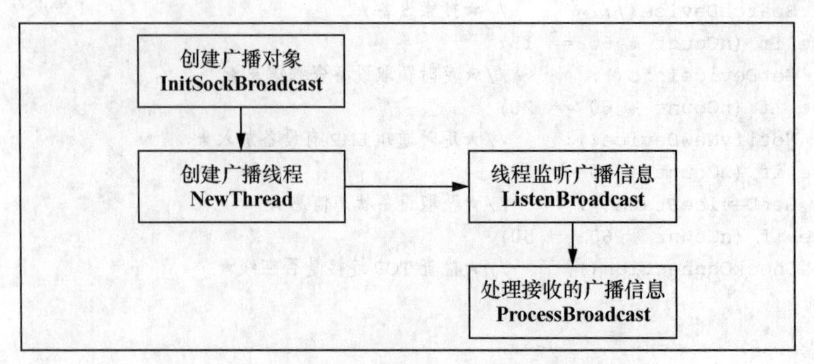

图 8-21 监控系统对象设备搜索流程示意图

相关的 4 个内部方法设计如下。

```
private void StartReceiveBroadcast()    //启动广播线程
{
    if (tReceiveBroadcast != null)
    {
        try
        {                               //如果广播线程已经运行，要退出
            tReceiveBroadcast.Abort();
            sockBroadcast.Disconnect(true);
        }
        catch { }
        sockBroadcast.Close();
        sockBroadcast.Dispose();
        Thread.Sleep(50);
    }
    try                                 //创建新的广播线程
    {
        InitSockBroadcast();            //初始化广播对象
        tReceiveBroadcast = new Thread(new ThreadStart(ListenBroadcast));
        tReceiveBroadcast.Start();
    }
    catch                               //(Exception ex)
    {
        tReceiveBroadcast = null;
    }
}
```

初始化广播对象的方法如下。

```
void InitSockBroadcast()
{
    if (sockBroadcast != null)
    {
        sockBroadcast.Close();
        sockBroadcast.Dispose();
    }
    try
    {
```

```
        sockBroadcast = new Socket(AddressFamily.InterNetwork, SocketType.Dgram,
            ProtocolType.Udp); //UDP Socket 通信对象
        if (IP == null || IP == "")
            IP = GetLocalIP(); //重要的技巧方法:获取 DMP 当前正在使用的 IP,请读者自行阅读代码;
当有虚拟网卡或多个网卡时，UDP 广播有问题，需要绑定当前正在使用的网卡来广播
        IPAddress ip = IPAddress.Parse(BroadcastAddress);
        iep = new IPEndPoint(ip, BroadCastPort);
        sockBroadcast.Bind(new IPEndPoint(IPAddress.Any, BroadCastPort));
        ep = new IPEndPoint(IPAddress.Broadcast, BroadCastPort);
        sockBroadcast.SetSocketOption(SocketOptionLevel.Socket,
                                SocketOptionName.Broadcast, 1);
    }
    catch (Exception ex)
    {
        sockBroadcast = null; Console.Write(ex.Message);
    }
}
```

广播通信对象 sockBroadcast 创建后，就可以在定时器中用于发送广播数据包了。在线程中接收数据的方法，如下所示。

```
void ListenBroadcast()  //监听广播信息，用于发现智能设备
{
    byte[] data = new byte[1024];
    while (true)
    {
        int recv = sockBroadcast.ReceiveFrom(data, ref ep);  //★在线程中接收 UDP 数据包★
        if (recv == 0) continue;                            //没有数据
        try
        {
            ProcessBroadcast(data, recv, ep);              //★处理接收到的广播信息★
        }
        catch{ }
    }
}
```

真正处理设备广播数据包的方法 ProcessBroadcast 才是设备接入监控系统的地方，需要根据厂商开发协议来仔细解析数据，是本驱动程序设计的核心代码之一，如下所示。

```
void ProcessBroadcast(byte[] data, int length, EndPoint ep) //★处理广播消息★
{
    if (length == 36 && data[0] == 0xFF && data[1] == 0x24) //根据协议判断
    {
        string IP = GetIPFromData(data); //设计内部方法获取数据包中的 IP 地址
        string MacAddress = GetMACFromData(data);          //获取 Mac 地址
        string DevName = GetNameFromData(data);
        MyTcpClient tcpClient = FindTcpByDeviceAddress(MacAddress);
        //★通过芯片 MAC 地址，检查是否曾经接入监控系统！★
        if (tcpClient == null)                             //初次连接
        {
            try
            {    //数据包 Demo: FF 24 01 08 64 C0 A8 08 E8 D8 B0 4C E0 23 09 01 00 01 00
                 //E9 B1 BC E7 BC B8 E7 94 B5 E6 9C BA 00 00 00 00 19
```

```
            //IP 地址: 192.168.8.232//MAC 地址: D8B04CE02309//设备名称: 鱼缸电机
            IPAddress ipaddress = IPAddress.Parse(IP);  //获取 IP 地址
            tcpClient = new MyTcpClient(new IPAddress[1] { ipaddress }, DevPort,
null, SmartHomeChannel.SHFLAG,Encoding.UTF8, false);           //★创建独立的 TCP 通信对象★
            tcpClient.IeeeOrMacAddress = MacAddress;//保存连接设备的 MAC 地址作为设
                                                    备的唯一识别号（IP 可能变化）
            tcpClient.DeviceName = DevName;
            tcpClient.tcpClient.ReceiveTimeout = 20000;
            tcpClient.tcpClient.SendTimeout = 20000;
            //挂接 3 个数据处理方法
            tcpClient.OnTcpServerConnected += tcpClient_ServerConnected;
            tcpClient.OnTcpDatagramReceived += tcpClient_DatagramReceived;
            tcpClient.OnTcpServerDisconnected += tcpClient_ServerDisconnected;
            tcpClients.Add(tcpClient);      //★添加到连接列表! ★
            tcpClient.Connect();            //若连接成功,从连接事件处理代码获取设备信息
        }
        catch (Exception ex)
        {  //MessageBox.Show("建立连接错误:" + ex.Message);  }
    }
    else  //已经连接，不做任何处理也可以修改已登记设备的名称等信息
    {
        //txtJson.Text += "\r\n 设备已经连接" + IP + ":" + MacAddress;
    }
  }
}
```

DMM 接收到广播数据包，解析其中的数据，如果是新设备的信息，则建立一个 TCP 客户端通信对象，保存 MAC 地址相关信息，并加入通信对象列表中，也为该通信对象挂接数据处理方法，这样就在 DMP 与具体设备之间建立了通信桥梁。我们来看一下处理接收设备数据的内部方法 tcpClient_DatagramReceived，如下所示。

```
private void tcpClient_DatagramReceived(TcpDatagramReceivedEventArgs<byte[]> e)
  //接收到的数据包内容
{ //通过 IP 地址，在通信对象列表中查找是哪个设备发来的数据
    MyTcpClient tcpClient = FindTcpByDeviceIP(e.TcpClient.Client.RemoteEndPoint.
ToString());
    if (tcpClient == null) return;
    try
    {
        ProcessRowData(tcpClient, e.Datagram); //.net 4.0，处理原始数据的内部方法
    }
    catch { }
}
```

真正处理设备发来数据的方法，代码如下。

```
private void ProcessRowData(MyTcpClienttcpClient, byte[] buffer)
{//需要根据厂商协议解析数据
    if (buffer[0] != 0xAA) return;
    if (buffer[1] != 0x55) return;
    int length = buffer.Length;
    if (buffer[length - 1] != GetCRC(buffer)) return;
```

```
//根据设备厂商提供的技术资料，编写以下处理程序
if (buffer.Length == 12 && buffer[5] == 0xFE) //取资源状态指令
{                                          //收到数据: AA 55 00 07 00 FE 02 00 00 00 00 07
    IDevice hd = FindDevice(tcpClient.IeeeOrMacAddress); //根据MAC地址查找设备
    if (hd == null)                       //新设备!
    {
        hd = new Device(DeviceSystems[0].SubDeviceSystems[0]);
        hd.SSID = 0;                      //设备初始化只创建了一个子设备系统
        hd.DID = GetUniqueID();    //★分配一个唯一的DID! ★
        hd.DeviceName = tcpClient.DeviceName;
        hd.PositionDescription = "客厅";
        hd.IEEEOrMacAddress = tcpClient.IeeeOrMacAddress;
        hd.Used = true;
        DeviceSystems[0].SubDeviceSystems[hd.SSID].Devices.Add(hd); //增加设备
        newdev = true;                    //新设备加入的标志
    }
    //★添加DO设备★
    for (int i = hd.DODevices.Count; i<buffer[6]; i++)
    {
        IDeviceDO dv = new DeviceDO();
        dv.SDID = (ushort)i;
        dv.ParentID = hd.DID;
        dv.ControlDescription = "单击DO切换";
        dv.FunctionDescription = string.Format("第{0}路开关", i + 1);
        hd.DODevices.Add(dv);
        newdev = true;
    }
    //★添加DI设备，其他类型设备暂时不考虑★
    for (int i = hd.DIDevices.Count; i<buffer[7]; i++)
    {
        IDeviceDI dv = new DeviceDI();
        dv.SDID = (ushort)i;
        dv.ParentID = hd.DID;
        dv.ControlDescription = "";
        dv.FunctionDescription = string.Format("第{0}路信号", i + 1);
        hd.DIDevices.Add(dv);
        newdev = true;
    }
    if (newdev)                          //有新设备加入
    {
        LoadSubDeviceSystems();          //重新装入所有子设备系统信息
        lastNewDeviceId = hd.DID;
        SaveToFile();                    //保存
        Thread.Sleep(200);               //等待保存完毕
        NotifyDMPNewDevice(hd.DID);      //通知DMP设备有变化
    }
}                                        //end of 取资源状态指令
else if (buffer[5] == 0x8A)              //状态数据包
{                                        //收到DO状态数据: AA 55 00 03 00 8A 00 8D
```

```
    IDevice hd = FindDevice(tcpClient.IeeeOrMacAddress);
    if (hd == null) return;
    for (int i = 0; i<hd.DODevices.Count; i++)  //设置各DO设备状态
    {
        IDeviceDO dv = hd.DODevices[i];
        dv.PowerState = (buffer[6] & (1 << i)) > 0 ? SmartControlLib.PowerState.
        PowerON :
        SmartControlLib.PowerState.PowerOFF;  //触发事件
    }
    //转换为标准字典上传
    IotDictionary json = new IotDictionary(SmartHomeChannel.SHFLAG);
    json.AddNameValue("cmd", IotMonitorProtocol.DEVSTATE);
    json.AddNameValue("dmid", DMID.ToString());
    json.AddNameValue("dsid", "0");
    json.AddNameValue("ssid", "0");
    json.AddNameValue("did", hd.DID.ToString());
    json.AddNameValue("type", DeviceType.DO.ToString());
    json.AddNameValue("value", GetStateString(buffer[6], hd.DODevices.Count));
    AddMessage(json);  //通过消息队列报告给DMP
} //end of 状态数据包
else if (buffer[05] == 0x82 || buffer[05] == 0x81 || buffer[05] == 0x83)
{  //打开或关闭开关，设备开关返回的数据AA 55 00 04 00 81 01 00 86
    IDevice hd = FindDevice(tcpClient.IeeeOrMacAddress);
    if (hd == null) return;
    int sw = buffer[6] - 1;//哪个开关?
    if (sw < 0 || sw >= hd.DODevices.Count) return;
    IDeviceDO dv = hd.DODevices[sw];
    dv.PowerState = buffer[7] == 1 ? SmartControlLib.PowerState.PowerON :
             SmartControlLib.PowerState.PowerOFF;//触发事件
    IotDictionary json = new IotDictionary(SmartHomeChannel.SHFLAG);
    json.AddNameValue("cmd", IotMonitorProtocol.DEVSTATE);
    json.AddNameValue("dmid", DMID.ToString());
    json.AddNameValue("dsid", "0");
    json.AddNameValue("ssid", "0");
    json.AddNameValue("did", hd.DID.ToString());
    json.AddNameValue("sdid", sw.ToString());                    //开关编号
    json.AddNameValue("type", DeviceType.DO.ToString());         //注意是DO状态
    json.AddNameValue("value", buffer[7] == 1 ? "1" : "0");      //开还是关
    AddMessage(json);        //报告给DMP
}
else if (buffer[05] == 0x94)  //所有DI状态，目前的Wi-Fi智能插座和开关没有DI子设备
{//收到DI状态数据：AA 55 00 03 00 94 00 8D
    IDevice hd = FindDevice(tcpClient.IeeeOrMacAddress);
    if (hd == null) return;
    for (int i = 0; i<hd.DIDevices.Count; i++)  //设置各DI设备状态
    {
        IDeviceDI dv = hd.DIDevices[i];
        dv.HasSignal = (buffer[6] & (1 << i)) > 0 ? true : false;
    }
```

```
        IotDictionary json = new IotDictionary(SmartHomeChannel.SHFLAG);
        json.AddNameValue("cmd", IotMonitorProtocol.DEVSTATE);
        json.AddNameValue("dmid", DMID.ToString());
        json.AddNameValue("dsid", "0");
        json.AddNameValue("ssid", "0");
        json.AddNameValue("did", hd.DID.ToString());
        json.AddNameValue("type", DeviceType.DI.ToString());
        json.AddNameValue("value", GetStateString(buffer[6], hd.DIDevices.Count));
        AddMessage(json); //报告给 DMP
    }
}
```

从代码中可以看到，设备的描述和接入是动态产生的。这与前面几个监控驱动的设计是很不同的！这样处理设备接入满足了不同设备的即插即用的需求，对用户来讲，极大提高了使用体验度。也只有这样，才能满足消费者使用设备便捷的基本要求。

（2）获取设备资源信息方法 GetDeviceInfo。

DMM 通过处理广播消息建立了与智能设备之间的通信连接。接下来就是要发指令给设备，请求返回其设备描述信息。在厂商协议中提供了该功能，依照该功能编写了协议方法，代码如下。

```
private void GetDeviceInfo()                            //获取设备资源信息
{
    for (int i = 0; i<tcpClients.Count; i++)
      GetInfoCmd(tcpClients[i]);                        //遍历所有连接设备，逐一发出请求指令
}
private void GetInfoCmd(MyTcpClient tcpClient)          //通信对象作为参数
{
    byte[] send = new byte[7];                          //按厂商协议组织数据帧
    send[0] = 0x55;
    send[1] = 0xAA;           //55AA 帧头(2byte)
    send[2] = 0x00;
    send[3] = 0x02;           //包长度(2byte)
    send[4] = 0x00;           //ID 地址码(1byte)
    send[5] = 0x7E;           //命令(1byte)
    send[6] = GetCRC(send);
    tcpClient.Send(send);     //发出数据包
}
```

设备接收到数据包后，ProcessRowData 方法处理返回数据，建立正确的设备层次描述结构（参见前面部分）。

（3）获取设备状态信息 GetDeviceState。

由于智能开关平时不会周期性报告设备状态，我们设计定时获取状态信息的方法，代码如下。

```
private void GetDeviceState()  //获取设备状态信息
{   //根据厂商协议发送数据包
    byte[] send = new byte[] { 0x55, 0xAA, 00, 02, 00, 0x0A, 0x0C }; //查询电器 0A 指令
    for (int i = 0; i<tcpClients.Count; i++)
        tcpClients[i].Send(send);
}
```

设备接收到数据包后，ProcessRowData 方法处理返回数据，改写设备状态数据，并转换为标准格式上传到 DMP，最后到达 DMC 和客户端（参见前面部分）。

（4）检查 TCP 连接是否在线的方法 CheckConnection。

在 TCP/IP 通信机制中，服务端通信程序在设定的时间内没有客户端访问会自动断开连接。我们定时检查断开连接的客户端通信对象，定时从列表中将其删除掉，以释放资源，代码如下。

```
private void CheckConnection()  //检查 TCP 连接是否在线
{
    for (int i = tcpClients.Count - 1; i>=0; i--)
    {//技巧: 对于有删除操作的 for 循环，一般从后往前循环检查
        if (tcpClients[i] == null || !tcpClients[i].Connected) //不在线: 删除，等待重新连接
            tcpClients.Remove(tcpClients[i]);
    }
}
```

接下来，我们阅读监控对象两个重要的数据处理方法。

■ 处理监控进程 DMP 发来的指令。

```
public void ProcessNotifyData(byte[] cmds)
{
    IotDictionary json = IotDictionary.ConvertBytesToIotDictionary(cmds,
                  SmartHomeChannel.SHFLAG);
    if (json == null) return;
    string cmd = json.GetValue("cmd");
    if (cmd == null) return;
    else if (cmd == IotMonitorProtocol.DEVSTATE)                    //获取状态指令
    {
        string devid = json.GetValue("did"); if (devid == null) return;
        string type = json.GetValue("type"); if (type == null) return;
        DeviceType dt = (DeviceType)Enum.Parse(typeof(DeviceType), type);
        ushort did = 0;
        if (ushort.TryParse(devid, out did) == false) return;    //设备号错误
        if (dt == DeviceType.DO)
        {
                IsubDeviceSystemMethod sds=
                    FindSubDeviceSystem(DeviceSystems[0].SubDeviceSystems[0]);
            //无须查找，只有 1 个设备系统和 1 个子设备系统
            if (sds != null) sds.GetDOState(did);
        }
    }
    else if (cmd == IotMonitorProtocol.SHACTRL)                    //DMP 发来的控制指令
    {
        string s = json.GetValue("sdid"); if (s == null) return;
        ushortsdid = 0;
        if (ushort.TryParse(s, out sdid) == false) return;       //子设备号错误
        string cont = json.GetValue("act"); if (cont == null) return;
        s = json.GetValue("type"); if (s == null) return;
        DeviceType dt = (DeviceType)Enum.Parse(typeof(DeviceType), s);
        IsubDeviceSystemMethod sds =
```

```
        FindSubDeviceSystem(DeviceSystems[0].SubDeviceSystems[0]);
        if (sds == null) return;
        if (dt == DeviceType.DO)                                  //开启或关闭
        {
            s = json.GetValue("did");
            ushort did = 0;
            if (ushort.TryParse(s, out did) == false) return;    //设备号错误
            sds.SendDO(did, sdid, (cont == "开启" || cont == "1"));
        }
    }
}
```

该接口方法比较简单：检索对应智能开关设备，通过子设备系统传递数据给设备。

■ 处理子设备系统发过来的数据。

```
public void ProcessDeviceSystemData(object sender,byte[] states)
//★设备厂家实现的处理“子设备系统”发来数据的方法★
{
    //标准格式数据直接由监控进程处理完毕
    //如果是非标准格式，需要在这里转换处理
}
```

该方法没有任何处理代码！因为在内部通信对象接收的数据直接被 ProcessRowData 方法处理了。

2. 子设备系统类 SubDeviceSystem

该对象的设计没有什么特殊情况。这里介绍发送指令给设备的两个方法。

```
public bool GetDOState(ushort deviceID)                  //获取开关状态接口方法
{   //请根据厂商协议组织数据
    byte[] send = new byte[] { 0x55, 0xAA, 00, 02, 00, 0x0A, 0x0C }; //查询电器
    IDevicehd = FindDevice(deviceID);                    //找到对应设备
    if (hd == null) return false;
    MyTcpClient client = FindDeviceClient(hd); //找到对应连接
    if (client == null) return false;
    client.Send(send);
    return true;
}
```

这里主要根据设备识别号找到对应的通信对象，由通信对象传递数据。这与前面介绍的几个监控驱动的设计很不一样，在之前的设计中只有一个通信对象，而本项目可能涉及几个甚至几十个通信对象，代码如下。

```
private MyTcpClient FindDeviceClient(IDevice dv)
{
    List <MyTcpClient> tcpClients = //请阅读监控系统对象的 InitComm 方法
          ((subDeviceSystemBase.owner.owner) as MonitorSystem).tcpClients;
    for (int i = tcpClients.Count-1; i>=0; i--)
    {   //根据 MAC 地址来判断
        if (tcpClients[i].IeeeOrMacAddress == dv.IEEEOrMacAddress) return tcpClients[i];
```

```
    }
    return null;
}
```

发送控制指令的方法也需要组织相应格式的数据包，代码如下。

```
public void SendDO(ushort deviceID, ushort subID, bool On)    //通断 DO 设备：厂家实现!
{
    Idevice hd = FindDevice(deviceID);                          //找到对应设备
    if (hd == null) return;
    MyTcpClient client = FindDeviceClient(hd);                  //找到对应连接
    if (client == null) return;
    if (subID >= hd.DODevices.Count) return;                    //超界了
    IdeviceDO ddo = hd.DODevices[subID];                   //要操作的 DO 子设备
    byte[] send = new byte[8];
    send[0] = 0x55;
    send[1] = 0xAA;                                        //55AA 帧头
    send[2] = 0x00;
    send[3] = 0x03;                                        //包长度
    send[4] = 0x00;                                        //地址码
    if (On) send[5] = 0x02;                                //使用开启指令
    else send[5] = 0x01;                                   //使用关闭指令
    send[6] = (byte)subID;                                 //开关编号
    send[6]++;                                             //从 1 开始计算
    send[7] = GetCRC(send);
    client.Send(send);
}
```

编译项目得到 UsrDeviceDriver.dll 程序集，DMC、DMP 就可以使用该监控驱动程序了。启动 DMP 运行后，我们把插座通电可以看到，它自动接入了监控平台，并可立即被监控。而已经上电的智能开关面板在 1 分钟内也会自动接入（为什么？请读者思考）。

图 8-22、图 8-23 所示是笔者使用两个智能插座的场景任务 UI。

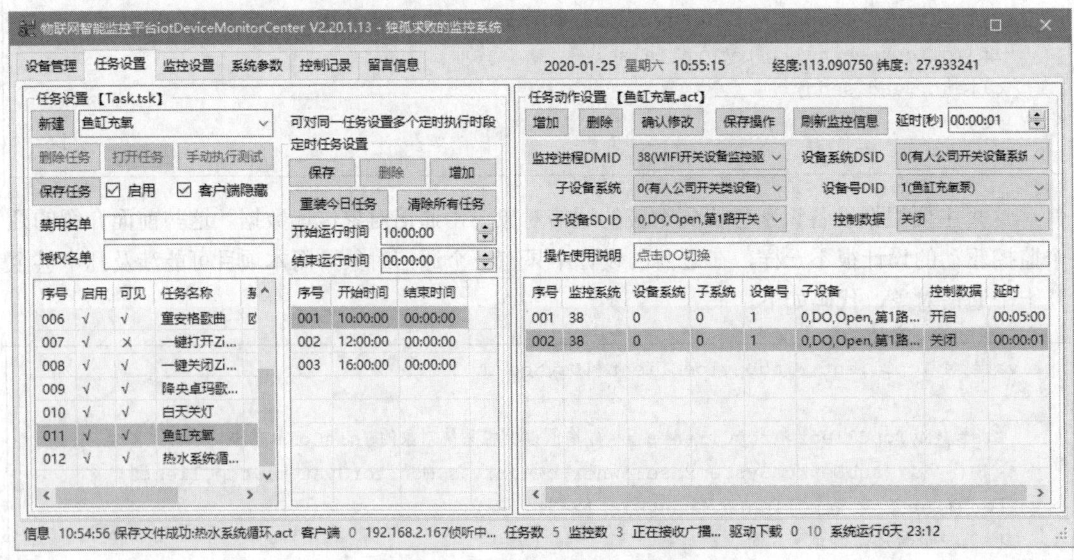

图 8-22　鱼缸定时充氧任务

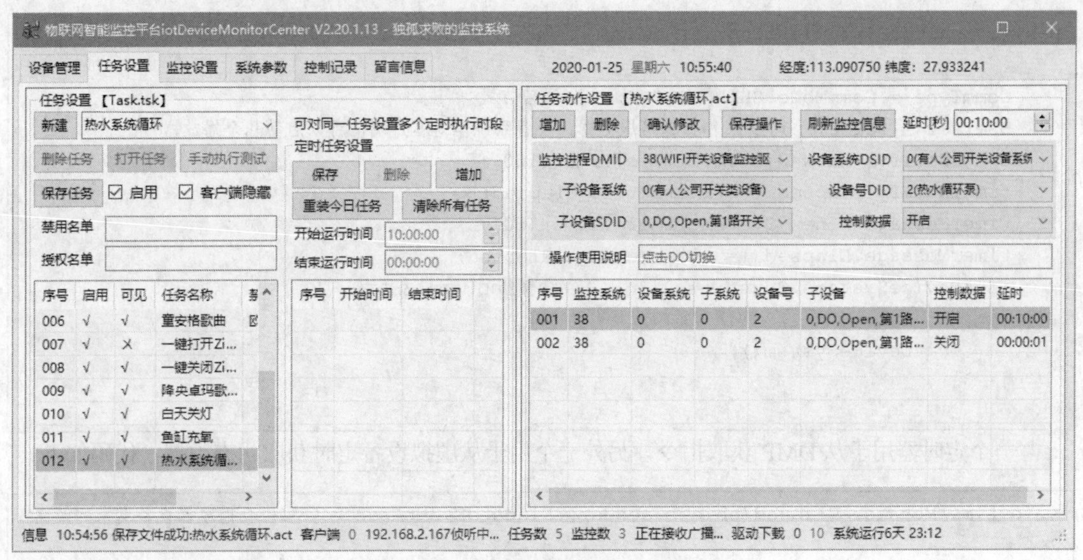

图 8-23 热水系统循环泵工作任务

鱼缸充氧设置了 3 个时间段工作，每次充氧 5 分钟后自动关闭。

热水系统循环泵工作很有现实意义。太阳能热水系统安装在屋顶，离房间有 10 多米，总水路管道有几十米，且出口管道是 6 分管。每次要打开水龙头 2～3 分钟后，才有热水，浪费了大量的水资源。但如果整天开启循环泵又不经济，特别是冬天，热水在管道中散热很快，导致热水箱温度低，结果制热系统不停地工作，极其耗电。现在好了，洗澡之前，让热水循环几分钟后，自动停止。打开龙头，热水立马出来！几十块钱解决了大问题。笔者使用了几个 ZigBee 情景开关来触发热水循环泵工作：按一下按钮即可，其启动和停止都设置了语音提示，做到了使用者心中有数。

该驱动程序的使用，请观看配套资源中的相关视频。

8.4 使用监控协议的标准中间件的设计

前面的设计例子都是使用了设备厂商提供的技术资料而开发的监控驱动开发项目。如果设备在生产或升级规划中使用“标准”字典结构的监控协议，那么，只需要编写一个通用的监控驱动程序，不同厂商的设备就可以直接接入监控平台，不用再自行开发驱动。美好的想法，我们来实现它。当然，要实现 PNP 效果，也得遵守一些规则。

8.4.1 iotMusicPlayerDriver 项目

该项目的设计来源：监控中心需要有一个或几个语音播放程序，用于现场语音提示或播放音乐。为此，我们设计了一个虚拟设备“语音音乐播放器”程序 SHMusicPlayer.exe，放在 DMC 的根目录下，读者可免费使用。该语音音乐播放器也可以独立运行。

我们在该播放器内部实现了设备描述协议，可使用消息队列与 DMP 交互，使用的是标准的监控协议。现在编写 iotMusicPlayerDriver 监控驱动项目来监控该程序。

由于使用了标准的监控协议，可以想象，监控驱动的开发应该比较简单和规范。

（1）监控系统对象的构造函数。

```
public MonitorSystem(string _filename) : base(_filename)  //带参数的构造函数
{
    CommType = CommMode.SHAREMEMORY;   //通信方式
    bServer = false;  //DMM 作为通信服务器，设备系统作为客户端，可以启动几个播放器
    timerNotify = new System.Timers.Timer(150);
    timerNotify.Elapsed += timerNotify_Elapsed;
    timerMessage = new System.Timers.Timer(50);
    timerMessage.Elapsed += timerMessage_Elapsed;
    if (DeviceSystems.Count == 0)       //没有登记任何设备系统
    {
        InitDeviceSystem();
    }
}
```

一个定时器用于从 DMP 获取指令，另外一个用于从虚拟设备定时获取状态数据，代码如下。

```
void timerMessage_Elapsed(object sender, ElapsedEventArgs e) //检查播放器设备发来的消息
{
    if (isDealing2) return;   //防止重入
    isDealing2 = true;
    try
    {
        for (int i = shareMemorys.Count - 1; i >= 0; i--)    //可能有多个播放器设备存在
        {
        IotDictionary json = shareMemorys[i].GetMessage();  //获取设备系统发来的数据:
IPC 消息队列通信必须有的处理方法。其他通信方式不需要
        if (json != null)
            ProcessDeviceStateData(null,json.GetBytes());   //调用接口方法
        }
    }
    catch { }
    isDealing2 = false;
}
```

初始化系统的方法 InitDeviceSystem 也很简单，建立一个没有子设备系统的设备系统，代码如下。

```
public void InitDeviceSystem()
{   //子设备系统（播放器）有设备连接时告知设备信息，动态建立子设备系统
    this.Description = "本地语音音乐播放监控系统";
    IDeviceSystemBase ds = this.NewDeviceSystem();
    ds.DSID = 0;
    ds.Description = "本地语音音乐播放系统";
    this.DeviceSystems.Add(ds);  //只有一个设备系统
}
```

虚拟设备不同于实体设备，不运行虚拟设备程序就不会“产生”设备。如果需要人工去启动，很麻烦。因此我们来设计初始化通信程序，实现设备自动启动。

（2）启动虚拟设备。

```
public void InitComm(object[] commObjects)
{
    if (commObjects == null) return;
    if (commObjects[2] is ShareMemory)           //与 DMP 之间通信的消息队列
```

```
        smarthomeshareMemory = (ShareMemory)commObjects[2];
    if (commObjects[3] is SmartHomeChannel)    //DMP与DMM之间的共享内存
        smarthomechannel = (SmartHomeChannel)commObjects[3];
    BuildPlayers();      //★建立播放器★
    timerNotify.Start(); //启动定时器检查DMP数据
    timerMessage.Start();//启动定时器检查设备数据
    Thread.Sleep(200);
    AskDeviceInfo();     //内部方法：请求设备信息
}
```

BuildPlayers 方法用于建立播放器虚拟设备，有两个内部列表属性保存消息队列通信对象，代码如下。

```
public List<ShareMemory> shareMemorys = new List<ShareMemory>();
//DMM与子设备系统之间交换数据的消息队列
public List<SmartHomeChannel> channels = new List<SmartHomeChannel>();
//DMM与子设备系统之间交换数据的共享内存
void BuildPlayers()  //根据smarthomechannel.DeviceId建立播放器数量
{
    PlayerCount = smarthomechannel.DeviceId;//共享内存传来的参数：改变了DeviceId的用途，
但没有修改成员变量名称
    if (PlayerCount < 1) PlayerCount = 1;
    else if (PlayerCount > 10) PlayerCount = 10;    //最多10个本地播放器
    for (int i = 0; i<PlayerCount; i++)          //在DMM与设备间建立消息队列和共享内存
    {
        Mutexmutex = new Mutex();
        Mutex mutexshare = new Mutex();          //互斥名称唯一：IotMutex_DMID_DSID_SSID
        string name = string.Format("{0}DeviceNotify_{1}_{2}_{3}",
            SmartHomeChannel.mutexname, DMID, 0, i);
        if (!CreateMutex(name, ref mutex))System.Environment.Exit(0);        //出错
        name = string.Format("{0}DeviceMessage_{1}_{2}_{3}",
                  SmartHomeChannel.mutexname, DMID, 0, i);
        if (!CreateMutex(name, ref mutexshare))System.Environment.Exit(0); //出错
        ShareMemory sm = new ShareMemory(mutex, SmartHomeChannel.SHFLAG,
            mutexshare); //★创建消息队列，以便与播放器交换数据★
        SmartHomeChannel aChannel = new SmartHomeChannel();//创建共享内存
        name = string.Format("{0}Device_{1}_{2}_{3}",
            SmartHomeChannel.sharememoryfile, DMID, 0, i);
        sm.Init(name, Marshal.SizeOf(aChannel));              //初始化消息队列
        if (sm.m_ok)//进程信息写入共享内存，以便播放器设备启动时获取相应信息
        {
            aChannel = (SmartHomeChannel)sm.ShareMemoryToObject(aChannel);
            aChannel.DeviceId = i;
            channels.Add(aChannel);
            sm.ObjectToShareMemory(aChannel);
        }
        shareMemorys.Add(sm);      //加入列表保存!!!
    }
    for (int i = 0; i<PlayerCount; i++)
        StartMusicPlayer(i);        //启动播放器程序
}
```

启动播放器程序的方法有一个参数，即子设备系统识别号 SSID，代码如下。

```
void StartMusicPlayer(int ssid)
{
    channels[ssid] =                                        //共享内存信息
        (SmartHomeChannel)shareMemorys[ssid].ShareMemoryToObject(channels[ssid] );
    if (channels[ssid].Deviceloaded) return;                //对应 SSID 播放器已经启动了，无需再创建
    try                                                     //没有启动的情况
    {
        ProcessStartInfo startInfo = new ProcessStartInfo();
        startInfo.FileName = "SHMusicPlayer.exe";           //设置运行文件
        //设置启动参数
        startInfo.Arguments = " appid=" + smarthomechannel.appid.ToString();
        startInfo.Arguments += string.Format(" dmid={0} dsid=0 ssid={1}", DMID, ssid);
        startInfo.Verb = "runas";                           //设置启动动作，确保以管理员身份运行
        try
        {
            Process p = Process.Start(startInfo);
            Thread.Sleep(400);
            channels[ssid].Deviceloaded = true;             //设立启动标志
        }
        catch (Exception ex)
        {
            MessageBox.Show("播放器启动失败:" + ex.Message );
        }
    }
    catch{}
}
```

启动播放器后，调用 AskDeviceInfo 方法：请求播放器返回设备描述信息，代码如下。

```
void AskDeviceInfo() //请求设备信息
{
    for (int i = 0; i<channels.Count; i++)
    {   //使用标准监控字典发送指令给播放器：使用创建的消息队列
        IotDictionary iotd = new IotDictionary(SmartHomeChannel.SHFLAG);
        iotd.AddNameValue("cmd", IotMonitorProtocol.DEVICESYSTEMINFO);  //指令!
        iotd.AddNameValue("dsid", "0");
        iotd.AddNameValue("ssid", i.ToString());
        shareMemorys[i].AddNotify(iotd.GetBytes());//加入消息队列
    }
}
```

（3）处理播放器发来的信息。

```
public void ProcessDeviceSystemData(object sender, byte[] states)
{//★子设备系统发来的数据是标准字典格式★
    IotDictionary iotd = IotDictionary.ConvertBytesToIotDictionary(states,
                SmartHomeChannel.SHFLAG);
    if (iotd == null) return;
    iotd.AddNameValue("dmid", DMID.ToString());     //加上监控进程编号
    string cmd = iotd.GetValue("cmd");
    if (cmd == IotMonitorProtocol.DEVICESYSTEMINFO) //设备信息
```

```
    {
        ProcessSubDeviceSystemInfo(iotd);             //建立子设备系统结构：重点（见后面介绍）
        return;
    }
    if (cmd == IotMonitorProtocol.DEVSTATE)           //506
    {
        smarthomeshareMemory.AddMessage(iotd);        //直接传给 DMP
        //以下是提取信息、修改子设备状态信息，便于触发事件，如果 DMP 以黑匣子方式运行（没有 UI），
          下面的代码完全可以省略
        string type = iotd.GetValue("type");
        if (type == null) return;
        string dsid = iotd.GetValue("dsid");
        if (dsid == null) return;  //设备系统
        string ssid = iotd.GetValue("ssid");
        if (ssid == null) return;             //子设备系统
        string did = iotd.GetValue("did");
        if (did == null) return;              //设备
        string sdid = iotd.GetValue("sdid"); //可能没有子设备，发来的是整类子设备的状态信息
        IDevice dv = this.GetDevice(this, ushort.Parse(dsid),
                                ushort.Parse(ssid), ushort.Parse(did));
        if (dv == null)  return;              //以下处理 6 类子设备类型
        if (type == DeviceType.DO.ToString()) //1.DO
        {
            string value = iotd.GetValue("value"); if (value == null) return;
            if (sdid != null)                 //单个子设备的信息
            {
                IDeviceDO d = GetDOSubDevice(dv, sdid);
                if (d != null)
                    d.PowerState = value == "1" ? SmartControlLib.PowerState.PowerON :
                        SmartControlLib.PowerState.PowerOFF; //修改子设备状态数据
            }
            else //整个 DO 子设备的状态信息
            {
                if (value.Length != dv.DODevices.Count) return;
                for (int i = 0; i<value.Length; i++)  //修改子设备状态数据
                    dv.DODevices[i].PowerState = value[i] == '1' ?
                        SmartControlLib.PowerState.PowerON :
                            SmartControlLib.PowerState.PowerOFF;
            }
        }  //以下处理其他子设备，代码类似，请参阅源代码
        else if (type == DeviceType.DI.ToString()){...... }  //2.DI
        else if (type == DeviceType.AI.ToString()){...... }  //3.AI
        else if (type == DeviceType.AO.ToString()){...... }  //4.AO
        else if (type == DeviceType.SI.ToString()){...... }  //5.SI，只处理单个设备数据
        else if (type == DeviceType.SO.ToString()){...... }  //6.SO，只处理单个设备数据
    }
    else  //其他协议的处理......
    {  }
}
```

这里的数据处理重点是创建设备的描述结构，其中涉及几个方便用高级语言描述的类，它们定义在通用监控协议类库 SmartControlLib.dll 中。前面我们提到过全栈系统的设计原则：一个通

信对象与一个子设备系统通信，故处理设备发来的描述信息的方法也就称为 ProcessSubDevice SystemInfo。

```
void ProcessSubDeviceSystemInfo(IotDictionary iotd)
{   //★根据设备描述信息构建设备的层次结构★
    byte[] deviceinfo = iotd.GetValueArray("stream");  //获取设备信息
    if (deviceinfo == null) return; //没有携带设备信息，非法登录
    iotSubDeviceSystem sds = new iotSubDeviceSystem(); //创建一个 iot 子设备系统
    sds.ReadFromBuffer(deviceinfo); //一个通信对象连接一个子设备系统
    //不存在该设备系统时，要加入列表保存
    string dsid = iotd.GetValue("dsid"); if (dsid == null) return;//获取所属层次结构信息
    string ssid = iotd.GetValue("ssid"); if(ssid == null) return;
    IsubDeviceSystemBase isds = null;
    try
    {   //在健康系统内查找子设备系统
        isds = GetSubDeviceSystem(this, ushort.Parse(dsid), ushort.Parse(ssid));
    }
    catch { return; }
    if (isds == null)//列表中没有登记子设备系统信息
    {
        if (this.DeviceSystems.Count == 0) InitDeviceSystem();
        isds = this.DeviceSystems[0].NewSubDeviceSystem(); //只有一个设备系统，不做查找
        this.DeviceSystems[0].SubDeviceSystems.Add(isds);  //增加子设备系统
        //把 iot 子设备系统描述信息 sds 内容转换为监控系统的子设备系统 isds 的内容
        iotSubDeviceSystemToSubDeviceSystem(sds, isds);  //代码较多，请读者自行阅读该方法
    }
    else
    {
        iotSubDeviceSystemToSubDeviceSystem(sds, isds); //把 sds 内容转换为 isds 内容
    }
    this.SaveToFile();                                     //重新保存监控系统设备信息
    iotd.DeleteName("stream");                             //删除字典中的多余信息
    smarthomeshareMemory.AddMessage(iotd.GetBytes());      //通知 DMP 更新设备信息
    LoadSubDeviceSystems();                                //重新加载所有子设备系统
}
```

iotSubDeviceSystemToSubDeviceSystem 设备描述转换方法涉及的 3 个业务类为 iot 子设备系统类 iotSubDeviceSystem、iot 设备类 DeviceInfo、iot 子设备描述类 DeviceDescription，定义在通用库的 IotSystemDevice.cs 文档中。与设备层次结构的描述相似，主要定义的是属性和数据存储方法，但没有定义操控设备的方法。具体源代码请参阅配套资源。图 8-24 所示是这些类之间的关系类图，与通用的设备描述结构类似（参见图 1-9）。

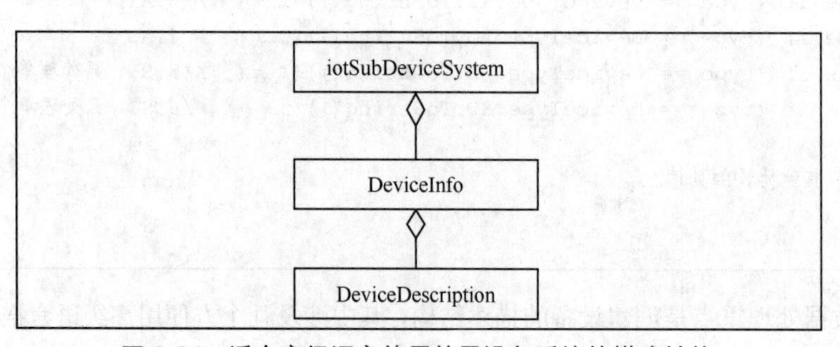

图 8-24 适合高级语言使用的子设备系统的描述结构

（4）处理 DMP 发来的信息。

可以想象，该接口方法应该很简单，直接转发即可，代码如下。

```
public void ProcessNotifyData(byte[] cmds) //★处理监控进程 DMP 发来的指令★
{
    IotDictionary iotd = IotDictionary.ConvertBytesToIotDictionary(cmds,
                                                SmartHomeChannel.SHFLAG);
    if (iotd == null) return;
    string cmd = iotd.GetValue("cmd");
    if (cmd == null) return;
    iotd.AddNameValue("dmid", DMID.ToString()); //防止意外（应该有该词条）
    NotifyMonitorSystem(iotd);  //符合 IotDictionary 结构的数据直接发给子设备系统
}
```

（5）子设备系统 SubDeviceSystem。

由于使用标准的监控协议与设备交互，其 15 个监控接口方法可以全部“标准化”实现，即按设备层结构描述信息组织数据字典发给设备。具体源代码请读者自行阅读。将数据发给设备的方法是使用消息队列，代码如下。

```
void IPCNotifyDevice(IotDictionary iotd)   //用 IPC 通信通知设备系统
{
    iotd.AddNameValue("dmm", "1");         //加上 dmm 标志: 监控中间件发来的数据
    MonitorSystem ms = (subDeviceSystemBase.owner.owner) as MonitorSystem;
    //定位是哪个消息队列
    ShareMemory sm = ms.FindSubDeviceSystem(subDeviceSystemBase.SSID.ToString());
    if (sm != null)
        sm.AddNotify(iotd.GetBytes());     //加入消息队列，由设备定时去读取
}
```

编译该项目得到程序集 iotMusicPlayerDriver.dll，放入 Drivers 目录可被 DMC 使用。图 8-25 所示是 DMC 配置启动两个语音播放器的 UI。驱动程序的具体使用、操作，请观看配套资源中的相关视频。

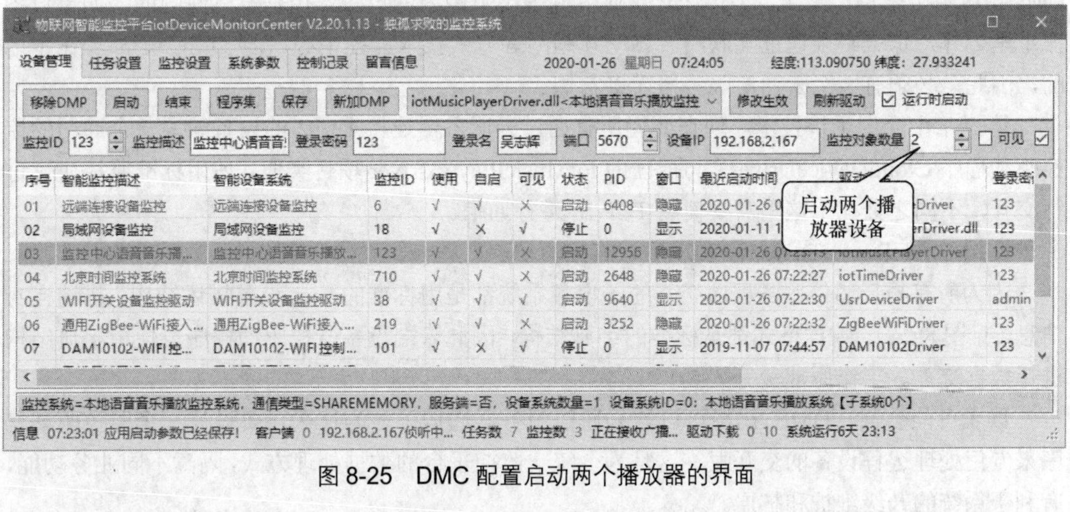

序号	智能监控描述	智能设备系统	监控ID	使用	自启	可见	状态	PID	窗口	最近启动时间	驱动	登录密
01	远端连接设备监控	远端连接设备监控	6	√	√	×	启动	6408	隐藏	2020-01-26 0	Driver	123
02	局域网设备监控	局域网设备监控	18	√	×	√	停止	0	显示	2020-01-11 1	rDriver.dll	123
03	监控中心语音音乐播...	监控中心语音音乐播放...	123	√	√	×	启动	12956	隐藏	2020-01-26 07:23:13	iotMusicPlayerDriver	123
04	北京时间监控系统	北京时间监控系统	710	√	√	×	启动	2648	隐藏	2020-01-26 07:22:27	iotTimeDriver	123
05	WIFI开关设备监控驱动	WIFI开关设备监控驱动	38	√	√	√	启动	9640	显示	2020-01-26 07:22:30	UsrDeviceDriver	admin
06	通用ZigBee-WiFi接入...	通用ZigBee-WiFi接入...	219	√	√	×	启动	3252	隐藏	2020-01-26 07:22:32	ZigBeeWiFiDriver	123
07	DAM10102-WIFI控...	DAM10102-WIFI控制...	101	√	×	√	停止	0	显示	2019-11-07 07:44:57	DAM10102Driver	123

图 8-25 DMC 配置启动两个播放器的界面

图 8-26 所示是 DMP 监控两个播放器的工作界面。

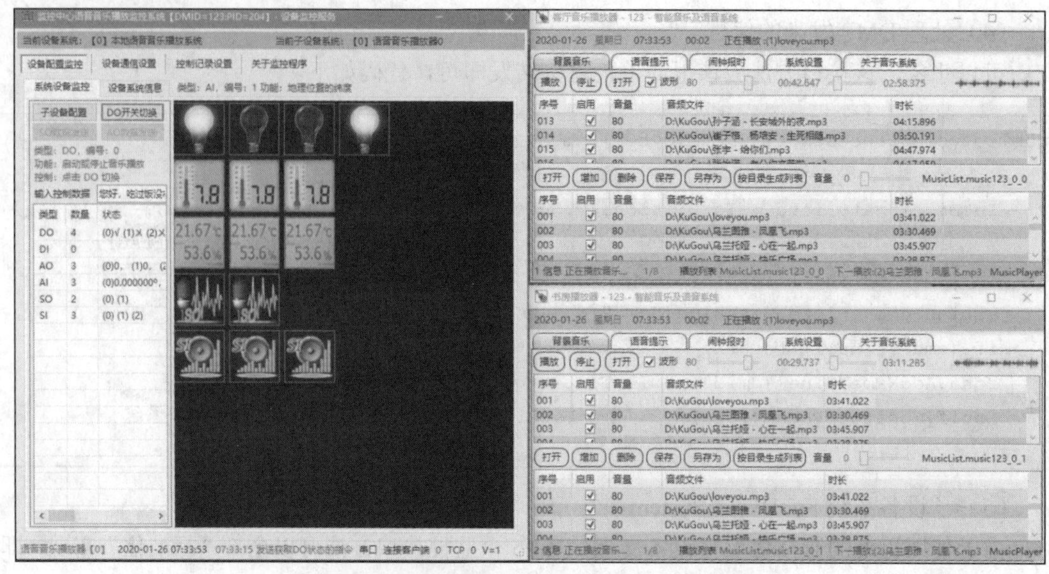

图 8-26 DMP 监控两个播放器的工作界面

当然，也可以在 DMC 为播放器设置智能监控，不过怎么用就是自己的事情了。比如，为很多设备状态的监控编辑语音提示功能。

也可启动多个播放器，每个播放器独立工作，作为广播电台的多路音频播放器、教学语音播放器、打铃播放器等使用。

小结：通过进程共享内存 smarthomechannel 传递过来的 DeviceId 数据，在本全栈项目中，被用于指示启动设备的数量。由于历史原因，没有修改该 DeviceId 的名称。

计算机程序也可以作为虚拟设备接入监控平台，这为扩展监控平台的功能提供了无限的空间。各种 MIS 系统、人工智能程序、办公软件……适当修改后，都可以被监控平台管理。

8.4.2 CloudDeviceDriver 项目

到目前为止，设备的接入都是有线直接连接 DMC，或者在 WLAN 中使用 Wi-Fi 无线连接 DMC。这用于家庭、大楼、小厂房、农业大棚等小范围内的设备监控是没有问题的。如果设备在千里之外，那就必须通过互联网或移动互联网等方式接入监控中心。但 DMC 是部署在本地的，因此，必须有一个云通信服务器连接它们。

第 5 章中介绍了该技术。现在要为所有通过云服务器连接 DMC 的设备编写一个通用的监控驱动程序 CloudDeviceDriver。与前面的 iotMusicPlayerDriver 项目类似，使用标准监控协议进行交互，不同之处在于这里需要使用 TCP/IP 进行通信。

文档 CloudDeviceDriver.cs 实现了该监控驱动。

因为所有与云通信服务程序交互的子设备系统都是用标准的“iot 设备描述结构”描述自身信息（见图 8-24），数据格式都是标准的字典结构，因此云端设备监控驱动程序也使用字典结构进行数据交互。工作原理参见图 5-1。

读者可能会问，DMC 已经可以与云通信服务器通信了，为什么还要设计一个监控驱动程序来专门处理远程设备的交互呢？这是为了统一监控平台的数据处理方式，隔离不同业务功能，有利于系统的升级维护和扩展。

需要注意的是，多个远程子设备系统可以接入云平台服务器，但一个云通信服务程序只允许一个远程设备监控驱动程序连接到云通信服务器！运行多个远程DMP进程，会出现不可预料的错误。

设备系统对象的构造函数定义了通信方式，如下所示。

```
public MonitorSystem(string _filename) : base(_filename)  //带参数的构造函数
{
    CommType = CommMode.CLOUD;        //云端TCP/IP通信方式
    bServer = true;
    //DMM作为客户端连接云通信服务器（云通信服务器可连接多个远程子设备系统）
    timer = new System.Timers.Timer(50);
    timer.Elapsed += timer_Elapsed;
    if (DeviceSystems.Count == 0 ) //没有登记任何设备的系统
    {
        InitDeviceSystem();
    }
}
```

（1）通信初始化。

```
public MyTcpClienttcpClient;//连接到云端通信服务器的通信对象
public void InitComm(object[] commObjects)
{
    if (commObjects == null) return;
    if (bServer) //设备系统为服务端，设备监控进程DMP（DMM）为客户端
    {
        if (commObjects[1] is MyTcpClient)
            tcpClient = (MyTcpClient)commObjects[1];  //保存通信对象
    }
    ……
    DMID = (ushort)smarthomechannel.appid;
    if (DeviceSystems.Count == 0 || DeviceSystems[0].SubDeviceSystems.Count == 0
|| DeviceSystems[0].SubDeviceSystems[0].Devices.Count == 0)
    {
            InitDeviceSystem();
    }
    LoadSubDeviceSystems();
    timer.Start(); //启动定时检查数据
}
```

初始化设备系统的方法极其简单，代码如下。

```
public void InitDeviceSystem()
{
    Clear();
    Description = "通用云端接入设备系统监控程序";
    X = Y = Z = 0;//无须做任何事情，有设备连接时告知设备信息，动态建立设备系统
}
```

（2）处理云端发来的信息。

```
public void ProcessDeviceSystemData(object sender, byte[] states)
//★设备厂家实现的处理“设备系统”发来数据的方法：由云服务器转发过来★
{
    IotDictionary iotd = IotDictionary.ConvertBytesToIotDictionary(states,
                                    SmartHomeChannel.SHFLAG);
```

```
    if (iotd == null) return;
    iotd.AddNameValue("dmid", DMID.ToString());      //加上监控进程编号
    string cmd = iotd.GetValue("cmd");
    if (cmd == IotMonitorProtocol.DEVICESYSTEMINFO) //★设备信息: 完整的设备系统信息★
    {
        byte[] deviceinfo = iotd.GetValueArray("stream");   //获取设备信息
        if (deviceinfo == null) return;                     //没有携带设备信息，非法登录
        string rmtdevip = iotd.GetValue("rmtdevip");
        this.ReadFromBuffer(deviceinfo);                    //从数据流生成监控系统
        this.SaveToFile();
        LoadSubDeviceSystems();                             //重新加载所有子设备系统
    }
    else if (cmd == IotMonitorProtocol.DEVSTATE)            //设备状态信息
    {
        smarthomeshareMemory.AddMessage(iotd);              //直接传给 DMP
    }
    else  //其他协议的处理……
        smarthomeshareMemory.AddMessage(iotd);              //直接传给 DMP
}
```

该方法拦截 DEVICESYSTEMINFO 指令，便于保存完整的云端连接设备的信息。

（3）处理 DMP 发来的指令。

```
public void ProcessNotifyData(byte[] cmds) //★处理监控进程 DMP 发来的指令★
{
    IotDictionary iotd = IotDictionary.ConvertBytesToIotDictionary(cmds,
                         SmartHomeChannel.SHFLAG);
    if (iotd == null) return;
    string cmd = iotd.GetValue("cmd");
    if (cmd == null) return;
    iotd.AddNameValue("dmid", DMID.ToString()); //防止意外（应该有该词条）
    if (cmd == IotMonitorProtocol.DEVICESYSTEMINFO)
    {//★如果 DMP 修改了设备的某些信息，会发来此指令★
        LoadSubDeviceSystems();
    }
    else//符合 IotDictionary 结构的数据，通过云通信服务器转发给设备监控系统 DMID
        TCPNotifyMonitorSystem(iotd);
}
```

（4）子设备系统的实现。

子设备系统的实现与 iotMusicPlayerDriver 监控驱动项目几乎完全一样，唯一不同的是通信方式，代码如下。

```
void TCPNotifyDevice(IotDictionaryiotd)     //用 TCP 通信通知设备系统（云通信服务器）
{
    //由 MinitorSystem 交给云通信服务器转发给设备系统处理
    iotd.AddNameValue("dmm", "1");          //加上 dmm 标志: 监控中间件发来的数据
    if (tcpClient == null) return;          //没有连接到云端
    tcpClient.Send(iotd.GetBytes());
}
```

我们把语音播放器做了适当改造，设计成可以接入云端的播放器程序 RmtMusicPlayer.exe。配套资源中的语音播放器携带了该程序，读者可以免费使用。可以在任何地方运行该程序，设置适当的通信参数（见图 8-27）就可以连接云通信服务器（见图 8-28）。

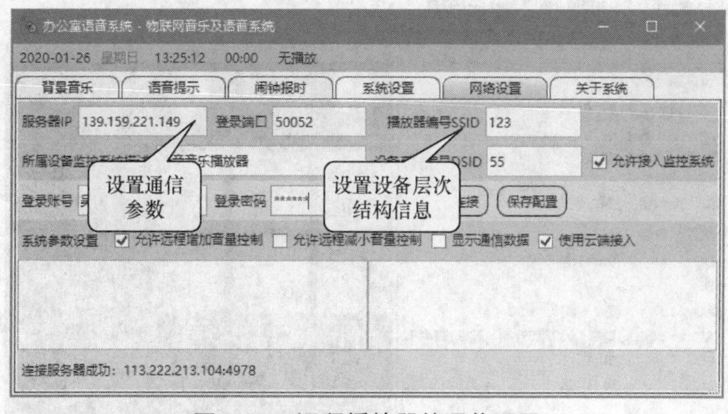

图 8-27　远程播放器的通信配置

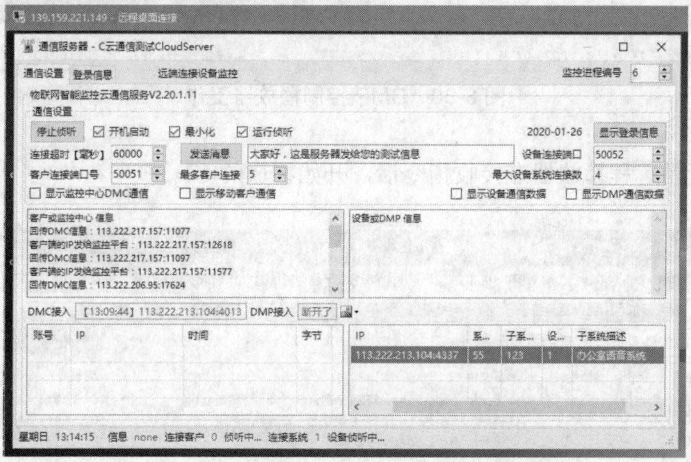

图 8-28　远程播放器接入云端通信服务器程序

DMP 启动后也连接到云端，并获得远程设备系统信息，如图 8-29 所示。

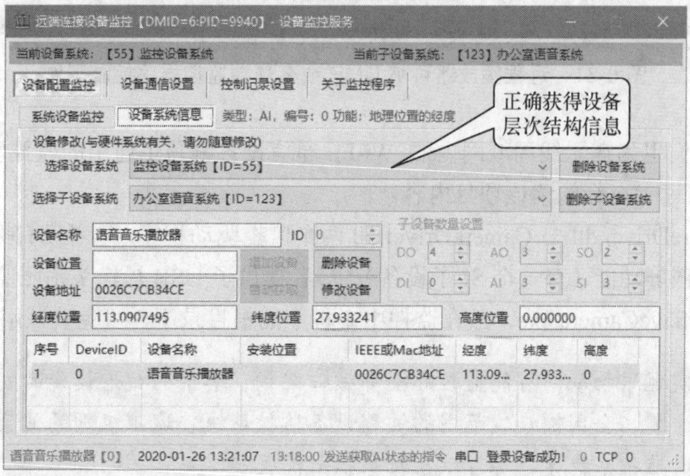

图 8-29　DMP 获得远程设备系统信息

图 8-30 所示是在 DMP 上启动、控制远程播放器的 UI。

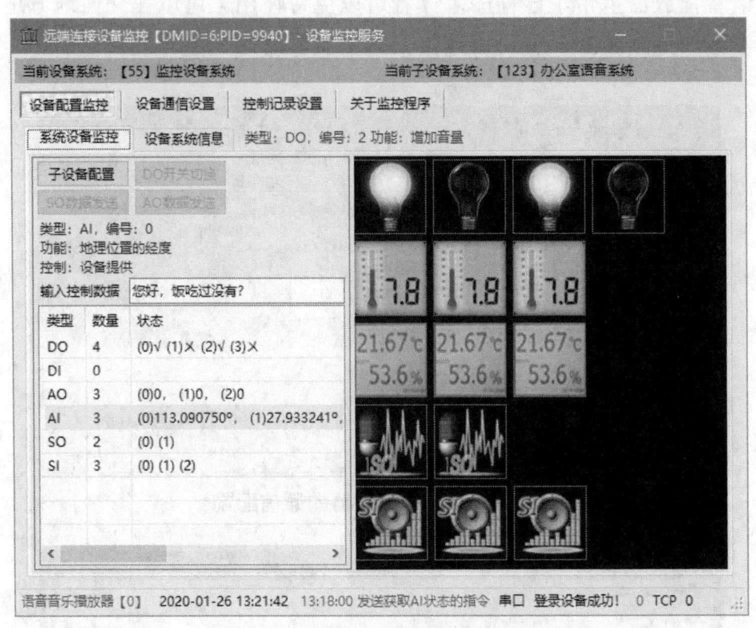

图 8-30 DMP 控制播放器工作

图 8-31 所示是远程播放器在接收指令后，开始播放的 UI。

图 8-31 远程播放器可被 DMP 或客户端监控程序控制工作

类似地，我们也为在无线局域网内的 Wi-Fi 通信设备编写了通用的监控驱动程序 LanTcpDeviceDriver。请读者自行阅读该项目内容。

ScreenCaptureDriver.dll 与 CameraDriver.dll 两个监控驱动程序，笔者没有提供源代码。前者提供了电脑屏幕截屏功能（有一个 SI 子设备）；后者提供了 USB 摄像头拍照监控功能，对应的虚拟设备程序是 SaveCamera.exe，放在监控中心程序的根目录下，可免费试用。

小结： 全栈项目实现了物联网智能监控的全部核心架构，其余的就看读者的发挥了。工业物联网、智能大厦、全国性广域范围的远程设备监控系统、城市级别的健康状态监控系统、污染源实时监控系统等，都可以在此基础上扩展。

下个版本的计划：为监控平台建立网站，提供浏览器监控方式。预计使用最新的ASP.NET Core技术来设计实现。为使用NB-IoT和Lora通信方式的设备编写监控驱动程序，为创新实验室的学生提供一个通用的解决方案。

衷心希望本书能为读者的系统设计提供有益的帮助，能为我国的物联网行业发展做出贡献，也期望它成为物联网设备监控的行业应用标准。

附录

配套资源说明

本书配套资源包括视频和源程序，读者可以扫描封底的二维码并回复关键字“57882”获取配套资源的下载地址。配套资源说明如下。

1. 视频资料

为掌握全栈项目，可观看本书配套的视频，加强感性认识，提高学习兴趣，最终建立一个复杂的物联网设备监控系统。

包含的视频文件如下。

01.监控原理与设备描述协议.mp4

02.语音音乐播放监控驱动程序.mp4

03.监控进程的设计与监控驱动程序的使用.mp4

04.监控中心的设计与使用.mp4

05.ZigBee 网络设备监控驱动程序的设计.mp4

06.ZigBee 协调器的设计.mp4

07.ZigBee 温湿度传感器的设计.mp4

08.ZigBee 四路开关的重新设计.mp4

09.PC 客户端程序设计与使用.mp4

10.云通信服务器的设计与使用.mp4

11.远程设备监控驱动程序的设计与使用.mp4

12.安卓客户端监控程序的设计与使用.mp4

13.时间监控驱动程序的设计与使用.mp4

14.DAM0404 设备监控驱动程序的设计与使用.mp4

15.DAM10102 设备监控驱动程序的设计与使用.mp4

16.有人系列 Wi-Fi 智能设备监控驱动程序的设计与使用.mp4

17.全栈项目综合应用示例.mp4

2. 源程序及相关示意图（见下图）

整个系统的源代码超过10万行。

3. 工作室开发环境（见下图）

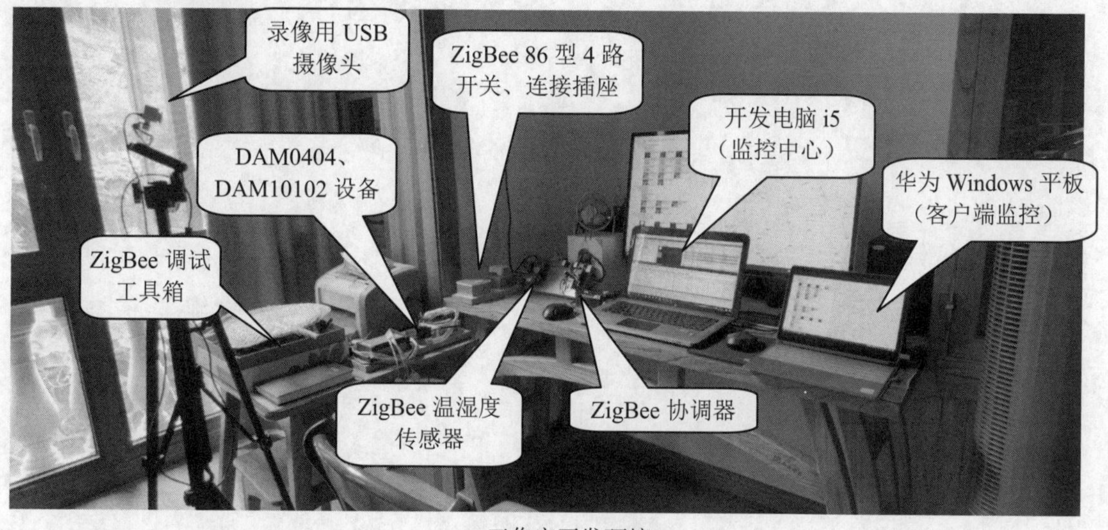

工作室开发环境

用于控制热水循环、户外灯光、草坪喷水、鱼缸充氧的Wi-Fi开关，已经安装在房屋和户外，综合案例中展示了实际运行效果。安卓客户端监控的实际效果参见视频。